国家精品课程配套教材
生命科学核心课程系列教材

遗传学实验

（第二版）

卢龙斗　常重杰　主编

科学出版社
北京

内 容 简 介

本书的50个实验涵盖植物遗传学、动物遗传学、人类遗传学、微生物遗传学和分子遗传学等五个方面。既有较多的传统实验项目，也增加了不少近些年发展起来的新技术和新方法。每个实验编排有实验目的、实验原理、实验材料、实验器具、实验试剂、实验步骤、实验结果、实验作业等部分。从实验项目的设计到每一部分的介绍都重视每个实验的完整性和系统性，重视对学生科学素养的训练和熏陶。同时书中语言简练，通俗易懂，图文并茂，便于学生的预习和教师的备课。

本书适于高等院校生物科学专业及农、林、医药院校等相关专业的本科生、研究生遗传学教学实验使用，不同的专业可以根据教学需要从中选取13～15个实验。本书也可作为教师和从事遗传学研究的科研人员的参考书。

图书在版编目（CIP）数据

遗传学实验 / 卢龙斗，常重杰主编. —2版. —北京：科学出版社，2014.6

国家精品课程配套教材　生命科学核心课程系列教材

ISBN 978-7-03-040811-2

I. ①遗… II. ①卢… ②常… III. ①遗传学–实验–教材 IV. ①Q3-33

中国版本图书馆CIP数据核字（2014）第113639号

责任编辑：席　慧　刘　丹 / 责任校对：邹慧卿

责任印制：师艳茹 / 封面设计：迷底书装

科学出版社 出版

北京东黄城根北街16号

邮政编码：100717

http://www.sciencep.com

北京凌奇印刷有限责任公司印刷

科学出版社发行　各地新华书店经销

*

2014年6月第　一　版　开本：787 × 1092 1/16

2025年1月第十二次印刷　印张：15

字数：393 000

定价：45.00元

（如有印装质量问题，我社负责调换）

《遗传学实验》（第二版）编委会名单

主　编　卢龙斗（河南师范大学）
　　　　　常重杰（河南师范大学）

副主编　周延清（河南师范大学）
　　　　　高武军（河南师范大学）
　　　　　邓传良（河南师范大学）
　　　　　夏晓华（河南师范大学）

编　委　（按姓氏汉语拼音排序）
　　　　　杜启艳（河南师范大学）
　　　　　葛荣朝（河北师范大学）
　　　　　李书粉（河南师范大学）
　　　　　李锁平（河南大学）
　　　　　卢全伟（安阳工学院）
　　　　　路淑霞（河南师范大学）
　　　　　南　平（河南师范大学）
　　　　　庞瑞华（信阳师范学院）
　　　　　庞振凌（南阳师范学院）
　　　　　汪琛颖（郑州师范学院）
　　　　　徐来祥（曲阜师范大学）
　　　　　薛　香（河南科技学院）
　　　　　赵晓平（包头师范学院）

第二版前言

《遗传学实验技术》第一版于 2007 年 9 月出版，国内先后有 60 多所院校的 7 届学生使用。根据使用本教材的教师、学生的使用情况和反馈意见，结合本实验室近几年带遗传学实验课教师的经验体会，我们进行了较大范围的修改。修改过程中，我们对复旦大学乔守怡教授、中山大学王金发教授、中国农业大学杨大祥教授、首都师范大学李雅轩教授等编写的几本遗传学实验教材进行了认真的研读，参考了他们书中的不少内容。同时，查阅了大量文献资料，将近些年发展起来的遗传学新技术和新方法也编排到本书中，如染色体原位杂交、遗传标记分析、亲子鉴定、表观遗传等。

在《遗传学实验》第二版编写过程中，河南师范大学的常重杰教授和杜启艳教授、河南大学的李锁平教授、曲阜师范大学的徐来祥教授、河北师范大学的葛荣朝教授、包头师范学院的赵晓平教授、南阳师范学院的庞振凌教授、郑州师范学院的汪琛颖教授等对本书内容的取舍、实验的设计、实验步骤的编排等都进行了认真的讨论，做出了整体规划，并进行了统稿工作。实验 1 至实验 11 由高武军副教授编写；实验 12 至实验 24 由邓传良副教授编写；实验 25 至实验 36 由夏晓华副教授编写；其他实验及附录部分由薛香副教授、庞瑞华副教授、路淑霞副教授、南平副教授、李书粉副教授、卢全伟老师等编写。

值此教材修订再版之际，我代表编委会向曾给予本书关心、支持和帮助的老师、学生及同仁们表示真挚的感谢。祝大家身体健康，工作顺利，也祝我们的遗传学实验教学事业取得更大的成功。

尽管我们做了很大的努力，但限于作者的经验和水平，本书还可能会存在一些不足之处，诚挚地欢迎广大师生继续给我们提出宝贵意见，以便于我们进一步修改和完善。意见和建议可以直接发到邮箱：13598644838@163.com。

编　者

2014 年 2 月于河南新乡

第一版前言

遗传学在生命科学领域中占有非常重要的位置，同时，遗传学又是一门发展迅速、实践性强的学科，学生只有通过实验操作和对实验结果的分析才能掌握和理解遗传学的基本理论和基本知识。目前，着重于培养学生分析问题、解决问题的能力，培养和提高学生的科研素质的实验教学改革正在进一步深化，为此，我们结合多年来的实验教学实践和教学改革经验，编写了《遗传学实验技术》一书。书中 43 个实验分为基础性实验、综合性实验和设计创新性实验三个部分，涵盖了细胞遗传、生化遗传、分子遗传和群体遗传等方面的内容。

河南师范大学卢龙斗教授、常重杰教授和周延清教授对该书实验内容的确定、实验的编排以及实验方法步骤设计等做了整体规划，并对全文进行了统稿。实验 1、2、3、4、5、6、7、18、19、24、26、27、28 由河南师范大学高武军、邓传良编写；实验 10、12、13、14、16、17、29、31、34、39 以及附录部分由河南师范大学周延清、路淑霞编写;实验 22、32、33、36、37、38、42 由河南师范大学杜启艳编写；实验 8、9、11、15、30、41 由南阳师范学院庞振凌和河南科技学院薛香编写；实验 20、21、23、25、35、40、43 由信阳师范学院庞瑞华和河南师范大学南平编写。

由于我们的经验和水平有限，书中可能存在这样或那样的问题，真诚地希望使用该实验教材的学生、教师以及同行给予批评指正，以利于再版时修改和补充。

编　者

2007 年 8 月 5 日于新乡

目　录

第一章　植物遗传学实验

植物遗传学是遗传学的重要分支学科，遗传的分离定律和自由组合定律就是奥地利遗传学家孟德尔（G. J. Mendel）于1866年发表的《植物杂交试验》论文中提出的，谱写了遗传学的第一章。他的学说远远跨越了那个时代，因此，没有引起人们的重视和认可。1900年，荷兰遗传学家H. M. de Vries、德国植物学家C. Correns、奥地利遗传学家E. Tschermak等在试验中重新发现了孟德尔的遗传定律，并给予了充分肯定，使人们对植物性状的遗传规律有了正确的认识,标志着遗传学的诞生。1906年，英国遗传学家W. Bateson把这个学科命名为"Genetics"。1914年，美国遗传学家R. A. Emerson对玉米的性状进行了研究，形成了玉米遗传学派，开创了植物遗传的新领域；在R. A. Emerson教授带领下，美国遗传学家B. McClintock详细研究了玉米减数分裂中染色体的行为，1950年提出了跳跃基因的理论和概念，1983年获得诺贝尔生理学或医学奖。在孟德尔遗传理论指导下，美国的玉米获得了丰收。20世纪50年代，N. E. Borlaug通过育成矮杆抗病小麦使小麦的产量大幅度提高，被誉为"绿色革命之父"，并于1970年获得诺贝尔和平奖。我国遗传学家袁隆平教授育成的杂交水稻解决了中国乃至全世界人口的温饱问题。为了让学生深刻理解传统的遗传学理论及染色体与基因的关系，掌握植物遗传学一些基本的操作技能，我们设计了植物有丝分裂中染色体行为观察、植物减数分裂中染色体行为观察、去壁低渗法制备植物染色体玻片标本、植物染色体核型分析、植物多倍体诱发及微核检测、植物有性杂交、小麦数量性状统计和遗传率估算、农作物杂种优势测定、玉米籽粒性状分析及基因互作观察、玉米三点测交和遗传作图等10个实验。

Gregor Johann Mendel
(1822～1884 奥地利遗传学家)

Hugo Maria de Vries
(1848～1935 荷兰遗传学家)

Barbara McClintock
(1902～1992 美国遗传学家)

袁隆平
(1930～ 中国遗传学家)

实验 1

植物有丝分裂中染色体行为观察

【实验目的】

1. 观察植物细胞有丝分裂过程中染色体的形态特征和动态变化。
2. 学习和掌握植物根尖细胞压片技术。

【实验原理】

细胞分裂是生物个体生长和生命延续的基本特征。在高等植物中，有两种主要的细胞分裂方式，即有丝分裂和减数分裂。有丝分裂是植物个体生长和分化的基础，染色体是遗传物质的载体，在有丝分裂过程中，细胞核内的染色体能准确地复制，并能有规律地均匀分配到两个子细胞中去，使子细胞遗传组成与母细胞完全一样，从而可推断生物性状的遗传与染色体的准确复制和均等分配有关。

高等植物有丝分裂主要发生在根尖、茎生长点及幼叶等部位的分生组织，其中根尖取材容易，操作和鉴定方便。通过对根尖的固定、染色和压片，可在显微镜下观察到大量处于有丝分裂各个时期的细胞和染色体，看到染色体的变化特点和染色体的形态特征，进行染色体计数。为了获得更多的中期染色体图像，可以采用药物处理或冷冻处理的方法，阻止纺锤体的形成，使细胞分裂停止在中期，同时还可以使染色体缩短，易于分散，便于观察研究。另外，通过对细胞组织进行酸性水解或酸处理除去细胞壁，并使细胞软化，便于细胞彼此分开，有利于压片和染色。

秋水仙素（colchicine）是一种生物碱。因最初从百合科植物秋水仙（*Colchicum autumnale*）中提取出来而得名。分子式 $C_{22}H_{25}O_6N$。纯秋水仙素呈黄色针状结晶，熔点 157℃。易溶于水、乙醇和氯仿。味苦，有毒。在正常有丝分裂过程中形成纺锤丝，细胞两极的纺锤丝附着在染色体的着丝粒处，牵拉染色体向两极移动，从而使细胞分裂，染色体也均匀分配到两个子细胞中。而秋水仙素能破坏有丝分裂过程中纺锤丝的形成，使染色体失去向细胞两极移动的能力，导致细胞停滞在分裂中期，这种由秋水仙素引起的不正常分裂，称为秋水仙素有丝分裂（C-mitosis）。

【实验材料】

洋葱（*Allium cepa*）、大蒜（*Allium sativum*）、蚕豆（*Vicia faba*）、小麦（*Triticum* spp.）、

玉米（*Zea mays*）等。

【实验器具】

冰箱、恒温箱、显微镜、水浴锅、电子天平、电炉、温度计、剪刀、镊子、刀片、量筒、量杯、三角瓶、烧杯、漏斗、培养皿、酒精灯、滴瓶、载玻片、盖玻片、滤纸、标签等。

【实验试剂】

无水乙醇、95%乙醇、70%乙醇、45%乙醇、0.075mol/L 氯化钾、0.5%醋酸洋红、0.5%苏木精液、4%铁明矾液、秋水仙素、对二氯苯、8-羟基喹啉、放线菌酮、1mol/L 盐酸、乙酸钠、45%乙酸、2.5%纤维素酶、2.5%果胶酶、加拿大树胶等。

【实验步骤】

1. 根尖培养

1）洋葱和大蒜

对前一年收获的洋葱，可以首先将其鳞茎外部几层干枯的表皮除去，剪掉干枯的老根，充分洗净后置于盛清水的小烧杯口上，使根部与水接触。然后转移到 25～28℃条件下培养，每天换一次水，以防污染、烂根。一般 3～4d 即可获得实验所需材料。待根尖长到 1～1.5cm 时，在 9：00～10：00 剪取根尖约 1cm 备用。

如果使用当年刚采收的新洋葱鳞茎培养生根，则应设法打破它的休眠。常用的方法是用低浓度的赤霉素溶液浸泡洋葱鳞茎底盘，这样可以促使其生根。或把新鲜洋葱鳞茎在太阳下暴晒 20～30d，然后再用来培养生根，也能获得很好的效果。

大蒜根尖的培养方法基本上与洋葱相同。对于新收获的大蒜，也需要在太阳底下暴晒 20～30d。

2）玉米、小麦和蚕豆

用温水将蚕豆种子浸种 2d，玉米及小麦种子浸种 1d，待吸水膨胀后转移到铺有几层吸水纸的培养皿或搪瓷盘中。上面盖双层湿纱布并加入少许水，放在 25～28℃条件下培养。待根尖长到 2cm 左右时，在 9：00～10：00 或 15：00～17：00 取下根尖备用。

2. 预处理

为了有利于对有丝分裂中染色体的观察和计数，在固定之前应对剪下的根尖进行预处理，这样可以改变细胞质的黏度，抑制和破坏纺锤丝的形成，促使染色体缩短和分散。预处理的方法有低温预处理和药物预处理。

1）低温预处理

将剪取的根尖浸入盛有蒸馏水的烧杯内，置于 1～4℃的冰箱中进行低温处理 24h。此法效果很好，对染色体无破坏作用，染色体缩短均匀，简便易行，各种植物都适用。

2）药物预处理

（1）秋水仙素处理：用 0.05%或 0.1%秋水仙素溶液于室温、暗环境下处理根尖 2～4h，对抑制纺锤体活动效果明显，易获得较多的中期分裂相，且染色体收缩适中，有利于染色体结构的研究。秋水仙素属于剧毒药品，使用时戴口罩和眼镜，防止溶液溅入口中或眼内，如果发生此情况，应马上用自来水反复冲洗。

（2）对二氯苯处理：用饱和对二氯苯溶液于室温下处理根尖 3～5h，对阻止纺锤体活动和缩短染色体效果也较好，对染色体小而多的植物，计数染色体制片效果更好。

（3）8-羟基喹啉处理：用 0.002～0.004mol/L 8-羟基喹啉溶液 18℃条件下处理根尖 5～6h，引起细胞黏滞度的改变，导致纺锤体活动受阻，使中期染色体在赤道面上保持相应的排列位置。缢痕区也较为清晰。此种处理方法对中等或长染色体的植物较合适。

（4）放线菌酮、8-羟基喹啉混合处理：0.007%放线菌酮和 0.025% 8-羟基喹啉的混合液于 25℃条件下，根尖不离体处理 5h 左右，可获得大量的分裂相，是最值得首选的预处理方法之一。

3. 固定

固定的目的是借助于物理方法或化学药剂的作用，迅速渗入组织和细胞将其杀死，防止细胞死亡后的变化，防止自溶、腐败，尽量保持生长状态结构；使细胞中的蛋白质、脂肪、糖、酶等成分转变为不溶性物质，以保持生前的形态；使组织内各种物质成分产生不同的折光率，便于观察和鉴定；使不同组织成分对染料有不同的亲和力，便于染色；防止细胞过度收缩或膨胀，失去原有的形态结构。

将预处理过的根尖用蒸馏水冲洗两次（约 5min），然后移入卡诺氏固定液中，在 4～15℃条件下固定 20～24h 后，用 70%乙醇冲洗 2 次，转入 70%乙醇中，在 4℃冰箱内保存，保存时间最好不超过两个月。经过较长时间保存的材料，进行观察前可以换用固定液再处理一次，效果较好。或者将预处理过的根尖放入 0.075mol/L KCl 溶液中低渗 20min，然后在蒸馏水中冲洗 2 或 3 次（约 10min）待用。

4. 解离

使分生组织细胞间的果胶质分解，细胞壁软化或部分分解，使细胞和染色体容易分散压平。解离有酸解和酶解两种方法。

1）酸解

将根尖从固定液中取出，用蒸馏水漂洗，然后放入已经在 60℃水浴锅中预热的 1mol/L HCl 中，在 60℃的恒温条件下解离 10～15min，当根尖透明呈米黄色时取出，用蒸馏水冲洗 2 或 3 次。

酸解的优点是制片清洁，染色体清晰，组织软化好，易于压片，还可以对染色体 DNA 的含量进行测定。其缺点是，染色体较软，容易缠绕，不易分散。在加强预处理使染色体缩短的情况下，可获得较好的效果。另外，对小型染色体的材料效果较差。这一方法在切片、涂片上研究核及染色体时能减少细胞质着色对观察的影响。因此在细胞学研究中受到了普遍的重视。

酸解温度应保持在（60±0.5）℃，如果温度过低或时间过短，酸解不够，醛基暴露不充分，染色会过浅；若温度过高或时间过长，会造成酸解过度，使 DNA 完全解聚，糖与醛基之间的键被破坏，游离的核酸分子会扩散到细胞质中，从而造成染色浅或不均一的现象。

2）酶解

将根尖从固定液中取出，放在 0.1mol/L 乙酸钠中漂洗，用刀片切除根冠及延长区（根尖较粗的蚕豆，可以把分生组织切成 2 或 3 片），把根尖分生组织放到乙酸钠配制的 2.5%纤维素酶和 2.5%果胶酶的等量混合液中，在 25～28℃条件下处理 4～5h，此时组织已被酶液浸透而呈淡褐色，质地柔软而仍可用镊子夹起，用滴管将酶液吸掉，再滴上 0.1mol/L 乙酸钠，使组织中的酶液渐渐渗出，再放入 45%乙酸。

5. 后低渗

将解离后的根尖放在蒸馏水中冲洗 2 或 3 次（约 10min）。酶解后的根尖放入蒸馏水中浸泡 10～15min，然后再冲洗 2 或 3 次。一定要冲洗干净，否则影响染色。低渗后的根尖放入 70%乙醇后备用。

6. 染色与压片

1）醋酸洋红染色制片

取一处理好的根尖置于载玻片中间，用吸水纸吸去多余的保存液，用刀片将根尖分生组织切下，将其切成薄片，加一小滴醋酸洋红染色液，约 5min 后加盖玻片，用吸水纸放在盖玻片上面，左手按住载玻片，用右手拇指在吸水纸上对准根尖部位施加压力，或用铅笔的橡皮头轻敲盖玻片即可，使材料均匀分散，细胞分离压平。压力要适当，注意不要移动盖玻片。为增强染色效果，可将载玻片在酒精灯上稍加热，但不使其沸腾，以免染料沉淀。加热不仅可以使材料软化和易于着色，而且可以破坏部分细胞质，使核和染色体有一个比较清晰的背景。如果整个细胞染色较浅，可沿盖玻片一侧，滴加少许染色液，使其慢慢渗入，放置片刻再进行加热，如此反复进行染色。

醋酸洋红常用于染色体的临时制片，其着色不强，分色效果也不甚佳，故不宜制作永久制片。

2）醋酸地衣红染色制片

由于地衣红很容易溶于乙醇，材料从保存液中取出后，应当充分洗净后浸入 45%乙酸中再进行染色。染色时，将材料置一小试管中，加入含盐酸的 2%地衣红使材料浸没，在酒精灯上加热 3～5s，静置约 0.5h 或更长时间，取出材料置载玻片上，加一滴不含盐酸的 1%醋酸地衣红染色液，如醋酸洋红法操作进行压片。地衣红染色液染色，着色力比洋红强，染色较深，尤其对根尖等体细胞染色体的染色比洋红更显优越。

3）铁明矾-苏木精染色制片

这是用在根尖细胞有丝分裂染色体计数中效果最好的一种方法，对各种植物的染色体均可染上较深的颜色，分色清晰，照相效果较好，利于标本长期保存。

将解离冲洗后的材料置于 4%的铁明矾水溶液中染色 2～4h，如加温（30～40℃）媒染，则可缩短至 0.5～1h。换水洗涤 4 或 5 次，每次约 5min，务必将残留的铁明矾充分洗净。再置于 0.5%苏木精水溶液中染色 2～4h。如在染色时发现染色液混浊，则表示铁明矾未洗净，需重新放入水中洗涤后再行苏木精染色。染色后的材料用水冲洗 5～10min，移入 45%的乙酸内进行分色和软化 10～20min，方可压片。压片时，用镊子取根尖置于载玻片上，切下根尖分生组织，将其切成薄片，滴一小滴 45%的乙酸，迅速捣碎根尖，加盖玻片压片，具体方法同醋酸洋红法。

铁明矾-苏木精染色时，媒染要充分，媒染后水洗要彻底，在此基础上，苏木精染色也要充分，乙酸分色软化要适宜，使染色体呈深蓝色，而细胞质褪淡。

7. 镜检

压好的片子先在低倍镜下观察，可观察到有丝分裂过程中不同分裂时期的染色体（图 1-1）。选取不同分裂时期的典型细胞，换高倍镜观察，注意细胞核及染色体、纺锤体等的变化动态。

8. 制作永久片

详细操作见实验 2。

【实验结果】

洋葱根尖有丝分裂的典型时期见图 1-1。

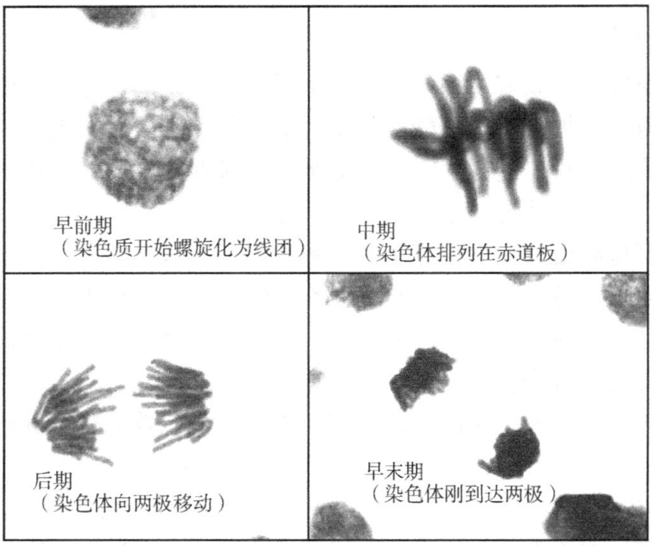

图 1-1 洋葱根尖有丝分裂的典型时期

【实验作业】

1. 制作 1 或 2 张合格的有丝分裂玻片标本，交 1 或 2 张注明分裂时期及染色方法的永久制片。

2. 绘制 2～4 张有丝分裂时期的简图。

实验2

植物减数分裂中染色体行为观察

【实验目的】

1. 了解高等植物细胞减数分裂过程，观察染色体的动态变化。
2. 掌握制备植物细胞减数分裂玻片标本的技术和方法。

【实验原理】

减数分裂是生物在形成性细胞过程中的一种特殊的细胞分裂方式，在此过程中先由有性组织（花药或胚珠）中的某些细胞分化为二倍性的小孢子母细胞或大孢子母细胞，这些细胞连续进行两次细胞分裂，即减数第一次分裂和减数第二次分裂。结果一个小孢子母细胞形成4个小孢子，一个大孢子母细胞形成一个大孢子，它们都只具有单倍的染色体。

减数分裂在遗传上具有重要意义。性母细胞（$2n$）经过减数分裂形成染色体数目减半的配子（n）。经过受精作用，雌雄配子融合为合子，染色体数目恢复$2n$。这样在物种延续的过程中确保了染色体数目的恒定，从而使物种在遗传上具有相对的稳定性。另外，在减数分裂过程中包含有同源染色体的配对、交换、分离和非同源染色体间的自由组合，这些都是遗传学分离、自由组合和连锁互换定律的细胞学基础。在这些基本规律的作用之下，各种遗传重组发生，而遗传重组又是生物变异的重要源泉。

【实验材料】

蚕豆（$2n$=12）花药、玉米（$2n$=20）花药、小麦（$2n$=42）花药、大葱（$2n$=16）花药、洋葱（$2n$=16）花药、番茄（$2n$=24）花药等。

【实验器具】

显微镜、镊子、解剖针、载玻片、盖玻片、大培养皿、酒精灯、吸水纸等。

【实验试剂】

无水乙醇、乙酸、醋酸洋红染液、石蜡、二甲苯、固定液（甲醇：冰醋酸=3：1）、加拿大树胶、正丁醇或叔丁醇等。

【实验步骤】

1. 取材

想得到好的、分裂相较多的材料，取材时间的掌握和植株一些外部形态指标的观察非常重要。不同的植物取材时间和外部形态指标不一样，需要认真把握。

1）玉米

北方的玉米在5月取材，时间以8：30为好；夏玉米一般在7月取材，以7：00～8：00为好。在玉米雌穗抽出前的7～10d，手摸植株上部（喇叭口下部）有松软感觉，表明雄花序即将抽出。用刀在顶叶近喇叭口处纵向划一刀，切口长 10～15cm，剥出雄花序，顶端花药长3～5mm，花药尚未变黄时取材。

2）蚕豆

从现蕾开始，10：00～11：00可选取2～3mm大小的花蕾或一小段花序。蚕豆开花的次序是由下而上，由外而内。

3）小麦

在植株开始挑旗，旗叶与下一叶片的叶耳间距为3～4cm，花药长度为1.5～2.0mm，呈黄绿色时取材最好。如花药为绿色时取材则为时过早，花药为黄色，则已过时。7：00～8：00为最佳取材时间。

4）大葱

在北方地里越冬的大葱，第二年春季 3～4 月长出花序，待花序长出，颜色呈绿色，花蕾长度为3～4mm，花药长度为1～1.1mm时取材。9：00～10：00为最佳取材时机。

5）洋葱

4～5月长出花序，同上。

6）番茄

5～9月均可取材，时间以8：30～9：30为好，花蕾以3～4mm为宜（番茄花期持续时间长，可随时取材）。

2. 固定

通常制作幼小花药压片时，可不经固定，直接放在醋酸洋红染液中，同时进行固定和染色，但是先经固定的材料容易着色、分色且便于保存。固定时将采集的材料置于固定液12～24h，若不及时制片，可将固定后的材料用 70%的乙醇冲洗直至闻不到乙酸味为止，后放入70%乙醇中存于4℃冰箱内，可随时取用。

3. 染色制片

用蒸馏水将从固定液或从70%乙醇保存液中取出的花蕾冲洗数遍，然后剥开花蕾，放在载玻片上，用解剖针及刀片把花药横切成 3 或 4 段（或纵切），加一滴醋酸洋红染液于材料上，用解剖针轻压花药，使花粉母细胞从切口被挤出来，静置染色5～10min，除去花药壁。加上盖玻片，使染液刚好布满载玻片与盖玻片之间，成一薄层（不可过多，过多花粉母细胞会溢出盖玻片边缘），加上盖玻片后，在酒精灯上轻微加热，以利于进一步着色和染色体的分散。在盖玻片上覆以吸水纸用拇指适当加压。把周围的染液吸干（勿使盖玻片移动），若细胞质染色过深，可在盖玻片的一边滴加45%的乙酸，在另一边用吸水纸吸，让乙酸从盖玻片下流过，减轻细胞质的着色程度。

4. 镜检

在显微镜下查找花粉母细胞、二分体、四分体、花粉粒及减数分裂各个时期的细胞。

5. 制作永久片

较好的临时压片，可制成永久玻片标本或半永久玻片标本。

1）永久玻片标本

将已制好的玻片浸入盛有95%乙醇和乙酸各半的培养皿中，有盖玻片的一面朝下，载玻片的一端架在玻璃棒上使其倾斜，盖玻片自动脱落后立即把盖玻片和载玻片转入盛有95%乙醇的培养皿中3～5min，再转入盛有95%乙醇和叔丁醇各半的培养皿中3～5min，最后在叔丁醇中3～5min进行脱水、透明，脱水后用溶于叔丁醇的加拿大树胶封片。

由于正丁醇价格较便宜，因此也可用正丁醇代替叔丁醇。操作过程是将制好的临时玻片以同样的方法浸入盛有95%乙醇和45%乙酸各半的培养皿中5～6min，并滴加几滴正丁醇，依次再移入95%乙醇中1～2min；95%乙醇和正丁醇各半的培养皿中2～5min；正丁醇中1～2min，最后吸去多余的正丁醇，用溶于正丁醇的加拿大树胶封片。

2）半永久玻片标本

永久玻片标本制作过程较繁琐，容易导致细胞分裂图像的损坏，因此，在得到较好的玻片标本时也可以先制成半永久玻片标本。左手拇指和食指平捏握载玻片，右手拿解剖刀在酒精灯上稍微加热，加热的解剖刀在固体石蜡上轻轻划一下，然后将熔化在刀锋上的石蜡划在盖玻片的四周。

注意：玉米花粉母细胞大而圆，壁薄。花药颜色变黄，则其中均为花粉粒。在小而绿的花药中才有处于减数分裂的细胞。

【实验结果】

细胞的减数分裂包括减数第一次分裂（减数分裂Ⅰ）和减数第二次分裂（减数分裂Ⅱ）。

1. 减数分裂Ⅰ

1）前期Ⅰ

细线期：染色体很细很长，呈细线状在核内交织成网。每条染色体含两个染色单体，但显微镜下看不到双线结构，染色体呈丝状结构。

偶线期：染色体的形态与细线期差别不大，同源染色体配对，形成二价体，每个二价体有两个着丝粒，染色丝比细线期稍粗。

粗线期：染色体螺旋化，进一步缩短变粗，显微镜下可明显看到每条染色体的两个姊妹染色单体。二价体由4个姊妹染色单体和两个着丝粒组成，这时非姊妹染色单体间可能有交换发生。

双线期：染色体进一步螺旋化，变得更为粗短，更为清晰可见，二价体中的两条同源染色体相互分开出现交叉现象，呈“X”、“V”、“∞”、“O”等形状。

终变期：染色体高度浓缩，染色体均匀分散在核膜附近。此时是检查染色体数目的最好时期，核内有多少个二价体，说明有多少对同源染色体。核仁和核膜在前期Ⅰ始终存在，在终变期时核仁、核膜开始消失。

2）中期Ⅰ

核仁、核膜消失，二价体均匀排列在赤道面上，纺锤体形成。从纺锤体的侧面看，一个个二价体就像一列横队排列在细胞中，从纺锤体的极面看，一个个二价体分散在细胞质中。这时也是染色体计数的好时期。

3）后期Ⅰ

二价体的两个同源染色体分开，由纺锤丝拉向两极。染色体又变成了染色丝状。

4）末期Ⅰ

同源染色体分别到达细胞两极，染色体变成了染色质状，核膜、核仁重新出现，形成两个子核，每个子核染色体数目减半为 n。同时细胞质分开形成两个子细胞，即二分体，见图 2-1。

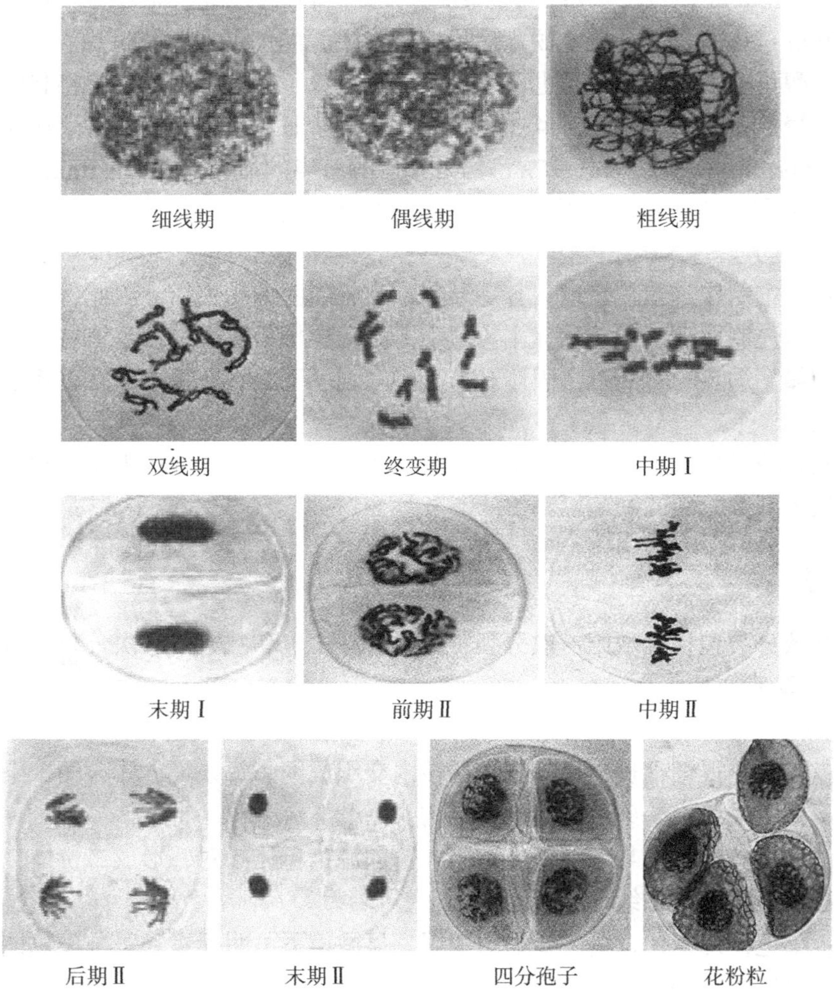

图 2-1　百合花粉母细胞减数分裂过程

2. 减数分裂Ⅱ

1）前期Ⅱ

染色体呈染色丝状，每条染色体具两个姊妹染色单体，共用一个着丝粒，二者间有明显互斥作用（分开趋势）。前期Ⅱ快结束时核膜消失。

2）中期Ⅱ

染色体排列在赤道面上，每条染色体有两条染色单体和一个着丝粒。

3）后期Ⅱ

每条染色体从着丝粒处分裂为二，分别向两极移动。

4）末期Ⅱ

移到两极的染色体解螺旋，出现核仁、核膜，形成单倍的子核，这时减数分裂Ⅰ形成的两个单倍核形成4个单倍核，最后形成4个子细胞，即四分体。理想的植物细胞减数分裂玻片标本在显微镜下可观察到减数分裂各个时期的典型细胞。

【实验作业】

绘制观察到的植物细胞减数分裂不同时期的典型细胞（示染色体动态特征）。

实验3

去壁低渗法制备植物染色体玻片标本

【实验目的】

1. 了解有丝分裂中期染色体的形态结构。
2. 学习和掌握制作植物染色体玻片标本的去壁低渗方法。

【实验原理】

凡是细胞处于活跃增殖状态或经过某种实验处理后进入细胞分裂状态的任何植物组织，如植物根尖、茎尖、幼叶等细胞分裂状态的植物组织，均可以作为染色体分析的实验材料，相比而言，根尖取材更为容易，操作和鉴定方便。通过对根尖进行8-羟基喹啉、秋水仙素、对二氯苯等药剂处理、固定、染色和压片，可在显微镜下观察到大量处于有丝分裂中期的染色体，看到染色体的形态特征，进行染色体计数。

植物染色体制片技术是植物细胞遗传学、染色体工程、植物细胞生物学、植物细胞分类学和物种生物学等众多学科的基本实验技术。目前植物染色体制备技术主要有压片法和去壁低渗火焰干燥法。植物染色体的常规压片技术在植物细胞遗传学研究中发挥了重要作用，特别是许多植物的染色体计数和核型分析都是用这种方法完成的，但这种方法也存在一定缺陷，如染色体很难完全散开，容易产生重叠、变形、断裂等影响显带结果，给核型分析增加了不少困难。在当前植物染色体吉姆萨（Giemsa）分带研究中，由于压片法很难完全除掉细胞质及细胞壁对染色体的覆盖，因而常常造成Giemsa带可重复性较低，使植物染色体Giemsa分带研究受到一定的影响。此外，由于植物染色体处理方法不理想，影响到亚显微结构的研究。因此改革植物染色体压片法是促进植物染色体研究，特别是植物染色体Giemsa分带和亚显微结构研究的关键。20世纪70年代以来，一些从事植物染色体研究的学者，参照动物及人类染色体玻片标本制备技术，开展了对植物细胞去壁、低渗、火焰干燥方法的研究，取得了很好的结果。植物根尖分生组织细胞，经果胶酶和纤维素酶处理后，其中胶层的果胶质及纤维素构成的细胞壁被消化，成为游离的原生质体。然后用低渗溶液处理，使细胞核中的染色体向细胞质中自然扩散，经固定、火焰干燥、染色，即可制备出染色体长度适中、集中而不重叠、各部分形态结构清晰的优良染色体玻片标本。目前这种方法已广泛用于染色体计数、核型分析、显带、显微操作、原位杂交等植物分子细胞遗传学研究领域。

【实验材料】

小麦、玉米、大蒜、洋葱、蚕豆等。

【实验器具】

冰箱、显微镜、水浴锅、镊子、刀片、培养皿、酒精灯、载玻片、盖玻片、滤纸等。

【实验试剂】

甲醇/冰醋酸固定液（3∶1）、0.075mol/L KCl 溶液、70%乙醇、秋水仙素、对二氯苯、8-羟基喹啉、放线菌酮、乙酸钠（pH=4.8）、2.5%纤维素酶、2.5%果胶酶、Giemsa 染液、0.01mol/L 磷酸缓冲液（pH=6.8）等。

【实验步骤】

1. 根尖培养

操作方法见实验 1。

2. 预处理

操作方法见实验 1。

3. 前低渗

吸去预处理液，加入 0.075mol/L KCl 溶液低渗处理 30min，促进质壁分离，改变胞质黏度，以利染色体图像清晰。

4. 固定

借助于物理方法或化学药剂的作用，迅速渗入组织和细胞将其杀死，使其形态结构和内含物尽可能保持生活时的完整和真实状态。将预处理过的根尖用蒸馏水冲洗两次（约 5min），然后移入甲醇/冰醋酸固定液中固定 4h，后用 70%乙醇冲洗两次转入 70%乙醇中，在 4℃冰箱内保存，保存时间最好不超过两个月。

5. 酶解

使分生组织细胞间的果胶质分解，细胞壁软化或部分分解，使细胞和染色体容易分散压平。

将根尖从固定液中取出，放在 0.1mol/L 乙酸钠中漂洗，用刀片切除根冠及延长区（根尖较粗的蚕豆，可以把分生组织切成 2 或 3 片），把根尖分生组织放到乙酸钠配制的 2.5%纤维素酶和 2.5%果胶酶的等量混合液中，在 37℃条件下处理 70～120min（处理时间根据软化程度而定），此时组织已被酶液浸透而呈淡褐色，质地柔软而仍可用镊子夹起，用滴管将酶液吸掉，再滴上 0.1mol/L 乙酸钠，使组织中的酶液渐渐渗出，再放入 45%乙酸。

6. 后低渗

将酶解后的根尖放入蒸馏水中浸泡 10～15min，然后再冲洗 2 或 3 次（约 10min）。一定要冲洗干净，否则影响染色。低渗后的根尖放入 70%乙醇后备用。

7. 固定

低渗后的材料，用甲醇/冰醋酸固定液（临时配制，现配现用），固定 30min。

8. 制片

1）涂片

取一张在蒸馏水中预冷过的洁净载玻片，将材料置载玻片上，然后用镊子尖迅速将材料敲碎涂布，再滴一滴固定液，用嘴吹，使细胞均匀地散开在载玻片上，动作要迅速。

2）干燥

迅速将载玻片移到酒精灯上过火 1 或 2 次，然后将载玻片在空气中干燥，才可进行染色。

9. 染色

将干燥好的载玻片放在玻璃板上，将 Giemsa 染液（0.5mL Giemsa 原液加 9.5mL 的 0.01mol/L 磷酸缓冲液）滴加在载玻片上染色 20～30min，用蒸馏水或自来水冲去载玻片上的染液。滤纸吸干或晾干后待镜检。

10. 镜检

将制备好的玻片置于显微镜下，首先用低倍镜寻找中期分裂相细胞，然后用中倍镜和油镜观察染色体的形态，统计染色体的数目。

【实验结果】

蚕豆细胞有丝分裂中期染色体见图 3-1。

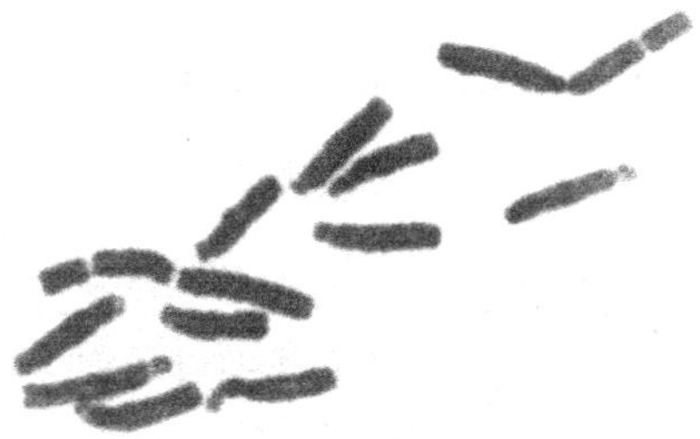

图 3-1　蚕豆细胞有丝分裂中期染色体（$2n$=12）

【实验作业】

1. 制备与获取植物染色体玻片标本，并将较好的玻片标本制成永久片或半永久片。
2. 选择染色体形态清晰、分散良好的中期分裂相，计数染色体，显微摄影，将图像传输至计算机保存。

实验 4

植物染色体核型分析

【实验目的】

学习和掌握利用有丝分裂中期染色体进行核型分析的基本方法。

【实验原理】

染色体核型通常是指生物体细胞染色体所有可测定的表型特征的总称，包括染色体的数目、染色体组的数目、组内染色体基数、每条染色体的大小和形态。它是物种特有的遗传信息之一，具有很高的稳定性和再现性。染色体核型分析是对染色体进行分组、对染色体的各种特征进行定量和定性描述，是研究染色体的基本手段之一，可以用来鉴别真假杂种，对研究染色体结构变异、染色体数目变异、B 染色体、物种的起源和植物的遗传进化、基因定位等有很大的参考价值。进行核型分析可以利用有丝分裂中期的染色体或减数分裂双线期、终变期的染色体，其中最常用的是有丝分裂中期的染色体。

【实验材料】

大麦（*Hordeum* spp.）、玉米、大蒜、洋葱、蚕豆等细胞有丝分裂中期染色体玻片标本和经显微摄影所得已知放大倍数（2500 倍以上）的照片。要求照片上染色体分散良好，无重叠或重叠很少，着丝粒和随体等形态清晰可辨，染色体不扭曲、不断裂。

【实验器具】

每人用同一种植物的 5～10 个细胞有丝分裂中期照片 5～10 张、镊子、剪刀、毫米尺、计算器、铅笔、绘图纸、坐标纸、测微尺等。

【实验步骤】

1. 染色体数目统计

用制备良好的染色体玻片标本统计染色体数目。观察统计时原则上要达到 100 个中期分裂相，而且这 100 个中期分裂相来自不同的个体，使其具有较高的准确性和代表性。因为自然界某些植物的不同个体之间染色体数目有时会有差异，制片时实验材料经过处理后也常常会出现同一个个体的制片中不同细胞含有不同数目染色体，如果 80%以上中期分裂相中染色体数目为某一数目，则此数目就是该物种的染色体数目。

若发现不同个体和不同细胞的染色体数目变异幅度较大，出现整倍体、非整倍体的一系列变异，此为混倍体，如菊花、甘蔗等，对此类材料，应分别统计不同染色体数目的细胞及其所占的百分比。若在细胞内发现多出 1 条或几条小型染色体，其大小是正常染色体的 1/2 左右，小的只有随体大小，而且在同一个体数目比较恒定，形态上多为居中部或端部着丝粒染色体，这些染色体属 B 染色体（超数染色体），主要存在于二倍体植物中。

2. 摄影和放大相片

选择染色体分散、着丝粒和随体等清晰可见、染色体无重叠或重叠很少且不扭曲、不断裂的中期分裂相 10 个以上，分别进行显微摄影，并把照片放大处理。因为在细胞分裂中期，染色体完全浓缩，外观上致密而均匀一致，进行核型分析易测量染色体。

将在显微镜下选定的符合要求的分裂相进行显微照相（可用 10×100 倍的油镜）的同时，对测微尺进行同样倍数（10×100 倍油镜）的拍摄。洗印照片时将测微尺底板与分裂相的底板同比例放大，然后根据照片上测微尺实际宽度，计算出染色体的可能放大倍数。

3. 染色体形态分析

1）测量和计算

在每张放大的照片上用铅笔对染色体随机编号，如果照片上有 10 条染色体，可以从 1 号编号到 10 号。用毫米尺准确地量出各条染色体的总长度和每条染色体两臂的长度（分别量到着丝粒的中部）。随体的长度可计入或不计入染色体长度之内，但应注明。染色体弯曲不能用毫米尺测量时，可先用细线量取与染色体相等的长度，再用毫米尺量出细线的相应长度。然后将所测量数值填入表 4-1。用染色体的长臂、短臂的绝对长度，计算每条染色体的臂比值（长臂与短臂的比值），填入表 4-1。具有随体的染色体在表内应以星号“*”标记，以便识别。如果分析了 10 个分裂相，表 4-1 就要填写 10 张。

表 4-1　染色体形态测量数据表

染色体序号	放大相片长度/mm			绝对长度/μm			臂比值	染色体类型	备注
	长臂	短臂	全长	长臂	短臂	全长			
1									
2									
3									
⋮									

2）配对

根据所测定染色体的形态、长度、臂比值、副缢痕的有无和位置、随体的形态和大小来进行配对。操作时应该坚持臂比值优先原则。如果照片上有 10 条染色体，则配成 5 对同源染色体。

3）排队

将每张照片上配好对的各对同源染色体按照从长到短原则和中部着丝粒染色体优先原则进行编号和排队。具体做法是：长的染色体排在前面，如果遇到两对染色体长度相等，则具中部着丝粒染色体排在前面；具有随体的染色体、性染色体排在最后（也有把具有随体的染色体按照其长度来排队的）；若有两对以上具有随体染色体，则大随体染色体排在前面，小随体染色体排在后面；B 染色体一般排在最后。异源多倍体如普通小麦，则要按染色体组分别排列，即按 A、B、C 三组分别编号排列，而不是全部染色体统一依顺序排列。

将配对的两条染色体的两个长臂相加、两个短臂相加，计算出新的长臂、短臂的平均长度，利用此数据计算出新的臂比值，填入表 4-2 中。如果分析了 10 个分裂相，表 4-2 就要填写 10 张。

表 4-2　配对后的染色体形态测量数据表

染色体序号	绝对长度/μm			臂比值	染色体类型	备注
	长臂	短臂	全长			

将 10 张表 4-2 中相同号数的染色体的长臂、短臂分别相加，计算出每号染色体长臂的平均值、短臂的平均值，根据所得到的平均值，计算臂比值、绝对长度、相对长度，归类染色体的类型，把各项最终所得数据填入表 4-3 中。染色体类型划分见表 4-4。染色体相对长度的计算见下面的公式：

$$相对长度=\frac{某染色体的长度}{染色组中全部染色体的总长度}\times 100\%$$

表 4-3　染色体核型特征

染色体号数	长臂	短臂	绝对长度/μm	相对长度	臂比值	染色体类型	备注

表 4-4　染色体臂比值与染色体类型

臂比值	染色体类型	染色体类型符号
1.00	正中部着丝粒染色体	M
1.01～1.70	中部着丝粒染色体	m
1.71～3.00	亚中部着丝粒染色体	sm
3.01～7.00	亚端部着丝粒染色体	st
7.01～∞	端部着丝粒染色体	t
∞	端部着丝粒染色体	T

4）制作核型图

效果最好的中期分裂相要同时洗印放大两张照片，一张照片贴在实验报告纸上，一张在染色体配对时使用，可以用来裁剪。用剪刀沿着染色体的边沿进行裁剪，从放大照片上剪下的每条染色体，按照已确定的同源关系和先后顺序，粘贴在绘图纸上，制作成核型图。粘贴时应使着丝粒处于同一水平线上，短臂向上，长臂向下。

5）制作核型模式图

根据每号染色体的各项数据参数，绘出每号染色体的模式图，即核型模式图。绘制时一般染色体宽度为 3～5mm；染色体的长度根据每条染色体的实际长度确定，一般染色体每微米实际长度占用 5mm；着丝粒长度为 2～3mm；每条染色体相互之间距离为 5～10mm；次缢痕长度为 2mm。短臂在上，长臂在下，着丝粒排列在同一水平线上。

6）综合分析

对染色体数目、臂数目、核型公式、最长染色体与最短染色体长度的比值、随体、次缢痕的情况等进行综合描述和分析，并根据表 4-5 确定核型的对称性。

表 4-5　染色体核型的分类

最长与最短染色体长度比	臂比大于 2∶1 的染色体百分比			
	0.00	0.01～0.50	0.51～0.99	1.00
<2∶1	1A	2A	3A	4A
2∶1～4∶1	1B	2B	3B	4B
>4∶1	1C	2C	3C	4C

注：在表中 1A 为最对称核型，4C 为最不对称核型

核型公式的书写规则：染色体倍性用 *n* 表示，2*n* 表示二倍体，4*n* 表示四倍体；染色体组用 x 表示，1x 表示拥有 1 个染色体组，2x 表示拥有 2 个染色体组；染色体数目用阿拉伯数字表示；染色体类型用 m、sm、st、t 表示；随体用 SAT 表示，并将 SAT 用括号括起来，括号中具有随体的染色体数目，用阿拉伯数字表示。如果某一类型的染色体仅有 2 条，且 2 条都具有随体，括号内仅写 SAT 即可；公式中染色体类型书写顺序为：m、sm、st、t。例如，海岛棉（*Gossypium barbadensc*）的核型公式可表示为

$$2n=4x=52=38m+12sm(2SAT)+2st(SAT)$$

目前电脑分析软件的开发为准确快速进行染色体核型分析提供了先进的实验技术手段。高配置的荧光显微镜安装有美国自然基因有限公司开发的 VideoTesT-Karyo 核型分析软件。该软件系统内存有人类 400、550 和 850 条带的标准染色体模式图；有常见实验动物、植物染色体标准模式图。还可以根据用户要求输入有关动物和植物的染色体模式图。适用于人类、动物和植物等各种生物的染色体核型分析、带型分析。该系统具有对染色体视野图像背景的清理功能、几条交缠一块的染色体的分离功能、染色体的测量功能、染色体的切割功能、染色体的拉直放大功能、染色体任意角度的旋转功能、多视野拼接功能等。自动核型分析系统的操作步骤如下。

（1）图像采集：可以用染色体玻片标本直接在荧光显微镜下拍照，也可以接受纸质的照片通过扫描输入电脑系统进行分析。

（2）预处理：对染色体图像视野周围或染色体图像视野内部的杂质、染色液遗留痕迹等进行清除，使视野中仅留存清晰的染色体图像。

（3）染色体分割：对两条或多条相互缠绕在一起的染色体进行分离。必要时，还可以对某条染色体进行切割。

（4）核型图显示：对染色体进行自动计数、识别、测量、配对。计算各种参数，制作出核型图。

（5）数据列表：根据各种数据，制作出核型分析表。

（6）结果显示：显示模式照片、核型图、核型模式图等。

小染色体的核型分析：染色体长度在2μm以下又不容易分辨清楚着丝粒、长臂、短臂的植物种类很多，这类植物的核型分析可以仅分析染色体数目、具有随体的染色体数目、每对染色体的相对长度、最长与最短染色体的长度比等。如果含有大小差别明显的染色体类群，可以大、小群分别统计其数量和长度，以及各类群染色体的总长度。

【实验结果】

核型分析的结果要制备出类似图4-1～图4-3的图。

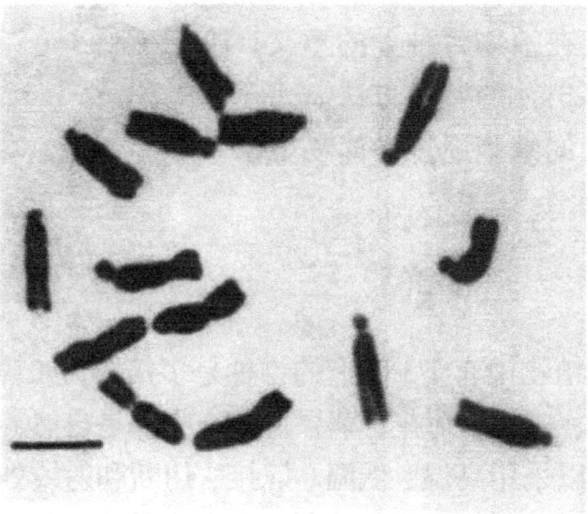

图4-1　蚕豆核型模式照片

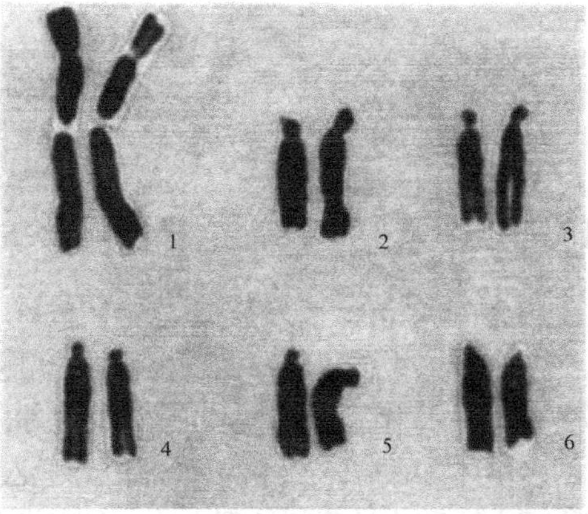

图4-2　蚕豆核型图

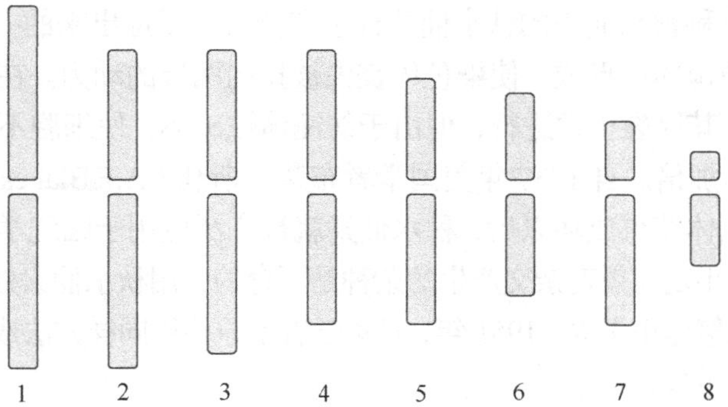

图4-3　某植物的核型模式图

【实验作业】

1. 根据所分析植物染色体测量结果填写染色体核型分析参数表，并写出其核型公式。
2. 制作染色体核型图，绘制染色体核型模式图。
3. 对染色体核型进行综合描述。

实验5

植物多倍体诱发及微核检测

【实验目的】

1. 了解人工诱发多倍体植物的原理、方法及其在植物育种上的意义。
2. 初步掌握用秋水仙素诱发多倍体的技术和多倍体的鉴定方法。
3. 学会通过检查染色体畸变情况评价环境污染的细胞遗传学简易方法。

【实验原理】

1. 植物多倍体诱发原理

多倍体植物广泛地存在于植物界，目前已知被子植物中有1/3以上的物种是多倍体，如普通小麦是异源六倍体，棉花是四倍体，此外，还有烟草、樱桃、菊花、苹果等，这些都是自然界存在的多倍体。多倍体产生的途径除自然发生外，也可以采用高温、低温、嫁接、切断和射线处理等物理方法和化学药剂处理方法，在这些方法中以化学药剂处理最为有效，如秋水仙素，萘嵌戊烷、植物激素等，都可诱发多倍体，其中应用最广泛、效果最好的是秋水仙素。

秋水仙素是由百合科秋水仙属的秋水仙的种子和器官中提炼出来的一种生物碱，能抑制或破坏有丝分裂过程中纺锤体的形成，使染色体丧失被拉向两极的动力。在有丝分裂过程中，染色体经过一轮复制后，其纵裂正常进行，但由于纺锤体被破坏，使细胞不分裂，不能形成两个子细胞，因而使染色体加倍。自1937年美国学者布莱克斯利（A.F.Blakeslee）等用秋水仙素加倍曼陀罗等植物的染色体获得成功以后，秋水仙素就被广泛应用于细胞学、遗传学的研究和植物育种工作中。例如，小麦与黑麦杂交产生的杂种是不育的，用秋水仙素处理，使染色体加倍，就能变成可育的异源八倍体小黑麦。1951年，日本学者木原均用同样方法成功培育出三倍体无籽西瓜，秋水仙素也起了重要作用。

多倍体除了染色体数目变化外，形态特征也有多种变化，例如，多倍体植物的气孔、花器、花粉粒、种子、果实等部分明显变大；气孔数目减少而密度变小；同源多倍体育性有一定的降低，有部分畸形的不育花粉粒。可以通过这些特征变化来进行多倍体鉴定。

2. 植物微核检测原理

微核（micronucleus，MCN），也称卫星核，是真核类生物细胞中的一种异常结构，是染色体畸变在间期细胞中的一种表现形式，为有丝分裂后期丧失着丝粒的染色体片段，在间期细胞的细胞质中形成的一个或多个圆形或杏仁状结构。

许多理化因素，如辐射、化学药剂等作用于分裂细胞而产生微核。在间期细胞中，微核呈圆形或椭圆形，游离于主核之外，大小在主核的 1/3 以下。微核的折光率及细胞化学反应性质和主核一样，也具有合成 DNA 的能力。一般认为微核是由有丝分裂后期丧失着丝粒的染色体断片产生的，但是已有实验证明，整条染色体或几条染色体也能形成微核。这些断片或染色体在有丝分裂过程中行动滞后，在分裂末期未能进入主核，便形成了独立于主核之外的核物质块。当子细胞进入下一次分裂间期时，它们便浓缩形成主核之外的小核，即形成微核。已经证实，微核率同作用因子的剂量呈正相关，所以可用简易的微核计数来代替复杂的中期畸变染色体计数。由于大量新的化合物的合成、原子能的应用、各种各样工业废物的排放等都存在污染环境的可能性，欲了解这些因素对机体潜在的遗传危害，需要一套高度灵敏、技术简单易行的测试系统来监测环境的变化。只有真核类的测试系统能更直接推测诱变物质对人类或其他高等生物的遗传危害。在这方面，微核测试是一种比较理想的方法。目前，国内外不少部门已把微核测试用于辐射损伤、辐射防护、化学诱变剂、新药试验、食品添加剂的安全评价及染色体遗传疾病和癌症前期诊断等各个方面。

20 世纪 70 年代初，B.E.Matter 和 W.Schmid 用啮齿类动物骨髓细胞微核率来测定疑有诱变活力的化合物，建立了微核测定法。此后，微核测定逐渐从动物扩展到植物领域。如 70 年代末 Te-Hsiu Ma 用一种原产于美洲的鸭跖草（*Tradescantia paludosa*）建立的四分孢子期微核率计数（MCN-in-tetrad）的测试系统是较好的系统之一。华中师范大学生物系 1983 年开始建立了一套蚕豆根尖微核测试系统，并首次用于监测水环境污染，经鉴定已列入国家《生物监测技术规范（水环境部分）》。

【实验材料】

洋葱（$2n$=16）、大麦（$2n$=14）、大蒜（$2n$=16）、西瓜（$2n$=22）、玉米（$2n$=20）、蚕豆（$2n$=12）及一些果树的植株等。

【实验器具】

显微镜、剪刀、培养皿、载玻片、盖玻片、吸水纸、培养箱、镊子、纱布、脱脂棉、酒精灯、测微尺、手动计数器、烧杯、瓷盘等。

【实验试剂】

秋水仙素（0.05%、0.1%、0.2%）、HCl（6mol/L）、硝酸银（0.1%～0.2%）、碘化钾（1%）、6mol/L 盐酸、甲醇、冰醋酸、CrO_3、NaN_3、EMS（甲基磺酸乙酯）固定液、醋酸洋红或卡宝品红染色液等。

【实验步骤】

1. 多倍体细胞的诱发

将玉米、大麦等植物种子洗净后用水浸泡 1～2d，然后摆放在铺有湿润滤纸（或纱布）的培养皿中，置于 25～28℃条件下发芽，当根长到 1cm 时取出洗净，把水吸干后移到 0.05%或 0.1%的秋水仙素溶液中，使根部浸在药液中，根尖朝下，25℃，暗环境条件下处理直到根尖明显膨大为止。另外将加入清水处理的材料作为对照，然后取出材料洗净，用卡诺氏固定液固定 1h，以备镜检。若用洋葱作材料时，必须先剪去老根，然后置于盛满水的瓶口上。当长出新的不定根后，再用秋水仙素处理。

2. 多倍体植株的诱发

1）处理种子

将植物的种子放在 0.05%或 0.1%秋水仙素溶液中浸种 24h，取出种子用自来水冲洗 2 或 3 次，然后将种子移到放有被 0.05%秋水仙素溶液润湿了的吸水纸的培养皿中，为避免蒸发，加上盖放入 20℃培养箱内、暗环境下发芽，一般处理 2d 就可长出幼苗。干燥种子比浸过种的种子要多处理 1d，种皮厚发芽慢的种子应先催芽后进行处理。用秋水仙素能阻碍根系发育，所以，对已发芽的种子应用较低浓度的秋水仙素溶液处理较短的时间。处理后取出幼苗，用自来水缓缓冲洗以免损伤，然后将幼苗移栽到大田或盆钵内，同时播种未经处理的种子幼苗作为对照。

2）处理幼苗

对于发芽慢的种子在出苗后处理效果更好。以西瓜为例，先将二倍体西瓜籽浸种催芽，当胚根长到 1～1.5cm 时，将胚根倒置于 0.2%秋水仙素溶液的培养皿中，置 25℃暗环境下浸渍 20～24h，注意处理时需要用湿滤纸将根盖好，避免失水。处理后的幼苗，经水洗进行栽种或砂培，得到多倍体植株。另外也可以采用田间处理幼苗的方法，当幼苗子叶展平时，每天早晚用 0.2%或 0.4%秋水仙素溶液滴浸生长点各一次，每次 1 或 2 滴，连续处理 4d，遮阴保持湿度。以上两种方法均可获得四倍体西瓜，再用它和二倍体西瓜杂交就可育成三倍体无籽西瓜。

3）处理芽

选用葡萄植株或插条等果树的顶芽或腋芽生长点进行处理。在芽部固定一个蘸有 0.5%～0.7%的秋水仙素棉球（最好外罩一塑料袋防止蒸发）暗环境下连续处理 2～3d 后，去掉棉球，反复用清水冲洗生长点。也可用蘸有秋水仙素的棉球涂抹生长点，待进一步生长后，再进行观察和鉴定。长成的多倍体枝条，可以再通过扦插获得多倍体植株。

3. 多倍体的鉴定

1）形态鉴定

染色体已经加倍的根尖，在分生区膨大，与未加倍的根尖有明显区别。已经加倍的多倍体植株比较矮壮，叶片厚实，叶片颜色较绿。果实、种子较大。

2）细胞学鉴定

将已经加倍的植株根尖、茎尖、叶片等部位的细胞制成临时染色体玻片标本，观察有丝分裂中期的染色体数目。使收获的可能为同源多倍体的大粒种子发芽，将其制成根尖压片，进行染色体数目检查。

3）气孔鉴定

在同源多倍体植物叶片背面中部划一切口，用尖头镊子夹住切口部分，撕下一薄层下表皮，放在载玻片上，加一滴蒸馏水铺平，盖上盖玻片，制成表皮装片，用同样方法，制作一张二倍体植物的表皮装片作为对照，镜检比较多倍体和二倍体气孔和保卫细胞的大小，各测定 30 个计算出平均值。统计气孔数目，各观察 10 个视野，计算气孔密度。气孔保卫细胞的大小用测微尺测量：

$$\text{目镜测微尺每格长度}(\mu\text{m})\frac{\text{镜台测微尺格数}\times 10}{\text{目镜测微尺格数}}$$

气孔密度测定是将叶片表皮制片于显微镜下检查，计算每个视野气孔数目，移动制片，重复 10 次，求出平均值。视野面积的计算是用目镜测微尺量出视野直径，按公式 $S=\pi r^2$ 求视野面积。计算得出每平方毫米叶面积的气孔数目。

4）保卫细胞内叶绿体数目鉴定

取叶下表皮于载玻片上，滴加 0.1%～0.2% $AgNO_3$ 溶液数秒后，加盖玻片，在显微镜下观察保卫细胞内的叶绿体数目。

5）花粉粒鉴定

从同源多倍体和二倍体植株上采集花粉放入 45%乙酸中，用滴管各吸取一滴花粉粒悬浮液分别放到载玻片上，加上碘化钾溶液，盖上盖玻片制成花粉粒制片，然后镜检，观察同源多倍体和二倍体花粉形态大小是否整齐、有无畸形，若大小差异不明显时，可用测微尺各测定 30 个花粉粒大小，求平均值。

6）注意事项

（1）秋水仙素处理时间应根据供试材料的细胞周期而定，当处理时间为供试材料细胞周期的 1～2 倍时，可观察到细胞由二倍体变为四倍体；当处理时间多于供试材料细胞周期的两倍以上时，供试材料的细胞可从四倍体变为八倍体，因此，在培养多倍体细胞时，应注意用秋水仙素的处理时间；此外，秋水仙素的浓度对处理效果也有影响，应注意掌握。

（2）多倍体细胞中染色体的形态有两种，一种为一条染色体含有一条染色单体；另一种为一条染色体含有两条染色单体，应注意观察，并思考其形成原因。

4. 蚕豆细胞微核检测

1）浸种催芽

将实验用蚕豆按需要量放入盛有自来水（或蒸馏水）的烧杯中，在 25℃下浸泡 24h，此间至少换水两次，所换水应 25℃预温。种子吸胀后，用纱布松散包裹置瓷盘中，保持温度，在 25℃温箱中催芽 12～24h，待初生根长出 2～3mm 时，再取发芽良好的种子，放入铺满滤纸的瓷盘中，25℃继续催芽，经 36～48h，大部分初生根长至 1～2cm，根毛发育良好，这时即可用来进行检测。

2）被检测液处理根尖

每一处理选 6～8 粒初生根生长良好、根长一致的种子，放入盛有被检测液的培养皿中，被检测液浸没根尖即可。阳性因子可采用 CrO_2、NaN_3、EMS，为加强阳性效果可适当加大浓度，使用 1.0～2.5mol/L CrO_3、0.5～1.5mol/L NaN_3 和 150～220mol/L EMS 溶液。另外可取一处污水作被检测液之一。用自来水（或蒸馏水）处理作对照。处理根尖 12～24h，此时间也可视实验要求和被检测液浓度而定。

3）根尖细胞恢复培养

处理后的种子用自来水（或蒸馏水）浸洗 3 次，每次 2～3min。洗净后再置入铺有湿润滤纸的瓷盘中，25℃条件下再恢复培养 22～24h。

4）根尖细胞固定

将恢复后的种子，从根尖顶端切下 1cm 长的幼根，用甲醇：冰醋酸（3：1）液固定 24h。固定后的根如不及时制片，可换入 70%的乙醇溶液中置 4℃冰箱中保存备用。

5）酸解

用蒸馏水浸洗固定好的幼根两次，每次 5min，吸净蒸馏水，加入 6mol/L 盐酸将幼根浸没，室温下酸解 10min，幼根软化即可。

6）染色

吸去盐酸，用蒸馏水浸没幼根 3 次，每次 1～2min。最后浸于水中。制片前置载玻片上，截下 1～2mm 长的根尖，滴一滴醋酸洋红染液，染色 5～8min，加上盖玻片，制备成半永久片。

7）统计微核数目

每一处理观察 3～5 个根尖，每个根尖观察 1000 个细胞，统计含微核的细胞数目，计算该处理的微核千分率，即 MCN‰，以此可作一个检测指标。

若进行污水检测，则根据含微核的细胞数目，计算污染指数（PI）：PI=样品实测 MCN‰平均值/对照组（标准水）MCN‰平均值。根据污染指数鉴定出所测水样的污染程度，也可以计算被检化学药剂的污染指数。污染指数为 0～1.5 基本没有污染；1.5～2 为轻度污染；2～3.5 为中度污染；3.5 以上为重度污染。

【实验结果】

1. 植物多倍体诱发实验结果

洋葱染色体数目为 $2n$=16 条，加倍后应为 32 条；大麦染色体数目为 $2n$=14 条，加倍后应为 28 条。如果出现更多的染色体数目，可能是处理时间过长，使染色体加倍两次所致。对多倍体植株镜检、观察的结果填入表 5-1。

表 5-1　同源多倍体和二倍体性状对照表

项目 结果 材料	染色体数目	气孔大小 长×宽	保卫细胞 长×宽	气孔密度	花粉粒大小	花粉粒形态
同源多倍体						
二倍体						

2. 蚕豆细胞微核检测结果（图 5-1）

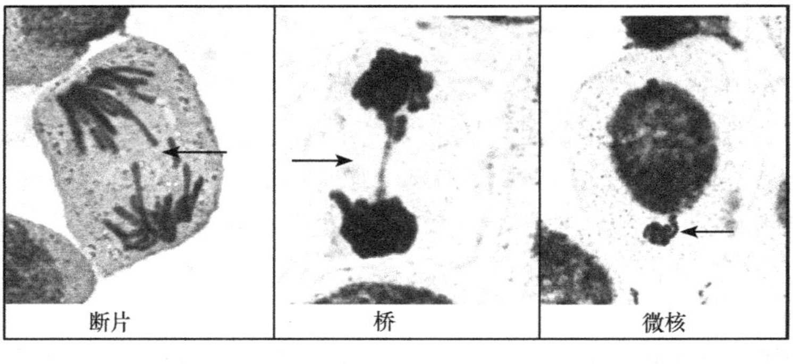

图 5-1　微核形态和形成过程

【实验作业】

1. 统计染色体数目，区分染色体加倍和未加倍的细胞。
2. 绘制所观察到的多倍体细胞的显微观察图。
3. 总结说明秋水仙素诱导洋葱根尖多倍体的最佳浓度和时间。
4. 绘制观察到的细胞微核实物图，统计所测定的材料的微核率。
5. 综合本班所有同学的测定结果，判断各自测定的物质是否具有诱变能力。

实验 6

植物有性杂交

【实验目的】

1. 理解有性杂交的原理。
2. 了解几种植物花器的构造和开花的生物学特性。
3. 掌握几种植物的有性杂交技术。

【实验原理】

1694 年，德国植物学家 R.J.Camerarius 发现植物也有雌雄和有性杂交过程。1866 年，G.J.Mendel 的杂交实验使人们知道有性杂交是进行植物遗传、植物育种研究的有效途径。有性杂交是利用遗传性状不同的亲本进行交配，以组合两个或多个亲本的优良性状于杂种体中，并经过基因的分离和重组，产生各种性状的变异类型，从中选择出最需要的基因型，进而创造出对人类有利的优良品种。根据杂交亲本间亲缘关系的远近，有性杂交又分为近缘杂交和远缘杂交两大类。前者是指同一植物种内的不同品种之间的杂交，后者指在不同植物种或属间进行的杂交，也包括野生种和栽培种之间的杂交。品种间杂交为近缘杂交，由于品种间亲缘关系较近，具有相同的遗传物质基础，因此品种间杂交易获成功。通过正确选择亲本，能在较短时间内选育出具有双亲优良性状的新品种。但在品种间杂交时，因有利经济性状的遗传潜力具有一定限度，往往存在品种之间在某些性状上不能互相弥补的缺点。而远缘杂交可以扩大栽培植物的种质库，能把许多有益基因或基因片段组合到新种中，以产生新的有益性状，从而丰富各类植物的基因型。通过远缘杂交，还可获得雄性不育系，扩大杂种优势的利用。但远缘杂交结实率低，而且不易成功，甚至完全不育，杂种夭亡；杂种后代出现强烈分离，中间类型表现不稳定，因而增加了远缘杂交的复杂性及困难，限制了远缘杂交在育种实践上的应用。

【实验材料】

小麦、玉米、水稻（*Oryza sativa*）、棉花（*Gossypium hirsutum*）等。

【实验器具】

镊子、小剪刀、硫酸纸袋、牛皮纸袋、黑纸袋、大头针或曲别针、纸牌、广口瓶、广口暖水瓶、麦管、酒盅、铅笔、毛笔、记录本、酒精棉球等。

【实验试剂】

50%以上浓度的乙醇溶液。

【实验步骤】

1. 小麦有性杂交

1）选穗

根据已确定的杂交组合，在杂交亲本中选择母本性状典型、健壮无病的单株作为母本，一般以主茎穗或大分蘖穗为好。被选中的小麦穗应该是刚抽出叶鞘还未开花，麦穗茎部距旗叶叶鞘间距离为 1.5～2cm，花药呈绿色，柱头还未羽毛状分叉。

2）整穗

将选好的穗子先用镊子去掉麦穗下部发育较迟的小穗，仅留中部 5 或 6 个小穗，再用镊子去掉小穗上中间的几朵小花，一般每个小穗只留基部两朵发育最好的小花，最后用小剪刀剪去外颖上的芒。

3）去雄

将整好的麦穗去雄，一般采用以下两种方法。

（1）分颖去雄法：将整过的麦穗夹在左手拇指和中指中间，用食指逐个轻压外颖的顶部，使内外颖分开，然后用镊子插入小花内外颖的合缝内，轻轻把三枚花药取出，最好一次去净，注意勿伤柱头，同时不要将花药夹破。如果夹破了花药，应摘掉此朵小花，并用酒精棉球擦洗镊子顶端，以杀死其上附着的花粉，以免发生自交。去雄时先从穗的一侧开始，自上而下逐个进行，去完一侧再去另一侧，不要遗漏。去雄后立即将麦穗套上硫酸纸袋，用大头针或曲别针将硫酸纸袋别好（注意不要损坏旗叶）并挂上纸牌，用铅笔注明母本品种名称、去雄日期和操作者姓名。

（2）剪颖去雄法：用剪刀把整好的麦穗上留的每朵小花的护颖及内外颖剪去 1/3～2/5，以不剪破花药为准。然后用镊子从剪口处把花药取出。此法也要自上而下逐朵小花进行，去完一侧再去另一侧，不能遗漏，也不能损伤柱头。如发现个别小花已散粉，应立即摘掉散粉小花。去雄后套上硫酸纸袋并用大头针或曲别针将硫酸纸袋别好，挂上纸牌，注明母本名称、去雄日期和操作者姓名。

4）授粉

一般去雄后 2～3d，花朵的柱头呈羽毛状分叉，并带有光泽。这标志着此时柱头已发育成熟，可以进行授粉。但由于品种抽穗期早晚和当时的气温不同，柱头成熟的速度也不一致，一般早抽穗的品种，柱头成熟的时间较长些，晚抽穗的品种，特别是在高温条件下，去雄后 1～2d 柱头即可成熟，有的甚至去雄时柱头就已经成熟。因此应抓紧时机，适时授粉，以提高杂交结实率。每天 8：00～11：00、15：00～16：00 是最佳授粉时机。授粉有以下两种方法。

（1）采粉授粉法：授粉前先采集父本花粉，于 7：00～10：00 开花最盛时进行。如果父本穗子数量多，可直接采收花粉。选择麦穗中部有几朵小花已开花的穗子，将此穗子自上而下轻轻抹几遍促使其开花，几分钟后就可看到颖壳逐渐张开，花药逐渐伸出，此时将穗子斜置于容器上方，用镊子轻轻敲打麦穗，花药即可落入容器之中。另外，如果父本穗子数量少，可选当天有几朵小花开花的穗子（花药呈金黄色），用镊子撑开小花的内外颖，取出金黄色的花药放入酒盅中。花粉采集后，马上取下母本麦穗上的纸袋，用毛笔蘸取少量花粉或用镊子夹 2 或 3 个花药依次放入已去雄的小花柱头上，也要按从上而下、授完一侧再授另一侧的顺序进行。为使柱头授粉良好，应使花粉在柱头上轻擦几下，全穗授粉完毕后，仍套上纸袋，用大头针别好纸袋口，在纸牌上注明父本名称及授粉日期。

（2）采穗授粉法：此法配合剪颖法去雄。选择当天将要开花的父本穗为供粉穗，将穗子剪下，随即把顶部和基部发育不好的小穗去掉，留下中间两侧的小穗，然后将颖壳斜剪 1/3，以不伤花药为准，在阳光下照射 2～3min 后，花药即可伸出颖外，将母本纸袋上部剪开，向内吹气使纸袋充分张开，轻轻拿起即将散粉的父本穗子，倒置插入母本纸袋。在袋内捻转几下，花粉就自然落在柱头上。授粉完毕后，父本穗取出，仍旧套上纸袋，用大头针别好纸袋口，在纸牌上注明父本名称及授粉日期（图 6-1）。

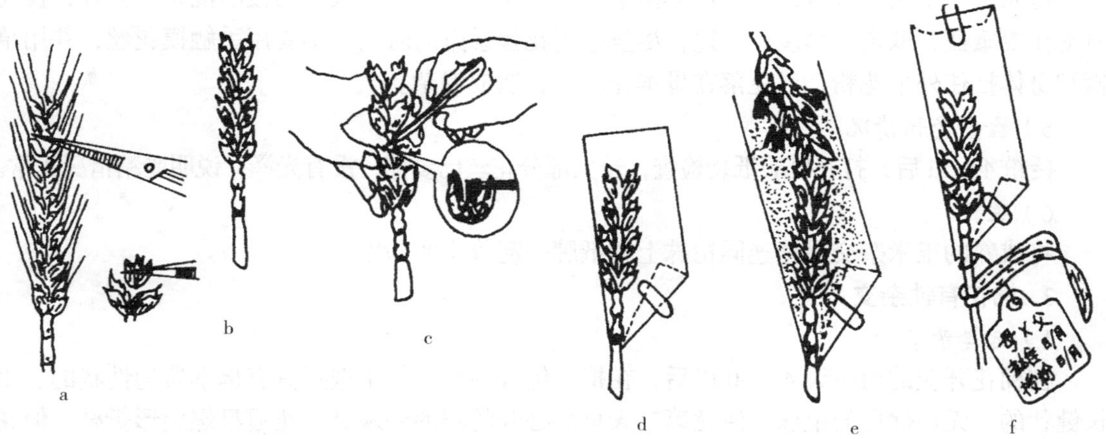

图 6-1　小麦杂交示意图

a. 整穗；b. 整好的穗；c. 去雄；d. 套袋；e. 授粉；f. 挂牌

5）检查受精情况

授粉后 1～2h 花粉粒就在柱头上萌发，约 40h 后完成受精。授粉后 3～4d 打开纸袋检查杂交成功率。若子房已膨大，内外颖合拢，柱头萎缩，失去光泽，说明已受精，否则未受精。若在一穗上大部分小花都没受精，则进行第二次授粉。检查完毕后仍然套上硫酸纸袋别好。

6）收获

六月初小麦成熟后，把同一种杂交组合的杂交穗子剪下收集在一起，脱粒后装在一个牛皮纸袋里，并在牛皮纸袋上注明杂交组合、种子粒数、收获日期，上交实验室。

2. 玉米有性杂交

1）选穗

根据育种目标和实验设计，选择健壮优良、无病、苞叶露出而没有吐丝的植株。

2）隔离

用透光防水的硫酸纸袋套住母本的雌穗，同时也套住选作父本的雄穗，以防外来花粉的侵入，保证实验的准确性。套袋时将硫酸纸袋口插在茎秆和雌穗之间，以防吹落。另外种植时也应考虑父、母本间在种植时间和空间上的隔离。

3）整穗

当雌穗花丝伸长出苞叶 3cm 左右时，表明雌花发育成熟。由于各朵花吐丝时间不同，苞叶外的花丝可能长短不齐，取下硫酸纸袋把花丝修剪成 3cm 左右长度，然后继续套上硫酸纸袋。

4）授粉

整穗后应马上进行授粉。9：00～10：00 将已开始开花散粉的父本雄穗轻轻弯曲抖动，使花粉落在硫酸纸袋内，然后取下硫酸纸袋，折叠袋口。授粉者应头戴草帽，迅速到授粉植株处，用草帽沿遮住雌穗上方，轻取下雌穗套袋，将装有花粉的硫酸纸袋口向下倾斜，使花粉均匀倒在母本花丝上，然后立即套上原雌穗套袋，用大头针连同苞叶一块别好，用小绳将纸袋轻拴在茎上，并在玉米茎上系上纸牌，注明杂交组合、授粉日期及操作者姓名。

每做完一个杂交组合，即用乙醇擦手，杀死花粉，以免造成人为授粉混杂。另外，授粉时动作要敏捷，取袋、套袋要迅速，尽量缩短花丝暴露的时间，不要用手触摸花丝，并用草帽和身体挡住外来花粉，以免落在母本花丝上，造成混杂。

5）检查受精情况

授粉 4～5d 后，打开硫酸纸袋检查，若大部分花丝已萎缩，没有光泽，说明受精情况正常。

6）收获

将成熟的玉米杂交果穗连同植株上的纸牌一起收交实验室。

3. 棉花有性杂交

1）选择亲本

在棉花开花的前一天 4：00 以后，在拟定组合的母本行中选择具有母本典型性状的、生长健壮的、无病优良的植株。注意第二天早晨必开的花的外观是：花冠呈螺旋形折叠，但花瓣已经长大露出苞叶。

2）去雄

（1）徒手去雄：去雄的花应选 3～6 果枝靠近主茎的第 1、2 节位花朵。去雄时用手拨开苞叶。用右手的大拇指指甲，从花萼管外面切入，将花冠和整个雄蕊管完全剥净，只留下雌蕊和苞叶，露出花柱、柱头和子房，并将该果枝打去边心。去雄时，注意不要碰破花药或触伤花柱、柱头和子房。如果碰破花药，应立即用酒精棉球擦手，杀死粘在指甲上的花粉，以免影响杂交质量。去雄后，立即用一端开口、另一端密闭的麦管从柱头顶端轻轻套下，一直达到子房上端，麦管套入后须高出柱头 1～2cm，既可避免外来花粉授粉，又可避免花柱伸长时被碰伤。然后挂上纸牌，注明母本名称、去雄日期和操作者姓名。

（2）麦管切雄：用剪刀或手剥去花冠上部，露出柱头和部分花药，再用 4cm 长的粗壮麦管，一端折封，另一端从柱头套下，并轻轻转动向下压，将雄蕊的花丝切断，花药脱落。去雄完毕后，麦管仍套在柱头上，以防止花药传入。然后挂上纸牌，注明母本名称、去雄日期和操作者姓名。

（3）手术去雄：用剪刀将花冠纵面剪裂，或从侧面剪去花冠的 1/3，呈一个三角形的切口。也可将花冠全部剪去，使雄蕊外露，再用剪刀或镊子轻轻除去花药，把花药全部摘净后，再在柱头上套上麦管，进行隔离。这种方法比较麻烦费工，但花器受损伤小，结铃率高。

3）父本隔离

在母本去雄的同时，选父本植株上次日可以开花的花蕾，用线、曲别针或塑料管隔离，注意用线扎花冠顶端时不要太松，以免次日花冠上张开的小孔让昆虫进入，使父本花粉混杂；也不要过紧，以免扎破花冠和扎住柱头。

4）授粉

一般在去雄后次日 9：00～10：00 进行，这时的柱头和花粉生活力较强，结实率高。授粉时先将隔离的父本花朵摘下来，剪去花冠，并将母本柱头上的隔离麦管取下，用干净毛笔蘸父本花粉轻轻涂抹在母本柱头上，或把花粉轻轻抖落在母本柱头上。授粉后仍旧套上麦管进行隔离。并在纸牌上注明父本名称、授粉日期。

5）检查受精情况

授粉后 3～4d，若子房膨大，柱头失去光泽，说明杂交成功。

6）收获

杂交棉吐絮后，进行单铃收获，脱粒后，把种子收放在种子袋中，注明杂交组合、种子粒数、收获日期等，上交实验室。

4. 棉花自交

棉花属常异花授粉作物，天然变异率可达 20%以上，为了防止生物学混杂，保持品种的遗传特性，常采用自交方法。

自交在开花前花冠露出苞叶 1.5cm 以上时进行为好。选择典型、健壮、无病优良植株中部靠近主茎的花蕾，其方法有以下几种。

1）扎线法

用 21～24cm 长的棉线，一端系在准备自交花朵的花柄上，另一端不松不紧地绕缠在花冠顶部，待花冠脱落后，棉线仍保持在果柄上，做自交记号。

2）曲别针法

用回形针夹住花冠顶部，并在花柄上用线或漆做记号。

3）塑料管法

用特制的塑料管套在花冠上，并在花柄上做标记。

4）胶粘法

在尚未开放的花冠上涂胶粘剂，使花冠不能张开，并在花柄上做标记。

5. 水稻有性杂交

1）选穗

根据已确定的杂交组合，选取植株生长健壮、无病虫害、具有该品种典型性状、稻穗已露出叶鞘 3/4、穗尖已开过几朵颖花的母本稻穗供去雄之用。

2）去雄

（1）温汤去雄：利用水稻的雌雄蕊对温度的适应能力不同的特性，在水稻自然开花前半小时，将暖水瓶中的温水调节到 45℃，把选好的母本稻穗与暖水瓶相对倾斜，将稻穗全部浸入温水中，注意勿折断穗茎和穗秆。5～8min 后取出稻穗晾干（若水温降至 42～44℃，则处理 8～10min）。取出后 20min 左右即可开颖，不开的全部剪掉（注意防止剪伤开放的颖花），随即套上硫酸纸袋，以防串粉。系上纸牌注明母本名称、去雄日期和操作者姓名等（图 6-2）。

图 6-2 水稻温汤去雄示意图

（2）剪颖去雄：在杂交前一天 16：00～17：00 后，或杂交当天 7：00～8：00 进行。选取露出叶鞘 1/2 或 2/3 的母本穗子，剥开叶鞘，进行整穗疏花，将上部已开的花和下部过嫩的花全部剪去，留下中部预计次日能开的颖花（可将颖花在阳光下透视，当颖花内雄蕊伸长已达颖壳的 1/2 以上时，即为次日要开的颖花）20～30 朵，用剪刀横剪去颖壳的 1/4 或 1/3（不要剪破花药），再斜剪外颖一侧，然后用镊子将 6 枚雄蕊轻轻夹去。去雄后，立即套上硫酸纸袋，挂上纸牌，注明母本名称、去雄日期和操作者姓名。

3）授粉

温汤去雄后，可以随即授粉。如用剪颖去雄的，以当天授粉效果最好，也可以次日上午授粉。授粉方法主要有以下两种。

（1）弹花授粉法：在水稻自然开花时，轻轻剪下正在开花的父本稻穗，并置于已去雄的母本稻穗上方，用手轻轻抖动父本稻穗，使花粉落在母本柱头上，连续进行 2 或 3 次。如父、母本相邻种植，则不必剪穗，可就近授粉；若母本已去雄而父本尚未开花时，则可用黑纸袋罩住父本穗子，约 10min 后，揭开纸袋即可开花授粉。

（2）授入花药法：在水稻自然开花时，用镊子夹住父本成熟的花药，（刚开花而未散粉的花药或未开花但雄蕊伸长颖壳达 2/3 以上的颖花的花药）在已去雄的母本颖壳上轻轻摩擦，使花药破裂，花粉散落在柱头上，但注意不要损伤母本的花器。如果母本颖壳已经关闭，可将 2 或 3 个花药塞进颖内，让其自然开裂散粉。授粉后，母本穗仍旧套上透明纸袋，用曲别针别好，并在纸牌上注明父本名称，授粉日期。

4）检查受精情况

可在授粉 3d 后检查杂交是否成功，其标志是看子房是否膨大，膨大者表示已受精，可以长成稻粒，此时可以把透明纸袋摘下。

5）收获

杂交后 20d 左右即可收获稻穗，连同纸牌一块交实验室。

【实验结果】

子房已经膨大，柱头已经萎缩，说明授粉、受精成功。

杂交实验的最终结果是得到杂交种子，因此，受精成功后，还要细心看护实验田，看护好杂交的植株，以防人为损坏。

【实验作业】

1. 根据上述几种植物的杂交方法，选取作物在各自的开花盛期杂交 3～5 株。
2. 检查杂交结果，收获杂交穗子上交实验室。

实验 7

小麦数量性状统计和遗传率估算

【实验目的】

1. 通过对小麦株高的分析，了解数量性状遗传的特点和研究方法。
2. 学习估算遗传率的方法。

【实验原理】

植物的某些性状，如株高、粒重、穗长等可用某种尺度来测量，用数字来表示，这样的性状称为数量性状。数量性状通常由很多基因控制，每对基因只具有微小的效应，而且极易受外界环境条件的影响，因而性状在个体间表现为连续分布，不同个体并不能自然归属于显著不同的类型，孟德尔比率得不到表现。在这种情况下孟德尔分析方法不能应用，而需采用数理统计学的方法进行研究。

在数量性状遗传研究中，作为基本参数之一的遗传率是数量性状遗传分析的核心，它与选择方法、遗传进度、遗传相关、配合力等遗传参数密切相关，对植物育种有重要参考价值。小麦株高（或玉米穗长）性状的广义遗传率(h_B^2)按下面的公式估算，其中的 V_E 用不分离世代的表型方差估算。

$$h_B^2 = \frac{V_{F_2} - V_E}{V_{F_2}} \times 100\%$$

小麦株高（或玉米穗长）性状的狭义遗传率(h_n^2)按下面的公式估算。

$$h_n^2 = \frac{2V_{F_2} - (V_{B_1} + V_{B_2})}{V_{F_2}} \times 100\%$$

【实验材料】

将两个株高有差异的小麦品种 P_1、P_2 及其杂种后代 F_1、F_2，回交后代 B_1（$F_1 \times P_1$）、B_2（$F_1 \times P_2$）于同年同一环境条件下种植，随机区组设计，重复三次，收获时对不同世代随机取样，每小区取样 30 株进行调查，获得统计资料作为实验材料。

【实验器具】

米尺、计算器等。

【实验步骤】

1. 测量

准确测量各小区样本的株高，获得 P_1、P_2、F_1、F_2、B_1 和 B_2 的统计数据。小麦株高的测量方法是：从分蘖节量至主茎穗顶端（不算芒）。

2. 计算基本参数

1）求平均数

按下式求不同世代各小区的平均数：

$$\bar{x}=\frac{\sum fx}{N}$$

式中，x 为个体数值；f 为次数；N 为总个体数。

2）求表型方差

依下式求出不同世代各小区的表型方差：

$$V_p=\frac{\sum(x-\bar{x})^2}{n-1}=\frac{\sum x^2-(\sum x)^2/n}{n-1}$$

式中，x 为个体值；$\bar{x}$ 为个体所在小区平均值；n 为个体总数。由此可得出 $V_{\mathrm{P_1}}$、$V_{\mathrm{P_2}}$、$V_{\mathrm{F_1}}$、$V_{\mathrm{F_2}}$、$V_{\mathrm{B_1}}$、$V_{\mathrm{B_2}}$。

3）求出 V_{E}

依以下公式求出环境方差 V_{E}：

$$V_{\mathrm{E}}=\frac{1}{2}(V_{\mathrm{P_1}}+V_{\mathrm{P_2}})$$

$$\text{或}V_{\mathrm{E}}=\frac{1}{3}(V_{\mathrm{P_1}}+V_{\mathrm{P_2}}+V_{\mathrm{F_1}})$$

$$\text{或}V_{\mathrm{E}}=\sqrt[3]{V_{\mathrm{P_1}}\cdot V_{\mathrm{P_2}}\cdot V_{\mathrm{F_1}}}$$

$$\text{或}V_{\mathrm{E}}=\sqrt{V_{\mathrm{P_1}}\cdot V_{\mathrm{P_2}}}$$

$$\text{或}V_{\mathrm{E}}=V_{\mathrm{P_1}}$$

$$\text{或}V_{\mathrm{E}}=V_{\mathrm{P_2}}$$

$$\text{或}V_{\mathrm{E}}=V_{\mathrm{F_1}}$$

4）求加性方差或 V_{A}

依公式 $V_{\mathrm{A}}=2V_{\mathrm{F_2}}-(V_{\mathrm{B_1}}+V_{\mathrm{B_2}})$ 求出 V_{A}。

3. 估算遗传率

将计算出的基本参数代入 $h_{\mathrm{B}}^2=\frac{V_{\mathrm{F_1}}-V_{\mathrm{E}}}{V_{\mathrm{F_2}}}\times100\%$，$h_n^2=\frac{2V_{\mathrm{F_2}}-(V_{\mathrm{B1}}+V_{\mathrm{B2}})}{V_{\mathrm{F_2}}}\times100\%$，求出即可。

【实验作业】

三人一组，每人取一个重复的样本测量各世代小麦株高，然后对统计资料进行分析，求出遗传率。

实验 8

农作物杂种优势测定

【实验目的】

1. 理解杂种优势的概念，通过杂交实验观察杂种的优势效应。
2. 掌握作物杂种优势的估计方法。

【实验原理】

1400 年前，我国《齐民要术》一书中已有利用马和驴杂交繁育骡子的记载。1910 年，C.H.Shull 首先提出了杂种优势的概念，并于 1918 年又提出杂种优势的超显性学说。1911 年，A. B. Bruce 提出了杂种优势的显性学说。两种学说虽然各有利弊，对杂种优势的利用都起到了重要指导作用，但都不能完善地解释杂种优势的机制。现在认为杂种优势可能是由于双亲显性基因的互补、异质等位基因互作和非等位基因的互作，也可能是这些因素的综合作用。同时，杂种优势也不是一两个性状的突出优势，而是许多单位性状的优势的综合表现。

杂种优势是生物界的一种普遍现象，广义的杂种优势包括正向优势和负向优势，与人工选择方向一致的优势称为正向优势，否则称为负向优势。狭义的杂种优势仅指正向优势。杂种优势较多见于种内不同品种间的 F_1，但在种间也可能发生，如马（*Equus caballus*）与驴（*Equus asinus*）的交配生成的骡，其许多性状优于双亲。在植物方面，杂种优势的表现也是多方面的，如生长势增强、产量提高、抗性增强、品质提高、分配到经济产量中的生物量增加，在生理代谢上表现在合成某种物质的能力增强，抗逆能力和光合作用增强等。实际工作中并不是所有的杂交组合都会产生杂种优势，需要配制大量的杂交组合，才能从中筛选到理想的优势组合。

【实验材料】

玉米：不同的玉米自交系 P_1 和 P_2 及其杂交种 F_1，回交一代 B_1 和 B_2，杂种二代 F_2，对照种（CK）。测量叶宽、叶长、株高和穗长等性状。

小麦：不同的小麦品种（或品系）P_1 和 P_2 及其杂交种 F_1，回交一代 B_1 和 B_2，杂种二代 F_2，对照种。测量抽穗期、株高、株粒重和百粒重等性状。

【实验场地】

实验田、灌溉设施、考种室。耕作、施肥、除草等耕作条件。

【实验器具】

测量尺、天平、铅笔、记录纸、计算器等。

【实验步骤】

1. 播种和田间操作

分别在当年种植上述玉米和小麦实验材料。其中不分离世代（P_1、P_2、F_1）各播种 1 行；回交一代 B_1、B_2 和杂种二代 F_2 按小区种植，具体是：B_1、B_2 各种 5 个小区，F_2 种 15 个小区。同一种作物（玉米或小麦）实验材料的不同世代，在播种和田间操作措施上应保持一致。

在实验田里观察两个玉米亲本自交系或两个小麦亲本品种（或品系）及其杂种 F_1 的生长势、发育能力和各种性状，分析比较亲本和后代 F_1 之间在各个可测量的性状上的不同表现及其表现程度。按照作物生长规律，适时安排工作进度，以亲本自交系或品种、杂种 F_1 和对照种为对象，分别选取所要观测的农艺性状进行调查分析，每一个性状要求取 20～30 个观测数据，并将这些数据的测试结果记录下来。

2. 考种及抽样分析

在作物抽穗之前，从亲本和 F_1 群体中各随机选择 30 个植株，从 B_1 和 B_2 群体中各随机选择 50 个植株，从杂种 F_2 群体中随机选择 100 个植株，分别对这些所选植株进行挂牌和编号。根据农时和作物生长发育状况，在适当的时期对所选择的各种性状进行考种分析。

考种分析时，玉米的性状记录按如下标准进行：①叶长、叶宽，指主干上部叶的长度和宽度（cm）；②株高，指自根茎交界处至顶部的高度（cm）；③穗长，指玉米穗的总长度（cm）。

小麦的性状记录按如下标准进行：①抽穗期，指穗部顶端小穗（不算芒）露出剑叶的日期或叶鞘中上部裂开见小穗的日期；②株高，指在成熟前调查的从地面起至麦穗的顶端（不算芒）的距离（cm）；③株粒重，指一株小麦的所有穗脱粒后全部种子（包括秕子）的干重（g）；④百粒重，指 100 粒干种子（要将被抽样的种子混摊均匀，不要有意避开秕子）称重所得的质量（g）（数两份干种子，求其平均质量）。

3. 杂种一代优势程度的估计

完成上述测量数据的分析统计后，利用所得到的检测资料，套用下述运算公式，分别计算两种作物的各种性状杂交一代（F_1）的杂种优势程度。

1）平均优势

杂种一代平均值（F_1）与双亲平均值（MP）的差异率（百分数）：

$$\text{平均优势}(\%)=\frac{F_1-MP}{MP}$$

2）超亲优势

杂种一代平均值（F_1）与较好的一个亲本的平均值（HP）的差异率（百分数）：

$$\text{超亲优势}(\%)=\frac{F_1-HP}{HP}$$

3）对照优势

杂种一代平均值（F_1）与对照种平均值（CK）的差异率（百分数）：

$$\text{对照优势}(\%)=\frac{F_1-CK}{CK}$$

4. 杂种显性度的度量

1）显性势能（相对优势）

表示显性程度的相对大小的参数，指一对杂合基因的显性效应 d 与一对纯合基因的加性效应 a 的比值。假定在个体中所有基因对的 a 值大小都相等，而且方向相同，同时各杂合基因对的作用值 d 也都大小相等且方向相同，那么显性势能就以下列运算结果给出：

$$h_p=\frac{[d]}{[a]}=\frac{m[d]}{m[a]}=\frac{\sum d}{\sum a}=\frac{F_1-\frac{1}{2}(\overline{p_1}+\overline{p_2})}{\frac{1}{2}(\overline{p_1}+\overline{p_2})}$$

式中，m 为基因的对数；$[d]$为各基因显性效应之和；$[a]$为各基因加性效应之和；$\overline{p_1}$、$\overline{p_2}$ 分别为亲本平均值。

分析：①h_p 为±0.05～±0.5，表明无显性；②h_p 为±0.6～±0.95，表明为正负部分显性；③h_p 为±0.96～±1.05，表明为正负完全显性；④$h_p > +1.06$ 或 $h_p<-1.05$，表明为正负超显性。

2）平均显性度

测定显性势能时的两个条件（a 值大小相等、方向相同，同时 d 值也大小相等、方向相同）一般是不能很好地满足的。如果各个 d 的方向不同，则 $\sum d$ 有可能等于零，因而 $h_p=0$，但这是正负抵消的结果，不能说明没有显性效应；同理，$\sum a$ 也可能等于零，使得 $h_p=\infty$，这是不合逻辑的。为此，设计了如下估算公式来求平均显性度：

$$\text{平均显性度}=\sqrt{\frac{\sum d^2}{\sum a^2}}=\sqrt{\frac{D}{A}}$$

其中偏差平方和 A 和显性偏差平方和 D，可根据 P_1、P_2、F_1、F_2、B_1 和 B_2 的表型值，并采用实验 7 中所提供的公式算出。

分析：①平均显性度=0（或 $D=0$），表明无显性；②0<平均显性度<1（或 $D<A$），表明部分显性；③平均显性度=1（或 $A=D$），表明完全显性；④平均显性度>1（或 $D>A$），表明超显性。

显性与优势实际上是生物同一种遗传现象的不同程度的表现，显性度的衡量对于分析作物遗传基因的性质和育种价值具有重要意义。

【实验作业】

1. 总结本次实验的各种数据，说明所分析的玉米和小麦的杂种 F_1 和双亲在各个检测性状的表现上有何差异？哪些性状具有明显的杂种优势？

2. 综合全体实验参加者所统计的数据资料，按照本实验步骤中“杂种一代优势程度的估计”和“杂种显性度的度量”中所介绍的方法，计算所分析的玉米和小麦相关性状的显性势能和平均显性度。

3. 总结迄今所学的数量遗传分析方法及其应用价值。

实验 9

玉米籽粒性状分析及基因互作观察

【实验目的】

1. 进一步理解基因的分离和自由组合定律。掌握一对及两对相对性状遗传分析的基本思路与方法。

2. 通过对玉米籽粒果皮色泽、糊粉层颜色、胚乳品质等几对相对性状的杂交实验，了解玉米籽粒几种性状基因互作的现象。

【实验原理】

美国遗传学家 R.A.Emerson 和 B. McClintock 在玉米遗传学研究方面获得的巨大成就，使玉米成为与豌豆、果蝇相媲美的遗传学研究的模式生物。玉米在减数分裂形成配子时，同源染色体上的等位基因随所在染色体的分离而分离，互不干扰地分到不同的配子中去，形成带有不同基因的配子。将具有一对相对性状差异的两个亲本杂交，其 F_1 产生的雌雄配子各有两种，其比例为 1∶1，F_2 的表型也是两种，其比例为 3∶1。位于非同源染色体上的两对等位基因在减数分裂形成配子时，每对等位基因随同源染色体的分离而分离，又随非同源染色体间的重组而自由组合，形成 4 种比例相等的配子。因此，在完全显性的条件下，非同源染色体上的两对基因的纯合亲本进行杂交时，F_1 只有一种表型，产生 4 种数目相等的配子，其自交后代（F_2）的表型分离比例为 9∶3∶3∶1，测交后代的表型分离比例为 1∶1∶1∶1。

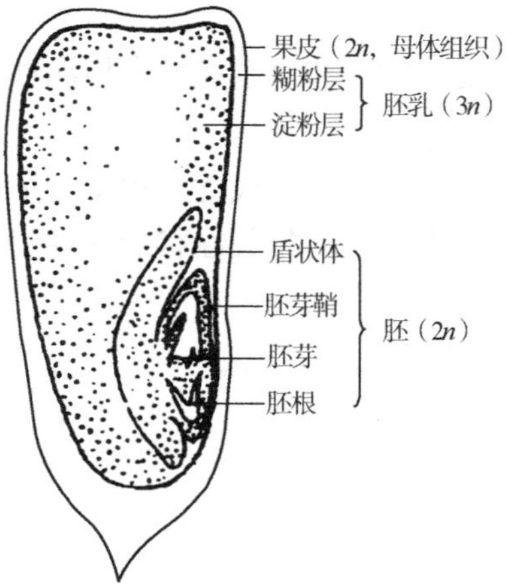

图 9-1　玉米籽粒结构图

玉米籽粒由果皮、胚乳和胚三部分组成，其中胚乳包括糊粉层和淀粉层（图 9-1）。

已知控制玉米籽粒各种性状的基因，具有下列的遗传表现。

果皮颜色性状有红色、棕色和无色。在基本色素基因 A_1 存在时，果皮颜色的表现一般是由 P 和 B_P 两对基因互作的结果。

胚乳性状有非甜粒和甜粒，非甜粒外形饱满，甜籽粒外形皱缩。已知皱缩性状是受位于第 6 染色体上的隐性基因 *su* 所控制。

糊粉层颜色性状有紫色、红色和无色。它主要由 7 对基因（花青素基因 A_1 与 a_1、A_2 与 a_2、A_3 与 a_3；糊粉层粒色基因 C 与 c、R 与 r、Pr 与 pr；色素抑制基因 I 与 i）所控制。只有当显性基因 A_1、A_2、A_3、C、R 同时存在，而抑制基因又呈隐性纯合 ii 时，色素才能形成。而色素形成的类别是由 $Prpr$ 决定的，当显性基因 Pr 存在时，呈现为紫色，当隐性基因纯合 $prpr$ 存在时则表现为红色。当显性基因 A_1、A_2、A_3、C、R 中缺少任何一个或所有这些色素基因均为显性，但当显性抑制基因 I 存在时，均表现为无色。

由于控制玉米籽粒、果皮和糊粉层颜色，以及胚乳性状的基因分别位于非同源染色体上，因此这些性状的遗传表现为独立分配和基因互作现象。控制玉米籽粒性状的各对基因间表现出下列互作类型。

1. 互补作用

控制玉米籽粒糊粉层色素形成的 7 对等位基因的前 5 对是决定色素是否形成的基因，基因间表现互补作用，即只有在显性 A_1、A_2、A_3、C、R 同时存在时，色素才能形成，若 A、C、R 中缺少任何一个色素显性基因，籽粒均为无色。将籽粒无色、基因型为 $AACCrr$ 和 $AAccRR$ 的两亲本杂交，产生 F_1 为 $AACcRr$，籽粒表现为有色。让 F_1 植株自交产生果穗，观察果穗上 F_2 籽粒的分离现象，按有色和无色两种表型记数，其 F_2 籽粒色的分离比例为 9 有色（$9AAC\_R\_$）：7 无色（$3AAC\_rr+3AAccR\_+1AAccrr$）。

2. 抑制作用

在籽粒糊粉层色素形成过程中，显性 I 基因对色素基因 A、C、R 均表现为抑制作用。将有色籽粒（$CCii$）与无色籽粒（$ccII$）且 A_1、A_2、A_3 和 R 各对基因均为显性纯合的两亲本杂交，得到 F_1 自交果穗。由于抑制基因 I 能抑制所有色素基因的表达，因此 F_1 自交果穗籽粒的性状表现为 13 无色（$9C\_I\_+3ccI\_+1ccii$）：3 有色（$3C\_ii$）。

3. 隐性上位作用

1）*糊粉层颜色*

玉米籽粒的色素类型则由另一对等位基因 Pr 与 pr 决定，显性基因 Pr 存在时呈现紫色，隐性基因 pr 纯合时表现红色。此时，A 与 a，C 与 c，R 与 r 各对基因对 Pr 与 pr 这对基因表现为隐性上位作用。将玉米籽粒糊粉层颜色为紫色的亲本（$CCPrPr$）与无色的亲本（$ccprpr$）杂交，得到 F_1 自交果穗。由于 cc 隐性纯合基因对 Pr 具有隐性上位作用，因此 F_1（$CcPrpr$）自交果穗上籽粒糊粉层颜色分离比例为 9 紫色（$9C\_Pr\_$）：3 红色（$3C\_prpr$）：4 无色（$3ccPr\_+1ccprpr$）。

2）*果皮颜色*

玉米籽粒果皮色素形成与否及色素类型也受多对基因控制，其中 P 与 p 对 Bp 与 bp 表现为隐性上位作用。基因型为 $P\_Bp\_$ 的玉米籽粒的果皮颜色表现为红色，P_bpbp 为棕色，pp 纯合时则表现为无色。将棕色果皮籽粒亲本（$PPbpbp$）与白色果皮籽粒亲本（$ppBpBp$）杂交，F_1 自交果穗籽粒果皮颜色分离比例为 9 红色（$9P\_Bp\_$）：3 棕色（$3P\_bpbp$）：4 无色（$3ppBp\_+1ppbpbp$）。

【实验材料】

玉米：（糯性玉米 × 非糯性玉米）F_1 花粉粒，F_1 自交和测交的果穗；（有色、非甜 × 无色、甜）F_1 自交、测交果穗标本。

具有两对基因互作的玉米籽粒性状分离的果穗标本。

【实验器具】

显微镜、计算器、解剖针、载玻片、盖玻片、镊子、计数器等。

【实验试剂】

1%碘-碘化钾溶液。

【实验步骤】

1. 一对相对性状的遗传分析

1）观察玉米（糯性×非糯性）F_1 花粉粒性状的分离

从糯性×非糯性的 F_1 植株上取将要散粉的玉米花药一枚放在载玻片上，加 1 滴 1%碘-碘化钾溶液染色，用镊子（或解剖针）将花粉粒压出，散开。除去杂物，盖上盖玻片。在低倍镜下观察各种颜色花粉粒的数量，并记录 5～10 个视野下蓝色（非糯性）与棕色（糯性）的花粉粒数目。

注意事项：①解剖针、镊子等用具每次用后即投入水中，洗去黏着的花粉粒，以免混杂；②注意调节可变光栅，至两种花粉粒的颜色能有明显的区别，不用强光及直射光；③凡畸形瘪皱、特小、发育不良的花粉粒，不能作为鉴别花粉糯与非糯的可靠依据，均不记数。

2）玉米籽粒胚乳（甜×非甜）杂种 F_1 自交与测交性状的分离

（甜×非甜）F_1 自交与测交果穗上都有非甜粒和甜粒两种类型的籽粒，非甜籽粒粒形较饱满、光滑，甜粒则整粒呈皱缩状。取自交和测交的两种果穗标本，观察非甜粒和甜粒的特征，按籽粒外形分别计数果穗上非甜粒数和甜粒数。以上观察统计结果填入表 9-1，并进行 χ^2 检验。

表 9-1　玉米一对相对性状的遗传分析表

项目	玉米					
	F_1 花粉粒		F_2 籽粒		测交籽粒	
表型	糯	非糯	甜	非甜	甜	非甜
观察值（O）						
理论值（E）						
偏差 $d=O-E$						
差方 $d^2=(O-E)^2$						
$\chi^2=\Sigma\frac{(O-E)^2}{E}$						
df=N–1						
P 值						

2. 两对相对性状的遗传分析

取玉米籽粒有色、非甜×无色、甜的杂交组合产生的 F_1 植株的自交果穗，观察果穗上籽粒的表型，按照有色、甜；无色、甜；无色、非甜；有色、非甜 4 种类型进行计数。

取玉米籽粒有色、非甜×无色、甜的杂交组合产生的F_1植株与无色、甜亲本测交的果穗，观察籽粒性状，按照上述方法进行统计。以上观察统计结果填入表9-2，并进行χ^2检验。

表9-2 玉米两对相对性状遗传分析

项目	玉米自交果穗				玉米测交果穗			
表型	有色甜	有色非甜	无色甜	无色非甜	有色甜	有色非甜	无色甜	无色非甜
观察值（O）								
理论值（E）								
偏差 $d=O-E$								
差方 $d^2=(O-E)^2$								
$\chi^2=\sum\frac{(O-E)^2}{E}$								
df=$N-1$								
P值								

3. 基因互作现象观察与分析

观察（$CCrr\times ccRR$）F_1自交果穗上F_2籽粒颜色分离现象，按有色、无色分类记数。

观察（$CCii\times ccII$）F_1自交果穗上F_2籽粒颜色分离现象，按有色、无色分类记数。

观察（$CCPrPr\times ccprpr$）F_1自交果穗上F_2籽粒糊粉层颜色分离现象，按紫色、红色和无色分类记数。

注意事项：在进行籽粒性状考察统计时，果穗标本不能重复统计，即同一果穗只能由一个人统计。以上观察统计结果填入表9-3，并进行χ^2检验。

表9-3 玉米籽粒性状基因互作

项目	显性互补		抑制作用		隐性上位		
表型	有色	无色	有色	无色	紫色	红色	无色
观察值（O）							
理论值（E）							
偏差 $d=O-E$							
差方 $d^2=(O-E)^2$							
$\chi^2=\sum\frac{(O-E)^2}{E}$							
df=$N-1$							
P值							

【实验结果】

每个同学的统计结果都要按照文中的公式进行χ^2值的计算，然后根据χ^2值对照χ^2数值表看P值大小，再根据P值决定实际观察值与预期理论数是否有显著差异。如果$P<0.05$，表示差异显著，实际观察值不符合预期理论数；如果$P>0.05$，则表示差异不显著，即说明实际观察值符合预期理论数，进而说明遗传学定律是正确的。

当最终的统计结果是实际观察值与预期理论数明显不符合时，不要随意下结论否定遗传学定律，要认真思考自己的统计数字是否准确，自己的计算过程是否正确，自己统计的群体是否过小。如果以上问题都不存在，可能是统计的那个果穗本身就不符合实验的要求或者在杂交过程中出现了混杂。

【实验作业】

1. 分析所试各玉米籽粒性状是否符合相应的遗传定律或基因互作类型的理论比例。
2. 分析玉米籽粒性状的遗传基础并解释各性状的遗传表现。

实验 10

玉米三点测交和遗传作图

【实验目的】

1. 观察和统计各种类型的玉米籽粒，设计实验验证连锁互换定律。
2. 通过玉米三点测交实验，掌握植物基因定位的基本方法。

【实验原理】

位于非同源染色体上的基因表现独立遗传，位于同源染色体上的基因表现连锁，也可随非姊妹染色单体片段的交换而重组，从而产生较多的亲本型配子和较少的重组型配子。两对性状的连锁遗传 F_2 的表型类型和独立遗传相同，但分离比不同，不符合 9∶3∶3∶1 的比值，F_1 与双隐性个体测交后代也不产生 1∶1∶1∶1 的比值。

已知控制玉米籽粒的三对相对性状，即有色（*C*）与无色（*c*）、饱满（*Sh*）与凹陷（*sh*）、非糯性（*Wx*）与糯性（*wx*）的基因同位于第 9 号染色体上。玉米籽粒有色、饱满、非糯的自交系与无色、凹陷、糯性的自交系杂交，产生 F_1，F_1 再与三隐性的无色、凹陷、糯性的自交系进行测交，或让 F_1 自交。然后，根据测交或自交果穗上每种表型的籽粒数及其比例来估算出基因间的交换值，并进行基因定位。一般玉米多采用测交法来测定交换值。

【实验材料】

玉米各种测交后代果穗和自交后代果穗。

【实验器具】

计算器、计数器。

【实验步骤】

1. 测定交换值

1）测交法

取供试玉米测交果穗，按籽粒的有色与无色、饱满与凹陷两对相对性状所组合的 4 种表型，观察计数，各种表型的粒数填入表 10-1 中，并计算交换值。

$$\text{交换值}=\frac{c+d}{a+b+c+d}\times 100\%$$

有色饱满　×　无色凹陷

CCShSh　↓　*ccshsh*

F_1

测交　有色饱满　×　无色凹陷

CcShsh　↓　*ccshsh*

F_t

表 10-1　测交结果统计表

表型	有色饱满	无色凹陷	有色凹陷	无色饱满
基因型	*CcShsh*	*ccshsh*	*Ccshsh*	*ccShsh*
类型	亲本型	亲本型	重组型	重组型
观察数	*a*	*b*	*c*	*d*

2）自交法

取供试玉米的自交果穗，观察计数自交所结籽（F_2）的四种表型的籽粒数，填入表 10-2 中，并计算交换值。

有色饱满　×　无色凹陷

CCShSh　↓　*ccshsh*

F_1

有色饱满

CcShsh

↓ ⊗

F_2

表 10-2　自交结果统计表

表型	有色饱满	有色凹陷	无色饱满	无色凹陷
基因型	*C_Sh_*	*C_shsh*	*ccSh_*	*ccshsh*
观察数	*a*	*b*	*c*	*d*

$$\text{双隐性个体百分数}k=\frac{d}{a+b+c+d}\times 100\%$$

$$\text{交换值}=(1-2\sqrt{k})\times 100\%$$

2. 基因定位

1）观察计数

取供试玉米的三对相对性状的测交果穗，按籽粒所表现的 8 种表型分别计其籽粒数，填入表 10-3。

有色饱满非糯　×　无色凹陷糯性

CCShShWxWx　↓　*ccshshwxwx*

F_1

测交　有色饱满非糯　×　无色凹陷糯性

CcShshWxwx　↓　*ccshshwxwx*

F_t

表 10-3　三点测交结果统计表

表型	基因型	观察数	交换类型	交换值
有色饱满非糯	*C_Sh_Wx_*	*a*	无交换	
无色凹陷糯性	*ccshshwxwx*	*b*		
无色饱满非糯	*ccSh_Wx_*	*c*	单交换 I	
有色凹陷糯性	*C_shshwxwx*	*d*		
有色饱满糯性	*C_Sh_wxwx*	*e*	单交换 Ⅱ	
无色凹陷非糯	*ccshshWx_*	*f*		
有色凹陷非糯	*C_shshWx_*	*g*	双交换	
无色饱满糯性	*ccSh_wxwx*	*h*		
合计		*T*		

2）分析计算

确定三个基因间的遗传关系，验证连锁关系：表 10-3 所列 F_t 的 8 种表型中，各有两种表型的比例比较接近，可分为 4 组，每组中两类大体相等，它们的表型是对应的，从而表明此 3 对基因连锁在同一染色体上。

确定各种交换类型：测交后代中数量较少的一组为双交换型，最多的一组为亲本型，其余两组为单交换型。

确定三种基因排列顺序：分析双交换类型的性状，若有两对性状出现了还原为亲本的组合类型，则第三对性状的基因必然位于上述两对性状的基因之间。假如双交换类型中，出现了有色与非糯籽粒，与一个亲本性状组合相同，又出现了无色与糯性籽粒，与另一亲本性状组合相同，则控制饱满与凹陷的这对基因位于上述两对基因之间。计算交换值：

$$单交换值\ \text{I}=(c+d+g+h)/T\times100\%$$

$$单交换值\ \text{II}=(e+d+g+h)/T\times100\%$$

$$双交换值=(g+h)/T\times100\%$$

3）绘连锁遗传图

根据以上估算的单交换值 I、单交换值 Ⅱ 和双交换值，确定基因排列顺序，以 1%交换率作为 1 个遗传距离单位，依比例绘出连锁遗传图。

【实验作业】

1. 将玉米测交和自交果穗计数的籽粒表型结果分别填入以上各表中，按公式分别计算交换值，并比较测交法与自交法求得的交换值是否相同，说明为什么。

2. 绘出 *c*、*sh*、*wx* 这三个基因的连锁图。

第二章 动物遗传学实验

动物遗传学是遗传学的分支学科，1883 年，比利时生物学家 V. Beneden 在动物中发现了减数分裂现象；1902 年，德国细胞学家 T. Boveri、美国哥伦比亚大学学生 W. S. Sutton 等发现动物细胞减数分裂中染色体的行为与基因的分离和自由组合相联系，形成了关于遗传的染色体理论，为细胞遗传学的发展作出了重大贡献；1910 年，美国遗传学家 T. H. Morgan 和他的学生 C. Bridges、A. H. Sturtevant 等在做了大量果蝇杂交实验的基础上创立了遗传学的连锁互换定律，绘出了果蝇的连锁遗传图，谱写了遗传学的新篇章，使果蝇这一动物成为人人皆知的遗传学实验材料和生物学研究的模式生物，同时也证明了 Mendel 遗传定律的普遍性，1933 年，T. H. Morgan 获得诺贝尔生理学或医学奖，是遗传学发展史上第一个获得诺贝尔奖的人；复旦大学谈家桢教授早年师从 T. H. Morgan，发现了瓢虫色斑遗传的镶嵌显性现象，回国后致力于中国遗传学的发展，为我国遗传学的发展作出了重要贡献。生命科学专业的本科生、研究生应该深入理解三大遗传定律的实质、染色体行为与三大遗传定律的关系，掌握果蝇杂交的实验技能、动物染色体玻片标本的制作分析技能和遗传作图技能。为此，设计了动物减数分裂中染色体行为观察，果蝇性别鉴定、常见性状及生活史观察，果蝇唾液腺染色体玻片标本制备与观察，摇蚊唾液腺染色体玻片标本制备与观察，小鼠骨髓细胞染色体玻片标本制备与观察，银染核仁组织区与近端着丝粒染色体随体联合，果蝇两对相对性状遗传分析，果蝇三点测交和遗传作图，果蝇的伴性遗传分析，果蝇数量性状遗传分析等 10 个实验。

Thomas Hunt Morgan
(1866～1945 美国遗传学家)

Theodor Boveri
(1862～1915 德国细胞学家)

Walter Stanborough Sutton
(1877~1916 美国遗传学家)

谈家桢
(1909～2008 中国遗传学家)

实验 11

动物减数分裂中染色体行为观察

【实验目的】

1. 掌握动物生殖细胞减数分裂玻片标本的制作方法。
2. 观察小白鼠、蝗虫精母细胞减数分裂各个时期染色体行为主要特点。

【实验原理】

德国细胞学家 T. Boveri、美国哥伦比亚大学学生 W. S. Sutton 等将遗传学定律与减数分裂过程中染色体的行为联系在一起。减数分裂是配子形成过程中一种特殊形式的有丝分裂，也称成熟分裂。在高等动物的有性生殖过程中，雄性个体生殖腺（精巢）中的精原细胞（$2n$）生长分化为初级精母细胞（$2n$），初级精母细胞经过减数第一次分裂产生两个次级精母细胞（n），再经过减数第二次分裂和一系列的变化最后形成 4 个精子（n）。雌性个体的生殖腺（卵巢）中的卵原细胞（$2n$）经过生长分化形成初级卵母细胞（$2n$），初级卵母细胞经过减数第一次分裂形成大小悬殊的两个细胞，大的称次级卵母细胞（n），小的称第一极体（n），它们各自进行减数第二次分裂分别产生一个大的卵细胞（n）和三个第二极体（n），因此，可以用高等动物的精巢或卵巢作材料进行减数分裂过程中染色体行为的观察。

【实验材料】

性成熟的雄性小白鼠（*Mus mussculus*，$2n$=40）或雄性蝗虫（*Oxya chinensis*，$2n$=23，22+X）。

【实验器具】

显微镜、离心机、电磁搅拌器、小培养皿、小手术剪、解剖针、小弯镊、离心管、吸管、载玻片、盖玻片等。

【实验试剂】

固定液（甲醇：冰醋酸=3：1）、低渗液（0.075mol/L KCl）、80μg/mL 秋水仙素、0.85%生理盐水、Giemsa 染液等。

【实验步骤】

1. 小白鼠生殖细胞减数分裂玻片标本的制作

1）空气干燥法

（1）取材及前处理：选取健康、性成熟的小白鼠（18～20g），往腹腔注射 80μg/mL 秋水仙素约 1mL（4μg/g 体重），4～6h 后，用断颈法迅速将动物处死，放在解剖板上，固定四肢，剖开腹腔，取出睾丸，置于盛有低渗液的培养皿内（或 2%柠檬酸钠溶液），用小剪刀迅速剪开包在睾丸外层的腹膜和白膜，用解剖针和小弯镊从睾丸中挑出细线状的曲细精管，除去脂肪和结缔组织，将曲细精管自然放入盛有低渗液（或 2%柠檬酸钠溶液）的培养皿内。

（2）低渗：在低渗溶液中用锐利的小剪刀将曲细精管剪成 1mm 左右的短管，剪得越细碎越好，然后将剪碎的曲细精管悬液倒入一小烧杯，在电磁搅拌器上搅拌 5min，使曲细精管中的生殖细胞游离出来，制成细胞悬浮液。也可将曲细精管和溶液移入乳钵内剪成 1mm 左右，研磨 5～10min（研磨速度用力要均匀），或者将剪碎后的小段在溶液中一边搅拌，一边轻压制成细胞悬液。将其移入尖底离心管内，在 200r/min 下离心 3min，使块状结缔组织沉淀，将上清液移至另一个离心管内。如果是采用研细的睾丸组织悬液，待块状组织沉淀后，用吸管吸取中层的细胞悬液，移至另一离心管。在 37℃恒温水浴箱内低渗 20～30min。

（3）固定：①预固定。取出离心管，沿管壁加入固定液 1mL，吹打均匀后，1000r/min 离心 8min。②第一次固定。弃去上清液，重新加入固定液 5mL 在室温下静止 20min 后 1000r/min 离心 8min。③第二次固定。弃上清液，重新加入固定液 5mL 固定 20min，离心，弃上清液，再加入 0.3mL 左右固定液吹打均匀，制成细胞悬液。

（4）滴片：用吸管吸取细胞悬液，滴 2 或 3 滴于预冷的载玻片上，并立即用嘴吹气使细胞分散，空气干燥。

（5）染色：用 Giemsa 染液染色 5～10min 后用自来水冲洗，空气干燥。

（6）镜检。

2）压片法

睾丸压片法是制备染色体技术中早期所使用的方法，由于哺乳动物睾丸内精子发生是沿曲细精管纵向进行的，在不同段的曲细精管内分布着处于不同分裂期的细胞，这些不同分裂期细胞之间的比例也不同，再加上由于每一玻片取材限制，由同一动物取材制成的压片标本效果也不一致，有时在一个玻片中可以看到较多，甚至成群的分裂相，而另一个玻片中可能全然没有。但压片法制玻片标本，操作简单，需时较短，在条件差的实验室可以采用。

（1）取材：同空气干燥法。

（2）低渗：在低渗溶液中将曲细精管团的小管用解剖针和小弯镊子适当分开，轻轻地把曲细精管剪成许多小段，静止 15～20min（勿摇动，以免细胞从小管内移出）。

（3）固定：轻轻吸去低渗液，用固定液固定 0.5h（也可不固定直接染色）。

（4）染色：取出一小团材料，放在小培养皿内加一滴 1mol/L HCl 浸 5min，吸去 HCl，用蒸馏水轻轻冲洗，再加一滴醋酸地衣红染色 20～30min。

（5）压片：取已染色的曲细精管放在干净的载玻片上，加一滴 45%的乙酸后加盖玻片，用手压住盖玻片，另一手用铅笔橡皮头在盖玻片上轻轻敲击，使细胞逐渐散开（压力要适当，过轻染色体不易散开，过重，染色体散布于周围细胞之间不易获得完整图像）。

（6）镜检：理想的标本，可制作成永久玻片标本。

2. 蝗虫生殖细胞减数分裂玻片标本的制作

1）取材与固定

活的雄蝗虫→固定→去掉第一对步足及翅→剪去背部的胸腹几丁质皮，见到黄色的团状物为脂肪，其内便是栉比排列的精巢小管。精巢小管的上皮为扁平上皮细胞，呈片状。

2）染色压片

取 2 或 3 个精巢小管于载玻片上，将其撕碎，加入 1 或 2 滴改良苯酚品红，6～7min 后压片。

【实验结果】

1. 小白鼠精细胞减数分裂染色体观察结果

小白鼠均为端着丝粒染色体，为“U”形，X 染色体的大小介于第 5 号和第 6 号染色体之间，Y 染色体最小。较好的小白鼠睾丸减数分裂标本在显微镜下可见：①20 对同源染色体相互配对，其中 19 对呈环状连接，X、Y 染色体的一个末端和两个末端相接；②Y 染色体染色较深；③有丝分裂各期的精原细胞和处于减数分裂各期的细胞及精细胞和精子。

2. 蝗虫精巢减数分裂染色体观察（图 11-1）

细线期、偶线期不易见到，前期 I 有核仁、核膜，核仁亮。

粗线期同源染色体已经配对，可以观察到具有螺旋结构的 11 个不同的二价体。X 染色体为端棒状，属于正异固缩。

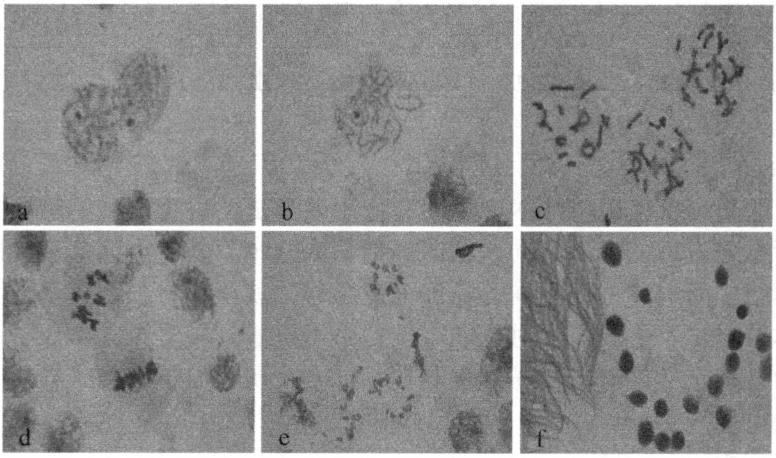

图 11-1　蝗虫减数分裂各时期染色体行为观察

a～f 分别表示偶线期、粗线期、终变期、中期 I 、中期 II 、精细胞和精子

双线期可见交叉染色体，呈洇墨迹状，但较细。

终变期洇墨迹明显，边缘不光滑。从边缘起毛刷状，可以成堆。X 染色体为单价体。

中期 I 染色体边缘光滑，进一步短粗。单价体落后，随机到一极去（为 X 染色体）。其他以四分体为单位排列到赤道板上。

后期Ⅰ、末期Ⅰ染色体距离比较远，遥遥相对，但同在一个细胞里。

中期Ⅱ染色体呈菊花状。后期Ⅱ染色体呈四堆。

【实验作业】

1. 提交各自制作的小白鼠、蝗虫精母细胞减数分裂各典型时期图片。
2. 分析小白鼠和蝗虫精母细胞减数分裂的异同。

实验 12

果蝇性别鉴定、常见性状及生活史观察

【实验目的】

1. 了解果蝇生活史中各个阶段的形态特征，观察果蝇的几种常见突变类型。
2. 掌握鉴别雌雄果蝇的方法。
3. 学会果蝇的饲养管理方法和实验处置技术。

【实验原理】

普通果蝇是遗传学实验中最常用的动物，属于昆虫纲，双翅目，果蝇科，果蝇属，全球均有分布，现已发现 3000 多个种。创立遗传连锁互换定律的美国遗传学家 T.H.Morgan 和他的学生 C.B.Bridges、A.Sturtevant 进行遗传学研究用的是黑腹果蝇（*Drosophila melanogaster*），因为该果蝇作为遗传学研究的材料具有很多突出的优点，如体细胞染色体数目少，$2n=8$；果蝇具有多达 400 多个可见突变性状；世代周期短，在 25℃下 9～10d 就能完成一个世代；个体小易于饲养和管理，培养费用较低廉；果蝇生长迅速，繁殖力强，每只受精的雌蝇可产卵 400～500 个，一对果蝇杂交后就可以产生较大的子代群体供观察、统计和遗传分析；培养果蝇的材料来源广泛，价格便宜；果蝇的生活要求简单，常温下就可生长繁育；加之果蝇具有唾液腺染色体巨大的特点，所以果蝇至今仍是遗传学、细胞学、发育生物学等研究中最好的模式动物之一。

【实验材料】

野生型黑腹果蝇（雌、雄）及常见的几种突变型果蝇、雌雄果蝇装片、果蝇卵装片、果蝇蛹装片。

【实验器具】

恒温培养箱、显微镜、双筒解剖镜、恒温培养箱、电炉、烧杯、放大镜、小镊子、麻醉瓶、培养皿、培养瓶、白瓷砖（15cm×15cm）、毛笔、石棉网、黑纸、胶水、牛皮纸等。

【实验试剂】

乙醚、乙醇、琼脂条、玉米粉、白糖、酵母、丙酸、苯甲酸等。

【实验步骤】

1. 果蝇生活史的观察（图 12-1）

果蝇为完全变态昆虫，生活史包括卵、幼虫、蛹、成虫 4 个时期，各时期持续时间的长短随温度的高低而不同，在 20℃条件下从卵到成虫约为 8d，蛹期为 6d 左右，整个生活史 15d 即可完成；25℃条件下，从卵到幼虫约 5d，蛹期 4.2d 左右，整个生活史约 10d。20～25℃是果蝇生活的适宜温度，温度过高（30℃以上）会引起果蝇不孕或死亡，温度过低（10℃以下），生活史可长达 57d，又会使果蝇生活力降低。果蝇一般培养在恒温培养箱或光照培养箱内。盛夏时要注意降温。雌性成体一般能生活 4 周，雄性成体寿命较短，一对亲蝇能产生几百个后代。

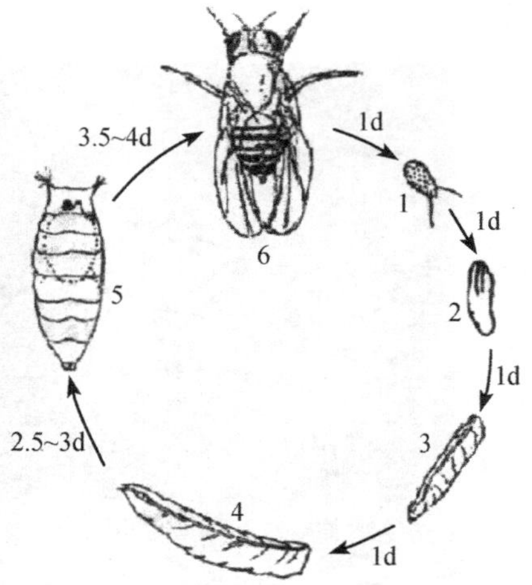

图 12-1　果蝇的生活史

1. 卵；2. 一龄幼虫；3. 二龄幼虫；4. 三龄幼虫；5. 蛹；6. 成虫

1）卵

羽化后的雌蝇一般在 12h 后开始交配，交配后 2d 开始产卵，当卵经过子宫时，精子可由卵前端锥形突出部的小孔或卵孔进入其中，虽然有很多精子进入卵，但一般情况下只有一个精子与卵发生受精作用，其他多余的精子被雌体贮藏起来（所以杂交实验时必须选取处女蝇），在果蝇体外看到的卵，实际上是受精卵，受精卵被排出体外发育或胚胎早期在子宫内进行。

用解剖针将附有卵的培养基取少许涂于载玻片上，或用解剖针轻压雌果蝇腹部后部把卵挤在载玻片上，用低倍镜观察。果蝇的卵约 0.5mm 长，白色椭圆形，腹面稍扁平，在前端背面伸出一对触丝，它的作用是使卵附在培养基表面而利于发育。

2）幼虫

卵孵化成幼虫后要经过两次蜕皮才能从一龄幼虫发育成为三龄幼虫。三龄幼虫体长约 5mm，头部稍尖，位于头部的口器为肉眼可见一小黑点，口器后面有一对透明的唾液腺，通过体壁可见到一对生殖腺位于身体后半部的上方两侧，精巢较大，为一明显的黑色斑点，卵巢较小。

3）蛹

幼虫生活 7~8d 准备化蛹，化蛹之前从培养基中爬出，附着在干燥的瓶壁或插在培养基的滤纸上逐渐形成一个梭形的蛹，在蛹前部有两个呼吸孔，后部有尾芽，起初蛹壳颜色淡黄柔软，经 3～4d 后变成深褐色，以示将要羽化。

4）成虫

幼虫在蛹壳内完成成虫体型和器官的分化，最后从蛹壳前端爬出。刚从蛹壳里羽化出的果蝇，虫体较大，翅还没有展开，体表也未完全几丁质化，呈半透明乳白色，不久蝇体变为粗短椭圆形，双翅伸展，体色加深，如野生型果蝇由开始的浅灰色转为灰褐色。果蝇成虫分头、胸、腹三部分，头部有一对大的复眼、三个单眼和一对触角；胸部有三对足、一对翅和一对平衡棒；腹部背面有黑色环纹，腹面有腹片；外生殖器在腹部末端；全身有许多体毛和刚毛。

2. 果蝇雌雄鉴别

利用果蝇做杂交实验时，必须准确地识别性别，雌雄成蝇的区别表现在多个方面，可用放大镜、显微镜（低倍）、双筒解剖镜或直接从外形上加以辨认（图 12-2、图 12-3）。

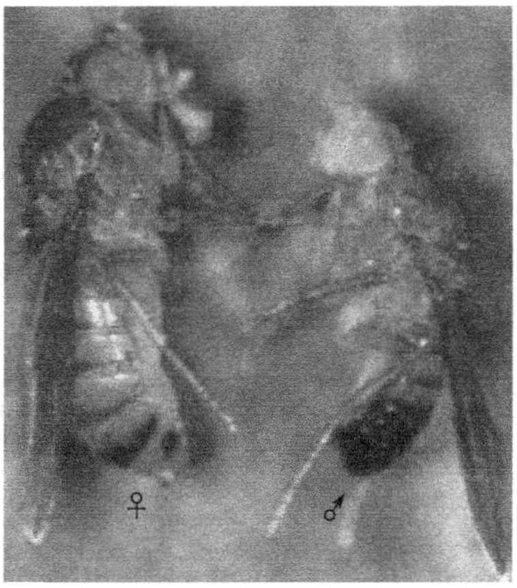

图 12-2　雌雄果蝇的侧面观

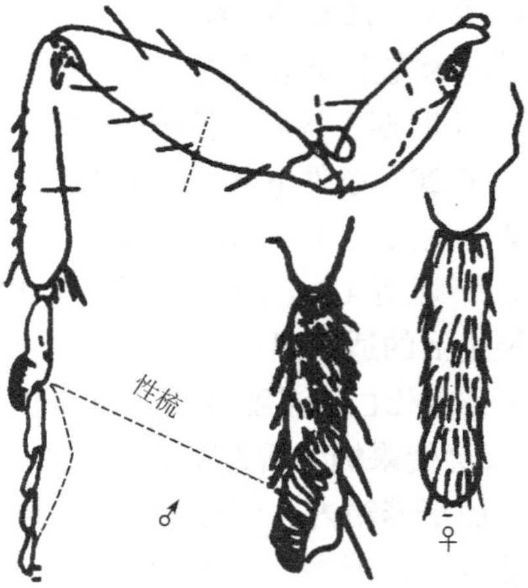

图 12-3　雄性果蝇的性梳

识别雌雄果蝇的一个简单方法就是观察果蝇腹部形状和腹部有无黑点，雌果蝇腹部尖，没有黑点；雄果蝇腹部钝圆，有一黑点，这是因为雄果蝇的后三条腹纹重合在一起，看起来就是一个黑点。同时，果蝇雌雄的鉴别还可以根据以下几点综合地来判定（表 12-1）。

表 12-1　雌雄果蝇的主要区别

雌蝇	雄蝇
体型较大	体型较小
腹部末端稍尖	腹部末端稍圆
腹部背面有 5 条黑色环纹	腹部背面有 3 条黑色环纹
无性梳	有性梳
腹部腹面有 6 个腹片	腹部腹面有 4 个腹片
外生殖器外观简单	外生殖器外观复杂，有生殖孤、肛上板、阴基

3. 果蝇几种常见突变类型的观察

已知的果蝇突变性状有 400 余种，这些突变性状一般明显而稳定，如表 12-2 所示。在做果蝇杂交实验时实验室常用的类型有：野生型（wild type）果蝇、黑檀体（ebony body，*ee*）果蝇、残翅（vestigial wing，*vgvg*）果蝇、小翅（miniature wing，*mm*）果蝇、白眼（white eye，*ww*）果蝇、焦刚毛（singed bristle，*snsn*）果蝇等。一般情况下用肉眼观察即可看见各种性状，或用放大镜在培养瓶外观察，也可以在解剖镜下更细致地观察。

表 12-2　果蝇常见突变性状及所在染色体

突变性状名称	基因符号	性状特征	所在染色体
白眼	*w*	复眼白色	X
棒眼	*B*	复眼横条形	X

续表

突变性状名称	基因符号	性状特征	所在染色体
黑檀体	*e*	体呈乌木色，黑亮	ⅢR
黑体	*b*	体呈深色	ⅡL
黄身	*y*	体呈浅橙黄色	X
残翅	*vg*	翅退化，部分残留不能飞	ⅡR
焦刚毛	*sn*	刚毛卷曲如烧焦状	X
小翅	*m*	翅较短	X

4. 果蝇的麻醉及观察方法

无论是进行果蝇性状观察还是进行果蝇杂交实验分析，都必须先将果蝇麻醉使其处于静止状态后方可进行。首先在一软木塞上钉一图钉，在图钉上缠上脱脂棉，将此软木塞盖在一 250mL 的广口瓶上，做成麻醉瓶。再用一培养皿在底部粘上一条滤纸，做成麻醉用的麻醉皿。麻醉时，准备好培养瓶、麻醉瓶和乙醚。轻拍瓶壁，让果蝇震落到培养基上。如瓶塞上附着果蝇，则稍稍晃动瓶塞，并将它们拍落到培养基上。拔去麻醉瓶塞与培养瓶塞，迅速将培养瓶口倒扣在麻醉瓶口上。轻拍培养瓶让果蝇落入麻醉瓶中（如果培养瓶中的培养基已很稀松，则切勿倒扣，应将麻醉瓶扣在培养瓶上，果蝇具有趋光性和向上性，会主动向上向有光的方向爬）。把麻醉瓶中的果蝇拍落瓶底，拔出瓶塞，在塞子上滴几滴乙醚，重新塞入麻醉瓶。麻醉约 1min 后果蝇便不再活动，纷纷落入瓶底，此时果蝇的翅膀呈收紧状态。长时间麻醉、乙醚用量过多时会使果蝇死亡。因此，当麻醉的目的是挑选处女蝇和做交配的雄蝇时，应该控制乙醚的用量和麻醉时间长短。将麻醉的果蝇倾倒在用乙醇擦过的白瓷砖上，用毛笔轻轻拨动进行观察。当在白瓷砖上的果蝇即将苏醒时，可在麻醉皿的滤纸上滴加乙醚，反扣在白瓷砖上进行第二次麻醉，麻醉的程度随实验需要而定。麻醉后果蝇翅外展与身体呈 45°角时，表示已麻醉过度，不能复苏。把不需要的果蝇倒入盛有乙醇的瓶中。

5. 果蝇的培养

1）培养基的配制

酵母菌是果蝇幼虫和成虫的主要食物，凡是能发酵的物质都可成为果蝇的培养基。早年果蝇研究者是用香蕉捣成泥糊做成培养基，现在实验室多用玉米粉琼脂培养基培养果蝇。果蝇培养基的配制方法很多，这里给出的是本实验室使用的配制方法。以配制 1000mL 为例说明配制的过程。

按表 12-3 称取玉米粉、白糖和琼脂。用量筒量取 1000mL 水，将 2/3 的水倒入大烧杯中以溶解琼脂，1/3 的水倒入另一小烧杯中以把玉米粉搅拌成糊状。将琼脂加入大烧杯中，放在电炉上加热溶解琼脂，当水开琼脂熔化后，加入白糖，搅拌均匀，再慢慢倒入搅拌好的玉米粉，倒入玉米粉后需不停搅拌以防糊底，最后加入苯甲酸（用乙醇溶解）少量，继续煮 2min 即可。

配制好的培养基立即分装灭菌，每瓶培养基厚 2～3cm，在灭菌前在每一分装瓶内加入一牛角勺酵母粉，盖上瓶塞，用牛皮纸封口后，在 121℃条件下灭菌 20min。

表 12-3　果蝇培养基成分

试剂	加入量	试剂	加入量	试剂	加入量
水	1000mL	白糖	100g	苯甲酸	0.5g
玉米粉	115g	琼脂	15g	酵母粉	5g

培养基分装好后，由于蒸发作用会使培养瓶瓶壁上有很多水分，黏性也较大，接种的果蝇粘上去容易死亡。因此，必须等培养基配好后干燥 1～2d，瓶壁上的水分蒸发完毕后才可以接种果蝇。

2）果蝇培养

温度对果蝇的生长发育影响很大，20～25℃是果蝇的最适生长温度；30℃以上高温能致果蝇死亡；在 20℃以下时可使果蝇的生活周期延长；低于 10℃时则影响果蝇的生活力和繁殖力。可以利用这一特点来调节果蝇生长的速度，控制其群体的大小。如原种的培养旨在保种，可先将果蝇在 22℃培养一周，当幼虫出来后可将温度调至 18℃左右培养；杂交实验时需要较大的群体，可将培养温度设为 23℃左右，杂交时还可根据实验的时间安排随时调整果蝇的培养温度。做唾液腺染色体实验时培养温度一般在 20℃左右，因为适宜的温度可使幼虫长得较大，同时也可根据实验的安排适当调整培养的温度。

原种培养约一个月换一次培养基，每一原种至少保留两瓶，接种后在瓶壁上贴上标签，注明名称和接种日期。培养过程中要经常观察，如果发现培养基上某部位出现霉点，应及时用酒精棉球进行处理。

【实验结果】

1. 每个同学制备的培养基要适时接种，检验所配制的培养基是否成功。
2. 观察的结果填入表 12-4 中。

表 12-4　果蝇性状观察表

特征＼类型	野生型（+）	残翅（*vg*）	檀黑体（*c*）	小翅（*m*）	白眼（*w*）	焦刚毛（*sn*）
体色						
眼色						
翅形						
刚毛形态						

【实验作业】

1. 绘出果蝇的生活史图，绘出雌雄果蝇轮廓图。
2. 绘出雄果蝇第一对足的外形图，并绘出性梳。
3. 完成一次培养基的配制过程。

实验 13

果蝇唾液腺染色体玻片标本制备与观察

【实验目的】

1. 练习剖取果蝇三龄幼虫唾液腺的方法。
2. 掌握制作果蝇唾液腺染色体玻片标本的技术。
3. 观察果蝇唾液腺染色体的形态特征，了解果蝇唾液腺染色体在遗传学研究中的意义。

【实验原理】

1881 年意大利细胞学家 E.G.Balbiani 在双翅目昆虫摇蚊幼虫的唾液腺细胞间期核中发现了一种巨大染色体，由于存在于唾液腺细胞，因此又称为唾液腺染色体。1933 年美国学者 T.S.Painter 等又在果蝇和其他双翅目昆虫的幼虫唾液腺细胞间期核中发现了巨大染色体，遗传学家以果蝇为材料对这种巨大染色体的形态、性质、形成机制等进行了深入的研究，证明巨大染色体实质上是一种特殊的染色体——唾液腺染色体。1935 年美国遗传学家 C.B.Bridges 绘制了第一张果蝇唾液腺染色体的细胞学图。果蝇唾液腺染色体的形成机制是：果蝇唾液腺细胞发育到一定阶段后，停止在间期，染色体解旋呈伸展状态；在幼虫发育过程中细胞核中的 DNA 不断复制，但细胞、细胞核不分裂，复制后产生的子染色体彼此不分开，这种现象称为核内有丝分裂；经过许多次的复制形成 1000～4000 拷贝的染色质丝，排列在一块，而且在此间期两条同源染色体假联会靠在一起，使染色体粗达 5μm 宽、长达 400μm，比普通中期分裂相染色体大几百倍，所以称为巨大染色体（giant chromosome）或多线染色体（polytene chromosome）。染色质丝的不同部位螺旋化程度不同，其中螺旋化程度较高的部位形成染色粒（chromomere）。这些染色粒经由多线化染色体的“放大”，形成染色较深的横纹（band），而染色质间螺旋化程度较低的部分则形成了染色较浅的横纹。这些深浅不一、疏密各异的带纹遍布整条唾液腺染色体。

由于在唾液腺细胞中 8 条染色体之间以着丝粒互相联结在一起形成染色盘或异染中心和同源染色体之间的假联会，经碱性染料染色后，可以观察到一个染色较深的染色盘和以染色盘为中心向外辐射出的 5 条染色体臂。在这些染色体臂上可以看到染色深浅不同，被称作明带、暗带的横纹。研究表明，对一种果蝇来说，带纹的宽窄、数目、位置等都是恒定的。因此，根据染色体各条臂带纹特征和各条臂端部带纹特征能准确识别各条染色体。在染色体臂上还可看到某些带纹通过染色体的解旋、膨大形成的疏松区和巴尔比尼环，其中富含转录出来的 RNA，因此不着色，是基因活动的区域。在个体发育的不同阶段，疏松区或巴尔比尼环在染色体上出现的部位不同，据此可以研究基因的表达，开展各种染色体变异的研究等。

【实验材料】

发育良好的黑腹果蝇（*Drosophila melanogaster*）的三龄幼虫。

【实验器具】

双筒解剖镜、显微镜、镊子、解剖针、载玻片、盖玻片、滤纸、培养皿、酒精灯等。

【实验试剂】

醋酸洋红染液、改良石炭酸品红染液、生理盐水（0.85% NaCl）、蒸馏水、固定液（冰醋酸：乙醇=3：1）、1mol/L HCl、乙醇（100%、95%）、二甲苯、加拿大树胶等。

【实验步骤】

1. 材料准备

发育充足、肥大的三龄幼虫，唾液腺和唾液腺细胞发育良好。利用这样的唾液腺细胞才能制备出理想的染色体玻片标本。因此要求培养基营养丰富，含水量较高，比较松软，发酵良好。将果蝇放入培养瓶[果蝇不应过多，半磅（1 磅=453.6g）牛奶瓶 10 对左右]，于 17～18℃稍低温度条件下培养，接种 12h 后，将成虫移出，控制成虫的排卵持续时间，以免产生过多的卵（要求每平方厘米培养基表面 20～40 只幼虫），一龄幼虫出现后，每天在培养基表面滴加 2%～4.5%的酵母液（或鲜酵母）。2～3 龄幼虫期应滴加 10%左右的酵母液，滴加的量以覆盖在培养基表面薄薄一层为宜。待三龄幼虫大量爬出培养基时，也可将培养瓶移至 8～10℃中放置 12h 或 24h，进行低温处理，以获得染色体分散良好的制片。

2. 剥离唾液腺

在一干净载玻片上滴一滴生理盐水，选择行动迟缓、肥大、爬在管壁上即将化蛹的三龄幼虫，或者选择经低温处理的果蝇三龄幼虫置于载玻片上。由于果蝇的唾液腺位于幼虫体前 1/4～1/3 处，因此在解剖镜下左手持解剖针按压住幼虫后端 1/3 处，固定幼虫，右手持解剖针扎住幼虫头部口器处，适当用力向右拉，把头部与身体分开，唾液腺腺体随之而出（图 13-1）。把载玻片移到显微镜下查找唾液腺。果蝇的唾液腺是位于口器后端神经节两侧的一对透明而微白的类似香蕉形的长形小囊，由单层细胞构成，细胞大，细胞核大，细胞轮廓清晰（图 13-2）。用解剖针先将含有腺体的一团组织与其他组织分开，然后再将腺体与脂肪等组织分开。剖离腺体也可在解剖镜下进行。

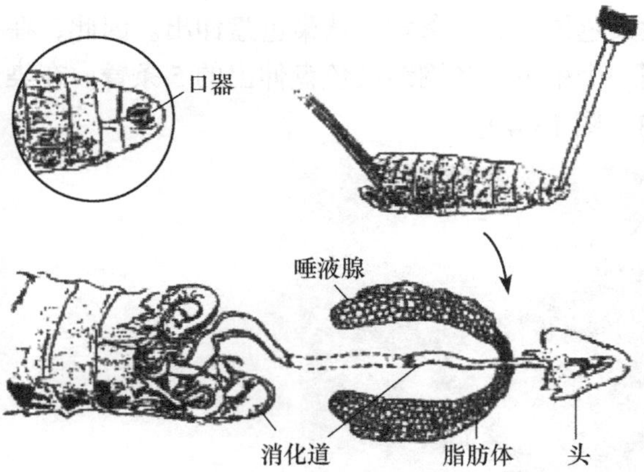

图 13-1　从果蝇三龄幼虫中剥取唾液腺的操作方法

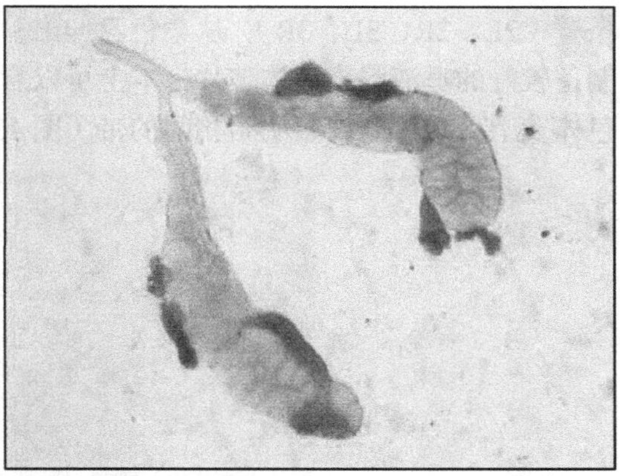

图 13-2　果蝇唾液腺的形态特征

3. 酸解

用滤纸吸去多余的盐水，在唾液腺上滴一滴 1mol/L HCl，让唾液腺在 1mol/L HCl 中酸解 2～3min，以松软组织，利于细胞破裂、染色体分散。

4. 染色

酸解后的唾液腺可用蒸馏水冲洗 2 或 3 次后滴加卡宝品红染液染色 15～20min（解剖和染色过程勿使唾液腺干燥）。在酒精灯上加热以增强染色效果。可以不经酸解一步而直接染色制片，也可以将幼虫头部与身体拉开后马上加染液染色，然后慢慢剖离唾液腺。

5. 压片

当唾液腺被染成红色后，用滤纸擦去唾液腺周围一圈的黑色沉淀物，再滴加一小滴染液，然后加上盖玻片，在盖玻片上方再覆盖一层滤纸，用镊子在盖玻片上轻轻敲击几下，再用拇指按住盖玻片用力下压，把唾液腺细胞压破，把染色体压散开。压片时放载玻片的桌面要平，不要使盖玻片滑动。制好的玻片标本用蜡封住盖玻片四周，制备成半永久片，以防干燥。把染色好的唾液腺放置在低温下经冷冻处理几分钟，滴加一滴饱和的冰醋酸，然后压片，可以获得更好的效果。

6. 观察

将制好的玻片标本先用低倍显微镜观察，找到好的染色体图像，将其移至视野中心，再用高倍镜观察。如果玻片标本较理想，可制备成永久片。即先剔除封蜡，将玻片放入固定液（冰醋酸：乙醇=3：1）中，待盖玻片脱落后，再经以下程序处理：70%乙醇 $\xrightarrow{3\sim5min}$ 95%乙醇 $\xrightarrow{3\sim5min}$ 100%乙醇$_{(1)}$ $\xrightarrow{3\sim5min}$ 100%乙醇$_{(2)}$ $\xrightarrow{3\sim5min}$ 二甲苯$_{(1)}$ $\xrightarrow{3\sim5min}$ 二甲苯$_{(2)}$ $\xrightarrow{3\sim5min}$ 加拿大树胶封片等。

【实验结果】

一般实验用的普通果蝇染色体为 $2n=8$，其中一对为性染色体（XY 或 XX），在其他体细胞中可以看到 X 染色体为端部着丝粒染色体，呈杆状，Y 染色体为“J”形；第二对、第三对染色体均为中部着丝粒染色体，呈“V”形；第四对染色体短小，为端部着丝粒染色体，呈点状。每条染色体都以着丝粒部位互相连在一起，形成一个染色盘（或称为异染色质中心），第四对小染色体附着在染色盘的边缘；由于染色体的假联会，第一对、第二对染色体形成 4

条臂（2L、2R、3L、3R），从染色盘伸出；性染色体形成 1 条臂，从染色盘伸出。因此，在制备较好的唾液腺染色体玻片标本上可以看到一个染色盘和围绕染色盘伸出的 5 条臂。在染色体臂上可观察到许多明暗相间的带（图 13-3、图 13-4）。

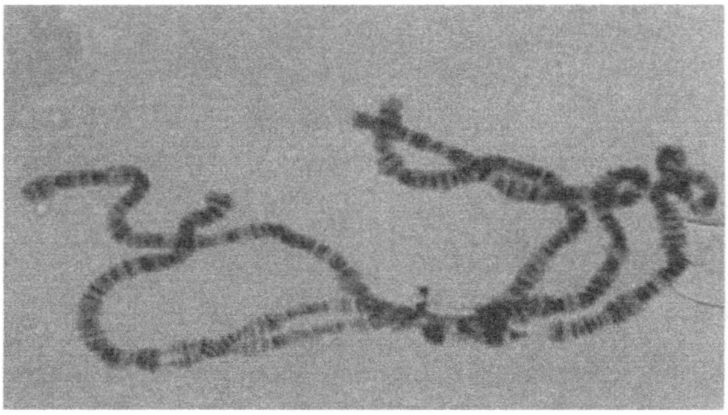

图 13-3　果蝇的唾液腺染色体

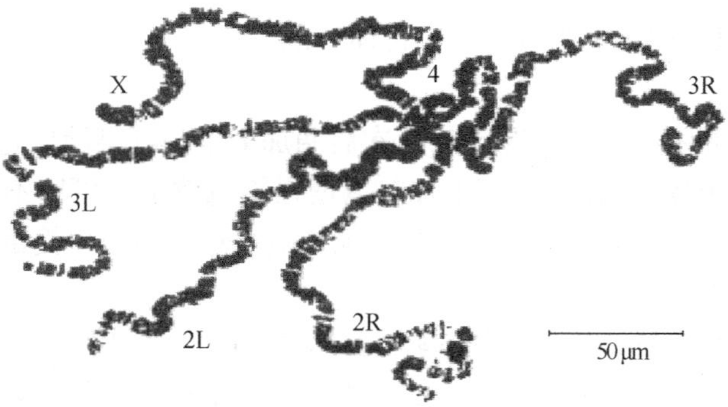

图 13-4　果蝇唾液腺染色体模式图

【实验作业】

1. 绘制所观察到的分散较好的果蝇唾液腺染色体图。
2. 思考如何获得发育良好、符合实验要求的果蝇三龄幼虫。
3. 果蝇唾液腺染色体在遗传学上有哪些应用？

实验14 摇蚊唾液腺染色体玻片标本制备与观察

【实验目的】

1. 学习剖取摇蚊唾液腺，掌握摇蚊唾液腺染色体玻片标本的制备技术。

2. 观察摇蚊唾液腺染色体疏松区的变化，理解染色体结构上的变化与细胞分化的关系。

【实验原理】

双翅目昆虫的唾液腺细胞具有多线染色体（唾液腺染色体）。唾液腺染色体广泛用于种内系统发生和种间亲缘关系的研究中。通过对摇蚊唾液腺染色体的观察可了解其染色体结构功能上的变化与细胞分化的因果关系，也可用于研究某种双翅目昆虫不同种间差异及产生的某些变异。摇蚊属于双翅目昆虫，其幼虫唾液腺细胞中的染色体也是多线化的巨大染色体，每个染色体有 1000～4000 拷贝的染色丝。其体细胞染色体数目为 $2n=8$，由于唾液腺细胞中染色体的假联会，在其细胞中的染色体数是 4。这些染色体都是间期染色体，而且是多线化程度不同的内多倍体。摇蚊唾液腺染色体的特点是：染色体伸展情况好、可辨横纹数多、结构细致、个体专一性强。唾液腺染色体上的可辨横纹，相当于一个基因，即所谓一个斑带一个基因。实验证明，当基因活动时，相应的斑带中的核酸蛋白纤维散开形成一个疏松的区域，称为“泡”（图 14-1）。当该基因不活动时，疏散核酸蛋白纤维又紧缩成为一个可辨的、明显的斑带，并且斑带的形态和活动前的完全一样。

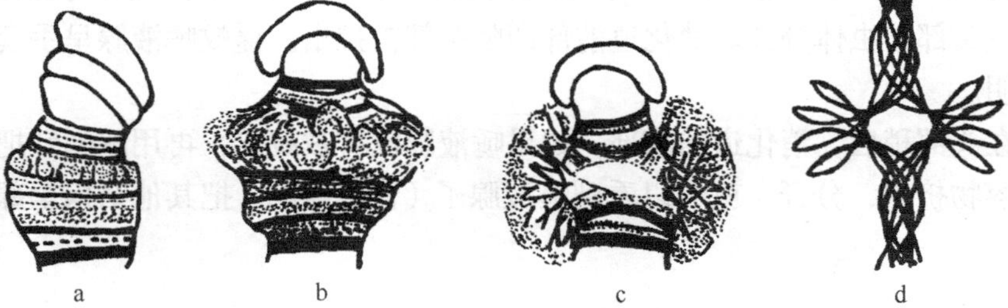

图 14-1 “泡”的发生与发展

a. 一条斑带刚刚松开；b. 发展成一个“泡”；c. 泡发展到最大时期；d. 多线染色体某一个斑带松散成“泡”的模式，每条黑线代表一根核蛋白纤维

在摇蚊不同发育阶段的唾液腺细胞中，其上具有许多在特异位置上形成的“泡”，其数目和形态的表现都随着细胞分化的状况不同而不同。用改良石炭酸品红可把唾液腺染色体上的每条斑带都染上暗红或紫红色，疏松区染成浅红色。在不同发育阶段中的摇蚊唾液腺染色体上，可以观察到染色体上的不同“泡”的发生、发展、衰退和消失的过程。同时，也可以观察到在不同发育时期的唾液腺染色体上的“泡”在数目和位置上的不同。这些特征具有特异性。通过这些实验能较直观地了解染色体的结构变化与细胞分化之间的关系。

【实验材料】

摇蚊（*Chironomus plumosus*）幼虫。

【实验器具】

显微镜、镊子、解剖针、载玻片、盖玻片、培养皿、试剂瓶、广口瓶等。

【实验试剂】

改良石炭酸品红染色液（配方见附录）。生理盐水、0.1mol/L HCl、45%乙酸等。

【实验步骤】

1. 摇蚊幼虫的采集

摇蚊幼虫是一种红色小虫，俗称“红线虫”，幼虫身体一般呈圆柱形，长约数毫米。摇蚊幼虫栖身于富含有机质的污泥中，有时栖身于水中朽木的缝隙中，常可在流水的浅沟或池塘及稻田中捕捉到。采集摇蚊幼虫的方法是：每年的5～11月在流水的湖底或池塘、水沟等的底泥中，可用一小铲将其同泥挖出、放入培养皿中，带回实验室。若暂时不用也可在实验室培养 2～3d。如果周围没有池塘或浅沟，实验室也可以自己培养摇蚊幼虫。具体做法是：在露天场地修一长为1m、宽为0.8m左右的水泥池，或用一大小相近的方形缸或圆形缸，5～11月在水泥池或缸中放入1/2量的水，再加入一些泥土、有机质及树叶。一个月以后便可以从池中或缸中获得大量的摇蚊幼虫。

2. 拉取唾液腺

在载玻片上加上一滴生理盐水，取摇蚊幼虫置中间。左手拿解剖针按在幼虫身体后端1/3处，固定幼虫，右手拿另一根解剖针压在幼虫的头部。把压在头部的一根针慢慢地向右移动，拉开，使幼虫头部与虫体分开。消化道前部即随头部被拉出。摇蚊唾液腺呈手套形，单层细胞，白色透明。

其位置在头部稍后，消化道的前部。如果唾液腺没有被拉出，再用解剖针把幼虫第一体节的全部内容物挤出，分开，就可以看到唾液腺了（图 14-2）。把其他结构全部弃掉，留下唾液腺。

3. 水解

在唾液腺上加一滴0.1mol/L HCl，进行水解 1～2min 后，吸去盐酸。用蒸馏水冲洗3次。水解的目的是使唾液腺细胞容易破裂，使染色体容易分开。

4. 染色

在唾液腺上加 2～3 滴改良石炭酸品红染液，染色 10～15min。如果颜色过深，可用 45% 的乙酸分色。注意染色时不要让染液干掉。

5. 压片

擦净盖玻片，盖在唾液腺上。用吸水纸吸去多余的染液，用拇指用力下压盖玻片，使唾液腺染色体分散开。

6. 镜检

在显微镜下观察染色体的数目和形态，鉴别染色体的横纹和“泡”。摇蚊的唾液腺染色体有 4 条。按其大小形态等分别命名为第Ⅰ号、第Ⅱ号、第Ⅲ号、第Ⅳ号染色体。每号染色体上的横纹数目、排列及大小都是恒定的。因此这些横纹可以作为识别每号唾液腺染色体的标记。

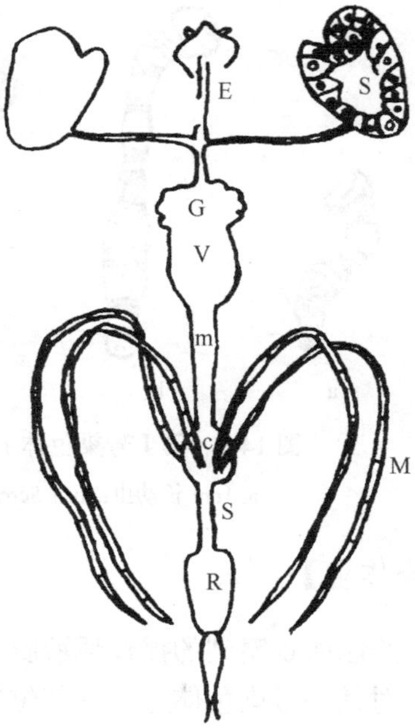

图 14-2　摇蚊唾液腺位置和形态

E. 咽；S. 唾液腺；G. 嗉囊；V. 前胃；m. 中肠；M. 马氏管；R. 直肠

染色体上的“泡”的变化：染色体上“泡”的位置确定以后，就可以观察不同发育阶段中“泡”的发生和变化。观察者可以把摇蚊从幼虫到成虫分为幼虫期、前蛹期、蛹期和成虫期。每期又可分为早、中、晚三个阶段。如果观察第Ⅰ号染色体上“A 泡”在不同发育阶段中的变化，就可以得到“A 泡”的发生、发展和收缩的过程。它们在幼虫早期还未发生，到幼虫晚期“A 泡”已疏松开形成一个较大的“泡”，前蛹期“A 泡”发展到最高峰，到了蛹期，“A 泡”收缩，至成虫期消失。

【实验结果】

在显微镜下可以看到 4 条分散开的染色体，疏松区为浅红色，见图 14-3。

可以看到在同一条幼虫的唾液腺 4 条染色体上都有“泡”的形成，其大小不等。也可能看到有的染色体上有“泡”，有的染色体上没有“泡”。

可以看到不同发育时期幼虫的唾液腺同一号染色体上某一部位“泡”的形成过程（图 14-4）。

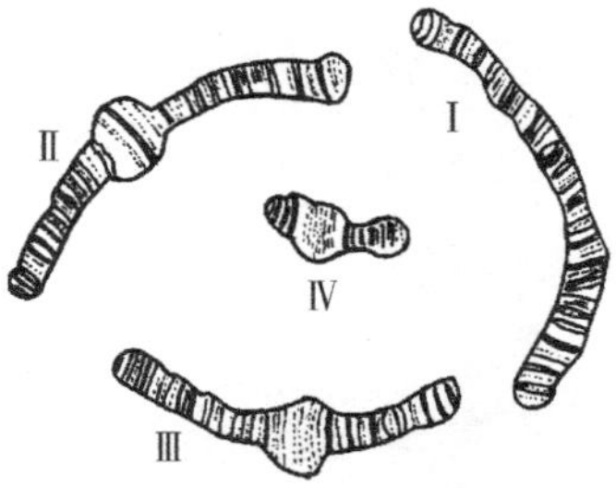

图 14-3　摇蚊唾液腺染色体形态

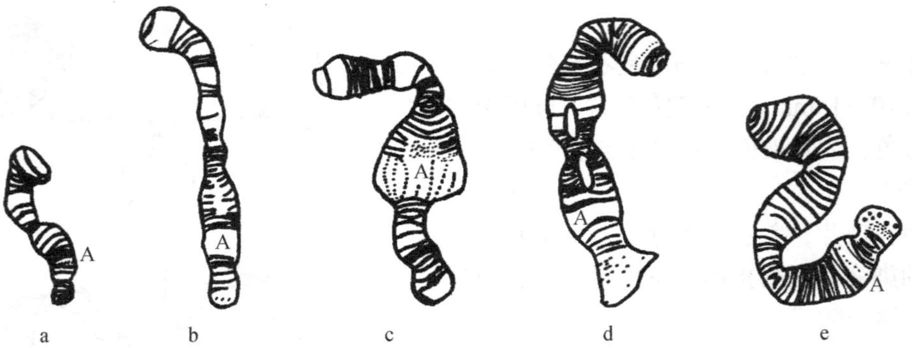

图 14-4　第 I 号染色体上的“A 泡”在摇蚊唾液腺发育不同阶段中的变化

a. 1cm 长幼虫；b. 1.5cm 长幼虫；c. 2cm 长幼虫；d. 2.5cm 长幼虫；e. 蛹期

【实验作业】

1. 绘制所观察到的摇蚊唾液腺染色体图像，并注明是第几号染色体。
2. 对某一号染色体上某一部位的“泡”进行详细观察，并绘制图形，反映变化情况。

实验15

小鼠骨髓细胞染色体玻片标本制备与观察

【实验目的】

1. 掌握动物骨髓细胞染色体玻片标本的制备方法。
2. 观察染色体的形态特征，统计小白鼠体细胞中染色体数目。

【实验原理】

动物骨髓细胞具有高度的分裂增殖能力，动物经过秋水仙素给药处理后，分裂增殖中的骨髓细胞由于纺锤丝的形成受到抑制和破坏，染色体不能正常趋向两极而使大部分细胞处于分裂中期。同时秋水仙素处理后，使染色体适当缩短，轮廓比较清晰，易于分散开，便于观察和研究。把收获的细胞进行低渗、固定等处理，使其处于高度膨胀状态，再利用一定方法把细胞悬液滴在载玻片上，从而把细胞破碎，使染色体分散开，再进行染色后即可观察到染色体。骨髓细胞染色体制片方法简便易行，不需无菌条件，设备简单，取材容易，在一般实验室即可进行。对于小型动物、不太珍贵的动物可以采取此种方法获得染色体玻片标本。

【实验材料】

健康小白鼠（*Mus musculus*），染色体数目为：$2n=40$。

【实验器具】

注射器（1mL、5mL 各一支）、5 号针头、解剖盘、解剖剪、镊子、玻璃吸管、10mL 刻度离心管、离心机、载玻片、盖玻片、显微镜、滤纸、擦镜纸、白纱布小块、量筒、玻璃板等。

【实验试剂】

0.02%秋水仙素（低温避光保存）、0.075mol/L KCl、固定液（甲醇：冰醋酸=3：1）、Giemsa 染液、0.01mol/L 磷酸缓冲液（pH6.8）、2%柠檬酸钠溶液、0.85%生理盐水等。

【实验步骤】

1. 预处理

实验前 3～4h，取健康小白鼠一只，按每克体重 2μg 秋水仙素的量由腹腔注射秋水仙素溶液（切勿损伤内脏）。

2. 取股骨

用左手拇指和食指按住小白鼠头部，右手拇指和食指掐住小白鼠颈部并用劲向后拉断其脊髓或用力掐断其脊髓，使小白鼠死亡。比较文明的方法是用麻醉剂或者用大剂量乙醚麻醉小白鼠使其死亡。处死后立即用剪刀剪开后腿上的皮毛，取出小白鼠的股骨，剔掉股骨上的肌肉，并将一小块白纱布包在股骨上用手反复搓动，以除净股骨上肌肉碎渣和结缔组织。

3. 取骨髓细胞

用剪刀剪开股骨的两端使骨髓露出。将装有 2%柠檬酸钠溶液的 5mL 注射器插入股骨的上端，缓慢注射冲洗骨髓腔，冲洗的溶液从股骨下端渗入到离心管中，反复冲洗直至股骨变灰白色。经 1000r/min 离心 10min 后弃去上清液。

4. 低渗

在离心管中加入 0.075mol/L KCl 溶液 5mL，用吸管将骨髓细胞吹打成细胞悬液，37℃恒温水浴锅中低渗 30min。1000r/min 离心 10min 后弃去上清液。在离心前加入 1mL 固定液并用吸管吹匀进行预固定。

5. 固定Ⅰ

沿离心管管壁慢慢加入固定液 5mL，用吸管吹打成细胞悬液后在室温下静置 30min。1000r/min 离心 10min 后弃去上清液。

6. 固定Ⅱ

重复第 5 步。离心弃去上清液后沿离心管壁加入 0.3～0.5mL 新配制的固定液，用吸管轻轻吹打成细胞悬液。

7. 滴片

用镊子从冰水中取出预冷的载玻片，迅速甩掉载玻片的冰水后，立即用吸管吸取细胞悬液，滴在载玻片上 2 或 3 滴（滴片的高度 30～35cm，滴面不要重复），然后立即用嘴用力向同一方向吹，使细胞染色体散开。置于酒精灯上微微加热干燥或放在玻片架上室温下晾干。

8. 染色

将晾干的玻片放在玻片板上，将 Giemsa 染液（0.5mL Giemsa 原液加 9.5mL 的 0.01mol/L 磷酸缓冲液）滴加在玻片上染色 20～30min，用蒸馏水或自来水冲去载玻片上的染液。滤纸吸干或晾干后待镜检。

9. 镜检

将制备好的玻片标本置于显微镜下，先用低倍镜寻找细胞和中期分裂相，然后用中倍镜和油镜观察染色体的形态，统计染色体的数目。好的玻片标本可制成永久片或半永久片。

【实验结果】

制备好的玻片标本应是细胞多，中期分裂相多，细胞核、染色体被染成微紫红色。细胞、染色体分散均匀，染色体形态清晰。小白鼠的染色体数目 $2n$=40，性染色体组成为 XX、XY，染色体的类型全部为近端着丝粒染色体，显微镜下观察大多为“V”形，染色体的大小区别不明显，雄性小白鼠有 3 条最短的染色体（19 号染色体和 Y 染色体），而雌性小鼠只有 2 条最短的染色体（图 15-1）。

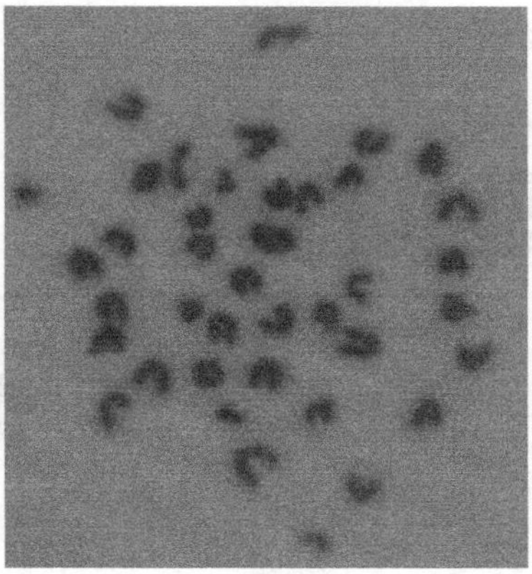

图 15-1　小白鼠骨髓细胞有丝分裂中期染色体

【实验作业】

1. 将得到的理想的小白鼠骨髓细胞染色体图像进行数码拍照，把数码照片交给实验室。

2. 每人交两张制作好的小白鼠染色体玻片标本。

3. 实验中遇到了哪些问题？如何分析和解释？

实验 16 银染核仁组织区与近端着丝粒染色体随体联合

【实验目的】

1. 掌握核仁组织区的显示方法，了解其多态现象的种类及产生机制。
2. 观察 Ag-NOR 联合现象，了解其在染色体不分离上的意义。

【实验原理】

1975 年 W.M.Howell 等用硝酸银与氢氧化铵的混合液处理人类染色体的空气干燥制片，把近端着丝粒染色体的末端染成了黑色。同年 C.Goodpasture 和 S.E.Bloom 利用银染方法特异性显示出染色体上的核仁组织区（nucleolar organizer region，NOR），即 Ag-NOR 显带法。发明了对染色体组中核仁组织区定位、定量和定性分析的新技术。

NOR 的一个重要特征是具有多态性，迄今所研究过的任何种类中，无一例外地发现有 NOR 多态现象，这种现象体现在以下几个方面：每个基因组中 NOR 位点的绝对数目、NOR 位点在染色体上的位置、NOR 之间的相对大小、每个细胞中活性 NOR 位点的数目。前两个方面一般存在于种间，后两个方面存在于种内。对于 NOR 的多态现象有各种各样的解释。由于只有在间期时具有活性的 NOR 才能被银着色，而且 Ag-NOR 的数目往往少于实际 NOR 数目，因此，一般认为 Ag-NOR 多态性的发生机制可能是 rDNA 转录活性差异的反映。

在观察 Ag-NOR 标本时，另一个经常发现的现象就是 Ag-NOR 联合，这种联合可能是造成近端部着丝粒染色体不分离和易位的原因。应用银染技术，可在发生联合的染色体间清楚地看到有银染物质相连。因此，用它作为近端部着丝粒染色体联合（Ag-AA）的客观标准比在非银染标本上由观察者主观判断的距离作为随体是否发生联合标准的情况更客观可靠。目前，也将 Ag-AA 看作反映 rDNA 活性大小的一个指标。所以，银染技术已逐渐受到重视并开始应用于临床细胞遗传学及药物、化学因素等的遗传效应的研究上。

【实验材料】

人外周血淋巴细胞染色体玻片标本或其他物种的染色体玻片标本。

【实验器具】

烤箱、吸管、载玻片、盖玻片、培养皿、玻璃棒等。

【实验试剂】

50% $AgNO_3$ 水溶液、3%甲醛乙酸溶液（3.2g 乙酸钠溶于 100mL 蒸馏水中，取出 97mL 加入 3mL 甲醛）、氨银液（8g $AgNO_3$ 溶于 10mL 蒸馏水中，加入 15mL 浓氨水）、2%明胶（内含 1%甲酸）、Giemsa 染液等。

【实验步骤】

1. Ag-Ⅰ染色法

1）染色

加 4 滴 50% $AgNO_3$ 溶液于制作好的玻片标本上，盖上盖玻片。

2）温育

放入 60℃温箱中孵育 8～12h，或 37℃过夜，然后放入 65℃温箱孵育 2h（玻片标本平放在培养皿内玻璃棒支架上，有细胞的一面向上，培养皿底部放一被蒸馏水润湿的滤纸，盖严培养皿）。

3）观察

蒸馏水细流冲洗数秒后用吸水纸吸干，分别按以下几种情况处理：①经 60～65℃孵育后的染色体已呈现金黄色，已可清晰看见核仁组织区，可以直接在显微镜下观察并摄影；②可见核仁组织区，但颜色不够深，可用 2% Giemsa 复染 1～3min。

2. Ag-Ⅱ染色法

1）染色

将 50%$AgNO_3$ 水溶液与 0.2%甲酸溶液（pH2.6～2.7）按 7∶1 比例充分混合制成混合液，立即取混合液 3 滴滴于制作好的玻片标本上，盖上盖玻片。

2）温育

将玻片标本放于潮湿小盒内，在 60℃处理 20s～5min。

3）干燥

待玻片标本呈浅黄色时，取出，用蒸馏水冲去盖玻片，空气干燥。

4）复染

用 2% Giemsa 工作液复染 1～3min，空气干燥，镜检观察并拍照。

3. 快速银染法

1）温育

在培养皿底部放一用蒸馏水润湿的滤纸，上放两根玻璃棒，置水浴内保温至 56～60℃（此过程可不放在水浴内，也可直接将标本放在 56℃的电热板上）。

2）染色

玻片标本细胞面朝上平放其上。加 4 滴 50% $AgNO_3$ 水溶液和 2 滴明胶显影液，覆以盖玻片，直到玻片标本呈金黄色为止。

3）镜检

流水冲去盖玻片，晾干，镜检观察拍照。

【实验结果】

制作的质量较好的人类染色体玻片标本，可以看到银染着色清晰的中期分裂相，可以看到 6 个 D 组的 6 条染色体和 G 组的 4 条染色体有银染痕迹。凡是有银染痕迹的近端部着丝粒染色体，不论是单侧或是双侧的银染点，都计数为银染的染色体。

凡近端部着丝粒染色体之间有银染物质相连，均计数为 Ag-AA。而近端部着丝粒染色体之间虽然十分接近，但无银染物质相连的，均不计数为 Ag-AA。涉及三条近端部着丝粒染色体联合时，如未形成闭环的，计数为 2 个 Ag-AA，三条联合形成闭环的，计数为 3 个 Ag-AA。其余类推。

【实验作业】

1. 所观察的标本中，Ag-NOR 有几种多态性？具有 Ag-NOR 联合的分裂相占多大比例？研究 Ag-NOR 联合有何意义？
2. 人的 Ag-NOR 都位于哪几条染色体上？它们属于哪个组的染色体？

实验17

果蝇两对相对性状遗传分析

【实验目的】

1. 通过对果蝇两对相对性状的杂交实验，验证遗传学第二定律——自由组合定律，证明孟德尔遗传定律的普遍性。

2. 掌握果蝇杂交技术。

【实验原理】

孟德尔自由组合定律的实质是减数分裂形成配子时，位于一对同源染色体上的一对等位基因彼此分离，各自进入到一个配子中去，位于非同源染色体上的决定不同对性状的基因间在形成配子时互不干扰、随机组合到一个配子中去。因此，含两对等位基因的杂合体（基因间是自由组合关系）可以形成4种比例均等的配子，此个体自交后代出现4种表型，比例为9∶3∶3∶1。

果蝇的长翅和残翅是一对相对性状，由位于第二对染色体上的基因+/*vg*决定，灰体和黑檀体是另一对相对性状，由位于第三对染色体的基因+/*e*决定，都属常染色体遗传，把长翅黑檀体雌果蝇（++/*ee*）与残翅灰体（*vgvg*/++）的雄蝇杂交，或它们的反交，F_1代全部是长翅灰体。F_1代雌雄互交，F_2代产生性状分离，出现长翅、灰体，长翅、黑檀体，残翅、灰体，残翅、黑檀体4种表型，比例为9∶3∶3∶1。

【实验材料】

纯合的长翅黑檀体果蝇、纯合的残翅灰体果蝇。

【实验器具】

酒精棉、麻醉瓶、白瓷板、海绵板、放大镜、毛笔、镊子、试管等。

【实验试剂】

乙醚、乙醇、玉米淀粉、白糖、琼脂等。

【实验步骤】

1. 收集处女蝇

长翅黑檀体处女蝇的收集：正常培养长翅黑檀体果蝇，在杂交实验开始前1～2d选择一个果蝇生长良好、含有较多将要羽化的蛹的培养瓶，清除该培养瓶中所有的成蝇。清除成蝇后 12h 以内，在该瓶中得到的长翅黑檀体雌果蝇全为处女蝇。麻醉后挑选收集处女蝇 10～20 只，放入另一个新的培养瓶中备用。

残翅灰体处女蝇的收集：用上面同样的方法，麻醉后挑选收集残翅灰体处女蝇 10～20 只，放入另一个新的培养瓶中备用。

对用于杂交的雄果蝇没有特殊要求，但要尽量使所选的雄果蝇年龄与处女蝇的年龄相当。

2. 杂交

将长翅黑檀体处女蝇 5～10 只、残翅灰体雄果蝇 10～20 只共同放入一个杂交瓶中。贴好标签、注明杂交组合、杂交日期、班级、组别和操作者姓名，此杂交组合作为正交。杂交瓶放在 25℃温箱中培养。

将残翅灰体处女蝇 5～10 只、长翅黑檀体雄果蝇 10～20 只共同放入一个杂交瓶中。贴好标签、注明杂交组合、杂交日期、班级、组别和操作者姓名，此杂交组合作为反交。杂交瓶放在 25℃温箱中培养。

3. 放飞亲本蝇

培养 7～8d 后，可见到有许多 F_1 幼虫出现，放飞亲本果蝇。

4. 观察 F_1

继续培养 4～5d 后，F_1 成蝇出现，观察 F_1 翅形和体色，并做记载。连续观察 2～3d。不管正交还是反交。F_1 应该都是长翅灰体。

5. 自交

将 F_1 雌雄果蝇 8～10 对转到一个新鲜的培养瓶内，让其自由交配。在 25℃温箱中培养（正反交各做一瓶）。自交时对雌蝇没有什么特殊要求。

6. 放飞 F_1 代亲本蝇

培养 7～8d，许多 F_2 幼虫出现后，放飞 F_1 亲本果蝇。

7. 观察统计 F_2 代果蝇

继续培养 4～5d 后，F_2 成蝇出现，开始观察，做好记载，统计 4 种表型成蝇数，每隔 2～3d 统计一次，连续统计 7～8d。

【实验结果】

将 F_1 观察统计结果填入表 17-1 中。将 F_2 统计结果填入表 17-2、表 17-3 中。

表 17-1　正反交 F_1 果蝇观察统计结果

交配方式 / 统计日期	长黑（♀）×残灰（♂）		长黑（♂）×残灰（♀）	
	长灰数	其他表型数	长灰数	其他表型数
合计				

表 17-2　正交 F_2 果蝇观察统计结果

各类表型数目 / 统计日期	各类型果蝇数目			
	长灰	长黑	残灰	残黑
合计				

表 17-3　反交 F_2 果蝇观察统计结果

各类表型数目 / 统计日期	各类型果蝇数目			
	长灰	长黑	残灰	残黑
合计				

将正交、反交各自得到的 F_2 果蝇观察统计结果填入表 17-4 中，进行卡平方测验。计算出 χ^2 值以后，查 χ^2 表，得到 P 值，若 $P>0.05$，差异不显著，可认为这两对性状分别由两对等位基因控制，遗传方式符合自由组合定律。

表 17-4　F_2 果蝇的 χ^2 测验分析

χ^2 测验	长灰	长黑	残灰	残黑	合计
实验观察数（O）					
理论数（E）（9∶3∶3∶1）					
偏差（$O-E$）					
$\frac{(O-E)^2}{E}$					

$$\text{自由度}=n-1;\ \chi^2=\sum\frac{(O-E)^2}{E}$$

卡平方检验后，会出现实际观察值与理论预期值差异不显著，证明这两对相对性状的遗传符合自由组合定律，即控制这两对相对性状的基因位于不同的同源染色体上面。

卡平方检验后，有时也许实际观察值与理论预期值差异会非常显著，此时，不要急于去否定自由组合定律的正确性，而是应该认真检查整个实验过程中有没有差错，观察统计时是否准确。统计的群体太小时，也会出现一些异常情况。

【实验作业】

根据实验结果分析本次实验所分析的两对相对性状是否符合自由组合定律，如果不符合请分析可能的原因。

实验 18 果蝇的三点测交和遗传作图

【实验目的】

1. 理解三点测交的原理及方法，掌握三点测交的数据处理及计算方法。
2. 理解和掌握遗传学图的原理和绘制方法。

【实验原理】

不同染色体上的基因在遗传的时候遵循自由组合规律，同一条染色体上的基因在遗传时是连锁的，且同一染色体上的不同基因之间会发生一定频率的交换，使子代中出现一定数量的重组型。重组型出现的多少能够反映出基因间发生交换的频率的高低。而根据摩尔根提出的基因在染色体上线性排列的原理，基因交换频率的高低与基因间的距离有关，交换频率越高，基因间距离就越远，反之，基因间距离就越近。因此，可以通过计算基因间的重组值来代替交换值进行基因间距离，即图距的确定。如果两个基因间相距较远，两个基因间往往发生两次以上的交换，必须进行校正，来求出基因图距。而根据图距绘制的同一染色体上各个基因之间的距离和相对位置的线形图就称为遗传学图，或者基因连锁图。

遗传作图的方法有两点测交和三点测交，由于三点测交一次实验便可测出三个连锁基因在染色体上的距离和顺序，相对便利，因此常用三点测交的方法进行遗传作图，即用三杂合体和三隐性个体杂交，获得三因子杂种（F_1），再使 F_1 与三隐性基因纯合体测交，通过对测交后代表型及其数目的分析，分别计算三个连锁基因之间的交换值，从而确定这三个基因在同一染色体上的顺序和距离。通过一次三点测验可以同时确定三个连锁基因的位置和距离，即相当于进行三次两点测验，而且能在实验中检测到所发生的双交换。如果两个基因间的单交换并不影响邻近两个基因的单交换，那么预期的双交换频率应当等于两个单交换频率的乘积，但实际上观察到的双交换值往往低于预期值，因为每发生一次单交换，都会影响它邻近发生另一次单交换的机会，这称为干涉。一般用并发率表示干涉的大小。并发率=观察到的双交换频率/两个单交换频率的乘积。如果蝇白眼（*w*）、小翅（*m*）、焦刚毛（sn^3）三个基因位于 X 染色体上，进行遗传作图时可先用野生型果蝇与三隐性果蝇（白眼、小翅、卷刚毛）杂交，制成三因子杂种，再把雌性三因子杂种与三隐性雄性个体测交，在测交后代中由于基因间的交换可得到 8 种不同的表型，经过计算两两基因间的重组值，即可绘制出连锁图。

【实验材料】

黑腹果蝇两个品系如下。

野生型果蝇，红眼、长翅、直刚毛。

三隐性果蝇，白眼、小翅、焦刚毛。

【实验器具】

显微镜、解剖镜、麻醉瓶、白纸、毛笔、酒精棉、白瓷板、海绵板、放大镜、毛笔、镊子、试管等。

【实验试剂】

乙醚、乙醇、玉米淀粉、白糖、琼脂等。

【实验步骤】

1. 收集处女蝇

参照实验 17 的方法挑选收集处女蝇。选 20～30 只三隐性雌处女蝇为母本，放入一新的培养瓶培养。三隐性果蝇生活力较弱，成活率也低，因此，在收集处女蝇时尽量多一些。

此实验中如果选野生型处女蝇作为母本，则不易杂交成功。

2. 杂交

选相应的野生型果蝇为父本。将母本、父本同时转移到新的杂交瓶中，贴好标签，注明杂交组合、杂交日期、班级、组别和操作者姓名。于 25℃培养。

3. 放飞亲本蝇

培养 7d 后，待杂交瓶瓶壁上出现许多幼虫时，放飞杂交亲本。最好对亲本蝇麻醉，再做一次性别和性状的鉴定，以避免实验的误差。

4. 观察 F_1 成蝇

继续培养 4～5d，F_1 成蝇出现。集中观察记录 F_1 表型及性别。F_1 雌蝇是野生型的、杂合的；F_1 雄蝇是三隐性的。

5. 测交

选取 5～10 只 F_1 雌果蝇、10～20 只 F_1 雄果蝇。转入一新培养瓶进行测交，贴好标签，注明测交组合、测交日期、班级、组别和操作者姓名。于 25℃培养。

6. 放飞 F_1 果蝇

培养 6～7d 后，待瓶壁上出现许多幼虫时，放飞 F_1 果蝇或将 F_1 果蝇处死。

7. 观察 F_t 成蝇

继续培养 4～5d 后，观察 F_t 成蝇的眼色、翅形及刚毛形态，并统计记录。每隔 2d 观察统计一次，连续观察统计 3 或 4 次，至少观察统计 200 只以上。观察时间最长不能超过 8d，因为时间过长，可能会出现第三代成蝇，导致实验出现误差。

【实验结果】

将观察到的 F_t 果蝇各种表型个体数填入表 18-1 中，确定基因间重组发生的情况。

表 18-1　果蝇测交后代表型和统计结果

测交后代表型	观察数	重组发生位置		
		m_sn[3]	*m_w*	*w_sn*[3]
w m sn[3]				
+ + +				
+ *m sn*[3]				
w + +				
w + *sn*[3]				
+ *m* +				
w m +				
+ + *sn*[3]				
总计				
重组值				

【实验作业】

1. 计算基因间的重组值及双交换值，计算并发系数和干涉值。
2. 绘制三个基因的遗传学图，并进行解释。
3. 该实验中 F_1 个体间的互交，为什么等于测交。如果反交时，F_1 个体间的互交等于测交吗？

实验 19

果蝇的伴性遗传分析

【实验目的】

1. 了解伴性遗传的特点和规律。
2. 进一步理解和验证伴性遗传与常染色体遗传的区别。

【实验原理】

1905 年，E.B.Wilson 曾对性染色体与性别的关系做了详细论述。1910 年 T.H.Morgen 发现了果蝇的伴性遗传现象。伴性遗传（sex-linked inheritance）是指由性染色体上的基因所控制性状的遗传方式，又称性连锁（遗传）。许多生物都有伴性遗传现象。人类的红绿色盲基因和血友病基因都位于 X 染色体上，它们的遗传呈现伴性遗传。与人类一样，果蝇的性别决定也属于 XY 型，果蝇控制眼色的基因也位于 X 染色体上，在 Y 染色体则没有与之相应的等位基因。用红眼雌果蝇与白眼雄果蝇交配，F_1 雌雄均为红眼果蝇，F_1 相互交配，F_2 则雌性均为红眼，雄性红眼：白眼=1：1；相反用白眼雌果蝇与红眼雄果蝇交配，F_1 雌性均为红眼，雄性都是白眼，F_1 相互交配得 F_2 代，雌蝇红眼与白眼比例为 1：1，雄蝇红眼与白眼比例也为 1：1（图 19-1）。由此可见位于性染色体上的基因，与性别有密切关系。

	正交			反交	
P	红眼X^+X^+	×	白眼X^wY	白眼X^wX^w ×	红眼X^+Y
F_1	红眼X^+X^w		红眼X^+Y	红眼X^+X^w	白眼X^wY
	⊗			⊗	

正交	反交
基因型　X^+X^+　X^+X^w　X^+Y　X^wY	X^+X^w　X^wX^w　X^+Y　X^wY
F_2表现型　红眼　红眼　红眼　白眼	红眼　白眼　红眼　白眼
比例　红眼：白眼=3：1	红眼：白眼=1：1

图 19-1　果蝇眼色遗传的正反交实验

【实验材料】

野生型果蝇（X^+X^+，X^+Y）、白眼果蝇（X^wX^w，X^wY）。

【实验器具】

显微镜、广口瓶、白纸、白瓷板、毛笔等。

【实验试剂】

乙醚、玉米淀粉、乙醇、白糖、琼脂等。

【实验步骤】

1. 收集处女蝇

按照实验 17 的方法挑选收集处女蝇。挑选收集 10～20 只红眼雌果蝇，培养在一个新的培养瓶中。挑选收集 10～20 只白眼雌果蝇，培养在另一个新的培养瓶中。

2. 杂交

选取白眼雄果蝇 10 只，与 10 只红眼雌处女蝇共同放在一个培养瓶中，让其交配，此为正交。贴好标签，注明杂交组合、杂交日期、班级、组别和操作者姓名。于 25℃培养。

选取红眼雄果蝇 10 只，与 10 只白眼雌处女蝇共同放在一个培养瓶中，让其交配，此为反交。贴好标签，注明杂交组合、杂交日期、班级、组别和操作者姓名。于 25℃培养。

3. 放飞亲本蝇

培养 7～8d 后，待培养瓶瓶壁上出现许多幼虫时，放飞亲本蝇。

4. 观察 F_1 成蝇

继续培养 4～5d，F_1 成蝇出现，观察 F_1 雌蝇的性状、数目；观察雄蝇的性状、数目。

5. F_1 互交

收集 5 或 6 对 F_1 果蝇放入一新培养瓶进行培养，让其互交，贴好标签，注明杂交组合、互交日期、班级、组别和操作者姓名。于 25℃培养。培养 7～8d 后，移去 F_1 亲本。再培养 4～5d，F_2 成蝇出现。

6. 观察统计

观察并统计 F_2 的性状表现类型及数目，每隔 2d 统计一次，连续统计 3 或 4 次，统计数目不低于 200 只。

【实验结果】

将观察到的正交 F_2 的各种表型、数目填入表 19-1 中；将观察到的反交 F_2 的各种表型、数目填入表 19-1 中。

表 19-1　果蝇正反交 F_2 观察统计结果

观察结果 / 日期	正交				反交			
	♂红眼	♂白眼	♀红眼	♀白眼	♂红眼	♂白眼	♀红眼	♀白眼
合计								
百分比								
χ^2								

【实验作业】

1. 根据统计结果进行卡平方检验，分析实际观察值与理论预期值的符合程度。
2. 解释性连锁遗传中，正、反交结果（包括 F_1 和 F_2）不同的原因。

实验 20

果蝇数量性状遗传分析

【实验目的】

1.理解数量性状的遗传特点。

2. 掌握数量性状研究的一般方法和遗传率的估算方法。

【实验原理】

在生物界中，性状可以划分为质量性状和数量性状两大类。质量性状（qualitative character）是指不易受环境条件的影响，在一个群体内表现为不连续性变异的性状，如孟德尔所研究的豌豆籽粒的形状、子叶的颜色、花的颜色等。数量性状（quantitative character）是指容易受环境条件的影响，在一个群体内表现为连续性变异的性状。相对于质量性状来说，数量性状的存在更普遍，例如，大部分农作物的农艺性状都是数量性状，如植物籽粒产量或营养体的产量、株高、种子粒重、抗病性和抗虫性等。因此，掌握数量性状的遗传规律具有重要的实践意义。

由于质量性状表现为不连续性变异，对于杂交后代的分离群体每个个体都能根据性状差异分类，利用孟德尔所采用的研究方法，求出各类型间所包含个体数目的比例关系，明确性状的遗传特征。而数量性状在自然群体或杂交后代的分离群体内，不同个体间表现为连续性变异，各个体不能明确分组归类，因此不能用分析质量性状的方法来分析数量性状。但是，由于数量性状的表现能够用数据来衡量，因而能够采用生物统计学的方法对性状的遗传变异规律进行描述和研究。数量性状大都由多基因支配，其中每个基因的作用很小，但有关的基因数目很多，又受到环境的影响，因此它们的表型呈连续分布。在多基因遗传中，数量性状的群体变异中遗传因素所起的作用称为遗传率，一般采用百分比来表示。遗传率有广义遗传率和狭义遗传率之分，广义遗传率是指遗传方差在总的表型方差中所占的比例；而狭义遗传率是指计算基因的相加效应的方差 V_A 在总的表型方差中所占的比例。方差反映群体观察数同平均数之间的变异程度。观察数同平均数之间的偏差越大，方差就越大，也就是群体越不整齐；方差越小，则表示各个观察值之间越接近，群体越整齐。方差可用变量同平均数之间偏差的平均平方来表示，记作 S^2，如写成公式则是：$S^2=\sum(X-\overline{X})^2/n$ 需要注意的是，公式中的分母 n，只限于平均数是由理论假定的时候才适用。如果平均数是由实际观察数计算出来的，则分母应该是（$n-1$）。

果蝇是遗传学研究的模式材料之一，其常见的许多性状如红眼、白眼，长翅、残翅等都属于质量性状。果蝇的第四腹板和第五腹板上的小刚毛数属于数量性状，不同的个体小刚毛数不同。可以采用不同品系果蝇的杂交后代为研究材料，建立 F_2、F_3 群体并统计 F_2 代雌雄果蝇不同个体的小刚毛数，并且选择刚毛数最多和最少的♀、♂个体分别进行杂交，计算产生的 F_3 代的小刚毛数，最后可以根据选择实验估算遗传率。在群体中对某性状进行选择，选出一定比例的最多（或最少）个体。用这些入选个体繁育产生下一代。下一代的群体平均数一般向选择的方向偏移，偏移的范围跟亲代群体的相加遗传方差成正比。假设亲代的群体平均为 $\overline{P_0}$，选出的亲体的平均值为 $\overline{P_S}$，则 $\overline{P_0}-\overline{P_S}=\Delta P$，表示所加的选择强度，称为选择差（selection differential）。ΔP 以标准差（σ_p）为单位来表示，即 $\Delta P/\sigma_p=i$，称为标准选择差。设子代的群体平均为 $\overline{P_1}$，则 $\overline{P_1}-\overline{P_0}=\Delta G$，这是由选择而产生的群体平均的变化量，称为遗传获得量（genetic gain）。最后根据以下公式估算遗传率，即 $h^2=\Delta G/(\sigma_p i)$，这里估算的是狭义遗传率，也称为“实现遗传率”（realized heritability）。

【实验材料】

黑腹果蝇（野外采集或者实验室培养的不同品系）。

【实验器具】

恒温培养箱、双筒显微解剖镜、照明装置、麻醉瓶、培养瓶、白瓷板、镊子、指形管等。

【实验试剂】

果蝇培养过程中所需要的各种试剂和药品参见实验 12 中有关内容。

【实验步骤】

1. F_2 群体建立与 F_3 杂交组合

取两个不同品系果蝇进行杂交后获得 F_2 成蝇，随机选出处女蝇和雄蝇各 20 只，用乙醚轻度麻醉，在显微镜下统计雌雄蝇第四腹板和第五腹板上的小刚毛数，并获得每个个体两个腹板小刚毛数的总数。

根据上述统计结果从中分别选出小刚毛数最多和最少的雌雄蝇各 2 只。按照以下组合放入杂交瓶中，组合一为小刚毛数最多的雌雄蝇各 1 只杂交组合；组合二为小刚毛数最少的雌雄蝇各 1 只杂交组合。把配好的杂交组合，放在 25℃培养箱中培养 3～4d，放飞亲本。

2. 统计与分析

培养两周后，把所有成虫倒出试管中进行麻醉，分别观察雌雄蝇小刚毛数，做好记录并进行统计，将统计结果填入表 20-1，并根据统计结果完成表 20-2。

表 20-1　果蝇刚毛数统计表

统计日期	统计代数	统计总数	选择方向	果蝇性别	雌雄数量	果蝇第四腹板和第五腹板小刚毛数统计									
						1	2	3	4	5	6	7	8	9	10
	F_2		—	雌											
				雄											
	F_2		—	雌											
				雄											
	F_2		—	雌											
				雄											
	F_3		向少或向多	雌											
				雄											
	F_3		向少或向多	雌											
				雄											
	F_3		向少或向多	雌											
				雄											
	F_3		向少或向多	雌											
				雄											

表 20-2　果蝇小刚毛数进行下一代选择结果

群体和选择	雌蝇（20 只）		雄蝇（20 只）	
	平均数	方差	平均数	方差
亲代				
向多刚毛方向选择的子代（*H*）				
向少刚毛方向选择的子代（*L*）				

把所得的小刚毛数分组，确定组距。具体计算方法为：全距=最大值−最小值；组距=全距 ÷ 分组数。

把亲代和子代雌雄蝇两组数字，分别以果蝇刚毛数（组距）为横坐标，频数为纵坐标绘制频度分布图。

根据表 20-2 计算实现遗传率 $h^2=\Delta G/(\sigma_p i)$。

亲代的平均数和方差、高低两个方向的两个选择系统的平均数和方差如表 20-3 所示。在本实验中，向两个方向进行选择，假定两个选择效应相等，则两个系统的平均值之差（$\overline{H}-\overline{L}$）是遗传获得量（$\Delta G$）的两倍，雌雄平均数明显不同，但计测的雌雄数目相同，所以取其平均值。即 $2\Delta G=\overline{H}-\overline{L}$，表型标准差 σ_p 在一代选择中是基本没有变化的，所以根据亲代与子代的方差平均数可以估计表型标准差，即 $\sigma_p=(V_p)^{1/2}$（V_p 即表型方差）。

选择标准差（i）可以通过计算获得，但根据正态分布的性质，也可以由入选亲本的比例决定，也就是说可以从理论上计算获得。在本实验中，选出的亲本较少，其平均值不很准确，所以用理论值。如本实验是从 20 只中取出 2 只时，选择强度为 0.1，根据表 20-3 可以查得理论值 i=1.638。

表 20-3　选择标准差（i）的理论值

选择强度	群体大小				
	10	20	30	50	∞
0.1	1.539	1.638	1.674	1.705	1.755
0.2	1.270	1.332	1.354	1.372	1.400
0.3	1.065	1.110	1.126	1.139	1.159
0.4	0.893	0.928	0.941	0.951	0.966
0.5	0.739	0.767	0.777	0.786	0.798

根据实验的统计结果，进行数量性状遗传的详细分析。

【实验结果】

根据表中的数据计算遗传率。如果出现实际观察值与理论预期值相差较大时，应该扩大统计的群体，可以把一个小班或者一个大班的所有实验结果合并在一起做统计计算。

【实验作业】

1. 根据全班同学的数据，分析所获得的结果是否符合正态分布。
2. 分析实验结果中的主要影响因素有哪些。
3. 计算狭义遗传率。

第三章　人类遗传学实验

人类遗传学是发展较早的遗传学分支学科，我国很早就有“龙生龙，凤生凤”、“一母生九子，连娘十个样”的俗语。1880 年，苏格兰医生 H. Faulds 首创用指纹鉴定身份的方法；1883 年英国遗传学家 F. Galton 对人的智商、身高、眼色、指纹、遗传病等性状进行了研究，出版了《人类才能及其发展的研究》；1949 年，加拿大遗传学家 M. L. Barr 在雌性猫神经元核仁附近发现一种染色很深的小体——X 小体，为剂量补偿效应学说的建立奠定了基础；1952 年，美籍华裔遗传学家徐道觉发明了低渗法制备动物细胞染色体玻片标本的技术；1956 年，美籍华裔遗传学家蒋有兴利用低渗法得到了极为清晰的人类染色体玻片标本，证明人类的染色体数目为 46 条，结束了长期以来的争论，开创了人类细胞遗传学的历史；1969 年，瑞典遗传学家 T. O. Caspersson 用荧光染料处理动物的染色体，发明了染色体分带技术，使人类的每一条染色体都能够被识别和区分。生命科学专业的本科生、研究生应该对人类性状遗传的研究方法、人类染色体的概况有所了解，掌握人类染色体玻片标本制作技术和分析技术及人类的亲子关系鉴定技术等。为此，设计了人外周血淋巴细胞培养和染色体核型分析、人类染色体分带技术、姊妹染色单体色差分析、人体细胞 Barr 氏小体和 Y 小体观察、人体常见性状调查与遗传分析、人类指纹的遗传分析、群体遗传平衡分析和基因频率估算（PTC 尝味）、人类染色体荧光原位杂交技术、人类亲子关系鉴定、人类表观遗传分析等 10 个实验。

Francis Galton
(1822 ~ 1911 英国遗传学家)

徐道觉（Tao chi-uh Hsu）
(1917~2003 美籍华裔遗传学家)

蒋有兴（Joe Hin Tjio）
(1916 ~ 2001 美籍华裔遗传学家)

Torbjorn Oskar Caspersson
(1910 ~ 1997 瑞典遗传学家)

实验 21

人外周血淋巴细胞培养和染色体核型分析

【实验目的】

1. 熟悉人类外周血淋巴细胞的培养方法及染色体标本的制备方法。
2. 观察人类染色体的形态，并计数、配对、分类和绘图。

【实验原理】

染色体是在显微镜下细胞有丝分裂过程中出现的可见结构。因此，必须获得染色体标本才能进行检查分析，通常情况下，都是利用外周血淋巴细胞进行核型分析。但是，正常情况下哺乳类动物的外周血中是没有中期分裂相细胞的，低等动物如两栖类的外周血中也只是偶尔能见到中期分裂相。人类外周血中的小淋巴细胞几乎都处在 G_1 或 G_0 期。采用人工离体培养的方法，在培养基中加入植物血凝素（PHA）可刺激血中的淋巴细胞转化成淋巴母细胞，使其恢复增殖能力。因此，可采取少量外周静脉血，加入适量的血凝素，培养至 72h 细胞进入增殖旺盛期，此时加入秋水仙素抑制细胞分裂，使细胞分裂停止在中期以获得足够量的中期分裂相细胞，经低渗、固定、制片、染色后镜下观察进行染色体核型分析。

【实验材料】

人外周血淋巴细胞。

【实验器具】

显微镜、采血器材、酒精灯、培养瓶、超净工作台、恒温培养箱、恒温水浴箱、离心机、刻度离心管、乳头吸管、试管架、量筒、试剂瓶、载玻片、盖玻片、吹风机、托盘天平、镜油、二甲苯、擦镜纸、镊子、烧杯、记号笔、玻片架、火柴、10mL 注射器等。

【实验试剂】

RPMI 1640 液体培养基、小牛血清、肝素（500U/mL）、植物血凝素（PHA）、秋水仙素（10mg/mL）、KCl 低渗液（0.075mol/L）、甲醇、冰醋酸、Giemsa 原液、磷酸缓冲液（pH6.8）等。

【实验步骤】

1. 无菌处理

所有仪器药品均应消毒。培养基、PHA、双抗采用过滤方式除菌。无菌室应在使用前30min开启紫外灯，超净工作台台面用70%乙醇擦拭。采血针、注射器采用一次性的。

2. 采血及接种培养

1）采血

在酒精灯火焰旁，用灭菌注射器（一次性注射器）抽取肝素0.2mL，使肝素湿润整个注射器管壁。采集外周静脉血5mL，转动注射器使血液与肝素充分混匀。

在超净工作台上，预先将RPMI 1640液体培养基（5mL，含植物血凝素60mg/mL、10%小牛血清）加入消毒好的培养瓶中，每个培养瓶中滴加全血0.3mL，水平摇动混匀。

2）培养

置小培养瓶于37℃恒温培养箱中静止培养72h。培养过程中每天水平摇动培养物1或2次，使血液均匀悬浮，再继续培养。

3. 预处理

终止培养前3～4h，加入秋水仙素，使培养瓶中终浓度达到0.01～0.02μg/mL。轻轻摇动培养瓶，使秋水仙素混匀。继续培养至72h。

4. 制片

1）收集细胞

去掉瓶塞，用乳头吸管吸取培养液，充分混匀培养物，再将全部培养物吸入刻度离心管中。

2）离心

1000r/min离心8min。

3）低渗处理

弃上清液，加入37℃预温的0.075mol/L KCl溶液8mL，用吸管轻轻吹打细胞团混匀后，置37℃恒温水浴箱低渗处理25min。

4）预固定

加入1mL新配制的固定液（甲醇：冰醋酸=3：1），用吸管小心吹打、混匀，1000r/min离心8min。

5）固定

弃上清液，加入8mL固定剂，吹打细胞团制成细胞悬液后，室温下固定20min。

6）离心

1000r/min离心 8min。弃上清液，重复固定一次。

7）制备细胞悬液

弃上清液，根据细胞数量的多少适当加入0.5～1mL新配制的固定液，用玻璃吸管轻轻吹打细胞制成细胞悬液。

8）制片

吸取少量细胞悬液，迅速滴2或3滴于干净的、冰水浸泡的载玻片上。可以滴于载片的一端，然后向另一端快速用力吹气，使细胞均匀散布于载片上，染色体均匀散开，空气干燥。

9）染色

用 Giemsa 原液和磷酸缓冲液（pH6.8）配成 1：10 的 Giemsa 染液，将玻片标本置 Giemsa 染液中，染色 8min，自来水洗去浮色，晾干，镜检观察。

5. 核型分析

如果是进行研究工作，核型分析应该参照实验 4 植物染色体核型分析的方法、步骤进行。这里仅介绍一般的学生实验的操作过程。制作核型图时参考图 21-1、图 21-2。

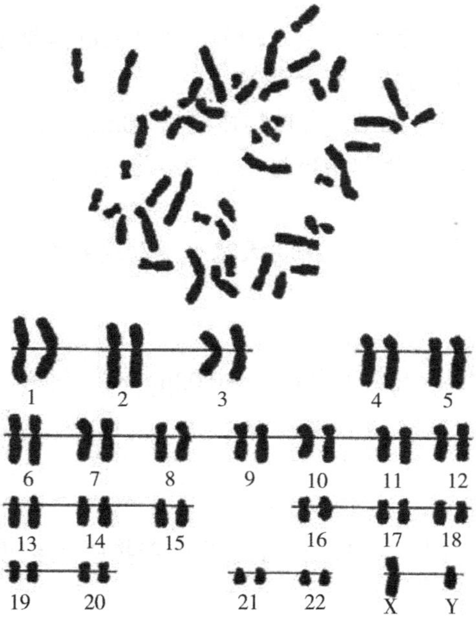

图 21-1　正常男性染色体核型图

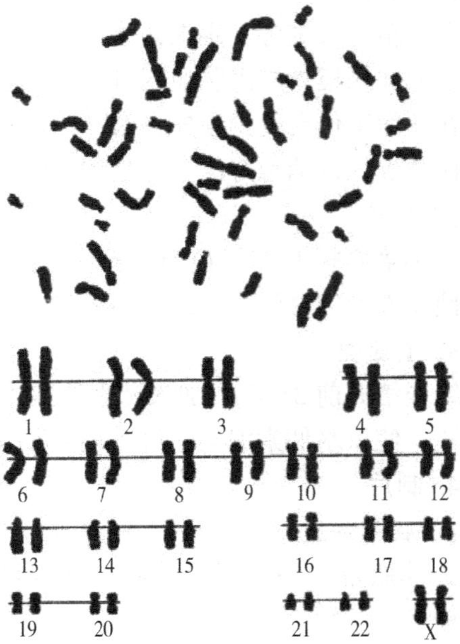

图 21-2　正常女性染色体核型图

1）显微照相

在显微镜下找出染色体形态清晰、分散良好、长度适中、姊妹染色单体清楚的中期分裂相进行显微拍摄。

2）洗印照片

如果使用胶卷拍照，需要经过冲洗胶卷处理，如果是数码拍照，则直接可以放大洗印照片。得到理想的放大照片。

3）测量计算

对照片上的染色体随机编号，测量出每条染色体短臂和长臂长度，计算出每条染色体的相对长度、着丝粒指数、臂比值，并记录原始数据。

4）配对

根据测量计算的数据，根据目测情况，对编过号的染色体进行配对。用小剪刀，沿染色体的边沿，剪下 46 条染色体。把剪下的染色体平放在一张白纸上面，把配成对的染色体放在一起。

5）制作核型图

根据染色体的形态、类型和长短，对染色体进行排序，然后将每对染色体粘贴在实验报告纸上制成核型图。粘贴规则参照实验 4 植物染色体核型分析方法。

6）制作核型模式图

按照实验四植物染色体核型分析的方法，制作人类染色体的核型模式图。

【实验结果】

在较理想的玻片标本上，油镜下可以看到清晰的染色体，在有的视野中可以看到 46 条染色体，也可以看到其他的细胞核，见图 21-3。

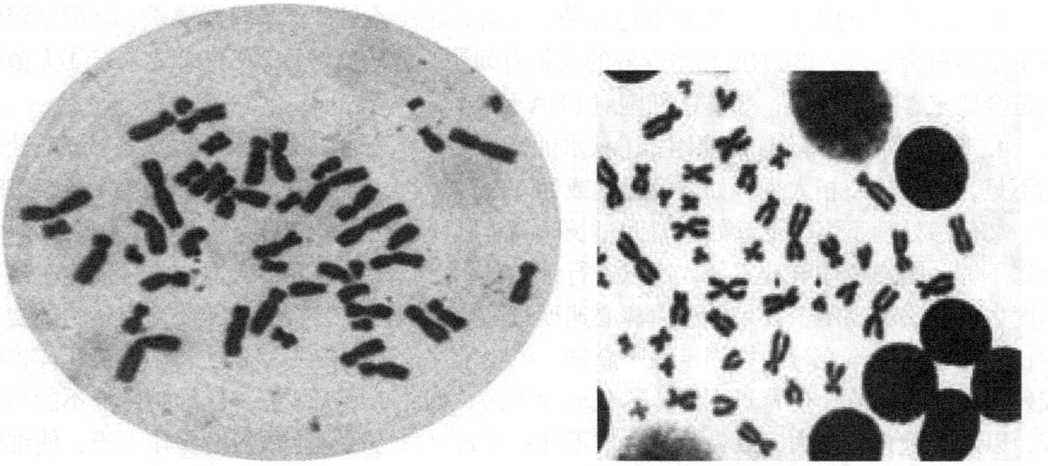

图 21-3　高倍镜下人类染色体图像

经过核型分析，可以看到人类染色体的特征，见表 21-1。

表 21-1　人类染色体的分组特点

分组	染色体序号	染色体大小	着丝粒位置	有无随体	说明
A	1～3	最大	中部着丝粒 亚中部着丝粒 中部着丝粒	无	本组内 3 号染色体比 1 号染色体略小
B	4～5	次大	亚中部着丝粒	无	与 C 组染色体比较，B 组的 4 号、5 号染色体的短臂都较短
C	6～12	中等	亚中部着丝粒	无	本组内 6 号、7 号、8 号、11 号染色体的短臂较长，9 号、10 号、12 号染色体短臂较短
D	13～15	中等	近端着丝粒	有	本组内各号染色体之间难以区分
E	16～18	较小	中部着丝粒 亚中部着丝粒 亚中部着丝粒	无	本组内 18 号染色体较 17 号染色体短臂更短些
F	19～20	次小	中部着丝粒	无	本组内各号染色体难以区分
G	21～22	最小	近端着丝粒	有	21 号、22 号染色体的长臂的两条染色单体常呈分叉状，它们之间难以区分
性染色体	XY	中等 最小	亚中部着丝粒 近端着丝粒	无	X 染色体属于 C 组染色体，大小介于 6 号和 7 号之间。Y 染色体属于 G 组染色体，两条染色单体的长臂常并拢

【实验作业】

1. 根据实验结果，制作核型图和核型模式图。
2. 总结实验的全过程，提交实验报告。

【注意事项】

1. 采血时不要加入太多的肝素，因为肝素含量过多时往往抑制淋巴细胞的转化。

2. 培养过程中培养液逐渐变黄，说明 pH 发生了较大变化，将不利于细胞生长，此时可加入适量灭菌的 1.4% $NaHCO_3$溶液调整，或再加入 2～3mL 培养液来校正。

3. 培养失败的原因，一般有下述几种：①培养瓶及器材洗涤不符合要求；②配制溶液的双蒸水不符合要求；③PHA 和培养液的质量有问题，或培养液 pH 不符合要求；④无菌操作不符合要求，发生污染；⑤淋巴细胞对 PHA 反应降低，致分裂相太少。

4. 玻片标本质量不佳的原因：①秋水仙素的处理不当，如秋水仙素的浓度不够或处理时间不足，结果分裂相太少；如浓度过高或处理时间过长，则使染色体过于缩短，难于进行分析；②低渗处理不当，低渗处理时间过长时，细胞膜往往过早破裂，染色体丢失，如果低渗处理不够，则染色体分散不佳，难以进行计数分析；③离心速度不合适，收集细胞时离心的速度太低易丢失细胞，如果低渗后离心速度过高，往往使分裂相过早破裂，完整的分裂相减少；④标本固定不充分，如固定液不新鲜，或甲醇、冰醋酸的质量不佳，结果染色体模糊，或残留细胞质痕迹，使背景不清；⑤载玻片去污不彻底，冷冻不够，使细胞悬液不能均匀附着，以致细胞大量丢失，或染色体分散不佳；⑥每次离心后弃上清液时操作不当，使细胞丢失太多；⑦每次用吸管吹打细胞团时用力过大，导致细胞提前破裂，染色体丢失。

实验22

人类染色体分带技术

【实验目的】

1. 了解和掌握人类染色体的分带技术。
2. 学习人类染色体各种带型的分析方法。

【实验原理】

在常规的染色体玻片标本制备和一般的染色体核型分析中，经常遇到有些染色体间大小、形态相似，很难区分出哪两条是一对同源染色体。例如，人类的第13号、14号、15号染色体很相似，彼此之间很难区分开，在核型分析时往往对它们随意排列，这就造成一般核型分析的不准确性。尤其在有些染色体数目较多的物种中，相似的染色体较多，增加了鉴别染色体的难度。20世纪60年代末发展起来的染色体分带技术是一种细胞学技术，它是经物理、化学因素处理后，再用染料对染色体进行分化染色，使其在特定位置呈现特定的染色深浅不同的带纹（band）。用细胞学方法染色，染色体着色均匀。经分带处理后，染色体在纵向结构上显示一定的带纹，反映了染色体固有的一定结构，因而能显示不同物种之间、同一物种不同染色体之间的差异。人们可以把染色体带作为一种标志，来更有效地识别染色体，更深入地研究染色体的结构与功能，同时对染色体结构的变异进行鉴定。这些技术克服了一般核型分析存在的弊端。

1. 染色体带的类型

根据显带的方法不同可把带分成G带、C带、Q带、N带、R带等。

G带（Giemsa带）：显示染色粒，G带分布于染色体的全部长度上，以深浅相间的横纹形式出现。也有人认为G带显示的是染色体本身固有的结构。G带能清楚地反映染色体的纵向分化，能提供较多的鉴别标志。因此，G带是分带技术中最有价值的一种，目前人类染色体G带技术，我国处于领先地位。

C带（组成性异染色质带）：C带技术是应用最广泛的技术，它主要显示着丝粒、端粒、核仁组织区或染色体臂上某些部位的组成性异染色质而产生相应的着丝粒带、端粒带、核仁组成区带、中间带等，这些带可以在一条染色体上同时出现，也可以只有其中的一条或几条带。

Q带：这是最早采用的染色体分带技术，是由瑞典遗传学家T.O.Caspersson等于1969年提出的。因该方法是以荧光染料（quinacrine）染色，故以Q命名，所染标本在荧光显微镜下显示强度不同的荧光带纹，标为 Q 带。

N 带：又称银染（Ag-NOR）带，可以显示染色体上的核仁组织区（NOR）。

R 带（反带）：与 G 带相反的染色带。由于处理程序不同，染色体在同一部位，G 带染色时为深色带，R 带染色时为浅色带。反之，G 带染色时为浅色带，R 带染色时为深色带。

2. 显带的机制

DNA 的作用：1970 年帕杜（Pardue）等认为，DNA 分子的变性复性速度影响 C 带的出现。DNA 双螺旋分子经热碱、酸性等处理，其双链分开，称为“变性”，而后在盐液中温育或在降温等“退火”条件下，DNA 分子重新复性，单链重新结合为双链。在变性、复性过程中，异染色质较常染色质复性快。而吉姆萨染料优先与双链 DNA 结合，故染色深，但也有相反的观点。

DNA 分子的碱基成分，如 A-T 和 G-C 的含量分布不同，一些实验证明：DNA 分子中某些区段 A-T 碱基对较多，它们易与喹吖因或吉姆萨染料结合而染成深色区带，即 Q 带和 G 带。而浅带区段含 G-C 碱基较多。另外，G 带富含 5-甲基胞嘧啶核苷酸。但也有不同观点。

蛋白质的作用：据报道在胰酶作用下，蛋白质不均匀丢失是产生 G 带的原因。抽掉相当数量的蛋白质后，这些区段将成为浅带，蛋白质丢失少而和 DNA 牢固结合的区段则可能成为深带。但有的观点认为，染色体经变性和蛋白酶处理后，染色体核蛋白的蛋白质被破坏，这些区段裸露的 DNA 分子的磷酸基团能与吉姆萨染料中的天青和甲基蓝等噻嗪类染料结合而染上颜色。但对这些论点，相关研究人员有不同的看法。

多种因素的作用：显带是由于多方面的因素起作用而形成的，一般认为显带是蛋白质与核酸相互作用的结果。在浓缩的异染色质中，组蛋白可能更紧密地同 DNA 结合，从而保护了 DNA 少受酶的影响显带。其他意见则认为显带是 DNA、染料和蛋白质三者之间相互作用的结果，此外，DNA 螺旋紧缩程度、结合蛋白质不均匀分布，以及染色体单体结构的局部特点等都可能与显带有关。

【实验材料】

人外周血淋巴细胞染色体玻片标本。

【实验器具】

显微镜、荧光显微镜、恒温培养箱、恒温水浴锅、烤箱、染色缸、镊子、烧杯、擦镜纸、吸水纸等。

【实验试剂】

2.5%胰酶溶液（Hanks 液配制）、0.4%酚红、Giemsa 原液、磷酸缓冲液（pH6.8）、1mol/L HCl、1mol/L 氢氧化钠、5% $Ba(OH)_2$ 水溶液、2 × SSC 溶液、0.2mol/L HCl、50%硝酸银缓冲液（50g 硝酸银溶解在 100mL 蒸馏水中，过滤；未经过滤，也可使用，贮存在铝箔包裹的玻璃容器内，可稳定保存一年）、明胶显影液（称取 2g 明胶粉溶解在 99mL 蒸馏水中，加 1mL

甲酸)、0.5%盐酸芥子喹吖因溶液(pH5.5～6.0)、50μg/mL 柠檬酸钠氮芥喹吖因溶液、柠檬酸钠缓冲液等。不同的分带方法选用不同的试剂。

【实验步骤】

1. 染色体 G 带技术

1)制片

采用常规方法制备染色体玻片标本。但用于分带的玻片标本染色体应稍长些，便于显带，因此，用秋水仙素溶液预处理时，其浓度不要过大。取材时选取有丝分裂中期稍靠前一点的细胞制片较好。

2)拷片

将常规方法制备成的染色体玻片标本置于 70℃烤箱中干烤 2h，自然冷却。

3)酶液处理

取 2.5%胰酶溶液 5mL，加入染色缸中，加入 45mL 生理盐水，用 1mol/L HCl 或 1mol/L NaOH 及酚红调节胰酶溶液成紫红色(pH6.8～7.2)，置 37℃预温。将已经冷却的玻片标本放入胰酶溶液中处理 25～45s，不断轻轻摇动玻片，使胰酶作用均匀。随着处理标本数量增加，胰酶逐渐消耗，胰酶作用时间逐渐延长。

4)冲洗

取出染色体玻片标本，置于 37℃预温的生理盐水中，然后用蒸馏水冲洗玻片(或轻甩，除去多余的酶液)。

5)染色

用 Giemsa 原液和磷酸缓冲液(pH6.8)配成 1∶10 的 Giemsa 染液，将玻片标本放入 37℃预温的 Giemsa 染液中，染色 5～10min。

6)冲洗、晾干

用自来水缓缓冲洗，空气自然干燥。

7)观察

低倍镜下找到中期分裂图像后，用高倍镜观察染色体及染色体上的带纹。

2. 染色体 C 带技术

1)制片

参考染色体 G 带技术。

2)HCl 处理

取 5～7d 片龄的染色体玻片标本置 0.2mol/L HCl 中，室温处理 30min～1h，蒸馏水洗 3 次。

3)$Ba(OH)_2$ 处理

将标本浸于 50℃的 5% $Ba(OH)_2$ 水溶液中保温几十秒或至几分钟(随气温和片龄而变动)，再用温蒸馏水冲洗，直至把标本上的 $Ba(OH)_2$ 冲洗掉。

4)2×SSC 处理

在 60℃的 2×SSC 溶液中处理 1h，蒸馏水水洗，空气干燥。

5)染色

5% Giemsa(pH6.8)染色 10min，水洗，晾干。

6）观察

低倍镜下找到中期分裂图像后，用高倍镜观察染色体及染色体上的带纹。

3. 染色体 Q 带技术

1）制片

参考染色体 G 带技术。

2）染色

将空气干燥的玻片标本用溶于无水乙醇的 0.5%盐酸芥子喹吖因溶液（pH5.5～6.0）染色 5～10min。

3）观察

用荧光显微镜及时观察。

4. 染色体 N 带技术

1）制片

参考染色体 G 带技术。

2）温育

在培养皿底部放一用蒸馏水润湿的滤纸，上放两根小玻棒（或火柴棒），置 56～60℃水浴锅内 2～5h（此过程可不放在水浴锅内，也可直接将标本放在热至 56～60℃的电热板上）。

3）银染

玻片标本细胞面朝上平放于 2 根小玻棒上，加 4 滴 50%硝酸银溶液和 2 滴明胶显影液，覆以盖玻片（或擦镜纸），直到玻片标本呈金褐色为止，一般为 3min。

4）移去盖玻片

用流水快速冲去盖玻片，晾干。

5）观察

低倍镜下找到中期分裂图像后，用高倍镜观察染色体及染色体上的带纹。

【实验结果】

1. 人类染色体 G 带特征

在一张理想的染色体玻片标本上，可以看到在每一条染色体上都有染色深浅不同的带纹，见图 22-1。人类染色体 G 带的带纹位置、数目、特征，每一条染色体上带的位置、数目、宽窄，以及染色体带的阅读规则等有关资料，可以查阅人类遗传学的有关参考书籍。人类男性染色体 G 带核型模式图见图 22-2。

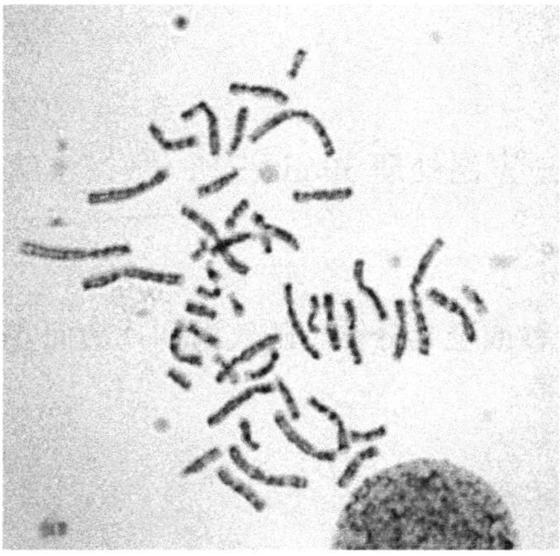

图 22-1　人类染色体 G 带

2. 人类染色体 C 带特征

在制备的理想的玻片标本上，可以看到每一条染色体在着丝粒处有一条明显的带。染色体的长臂、短臂染色相应较浅，见图 22-3。

3. 人类染色体 Q 带特征

在荧光显微镜下可以看到整条染色体显示白色荧光（图 22-4），但在有些部位显示辉煌荧光，如染色体臂上的一些区域。有些部位显示微弱荧光，如着丝粒部位。

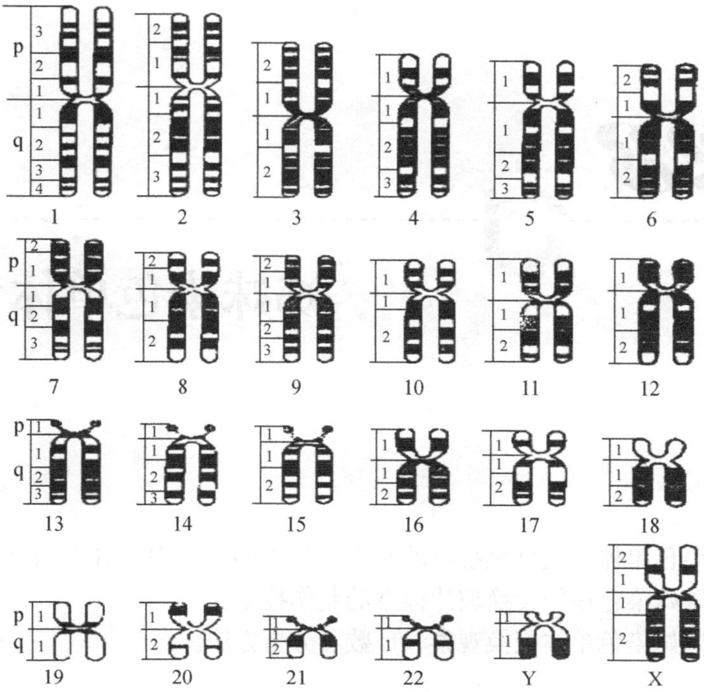

图 22-2　人类男性染色体 G 带核型模式图

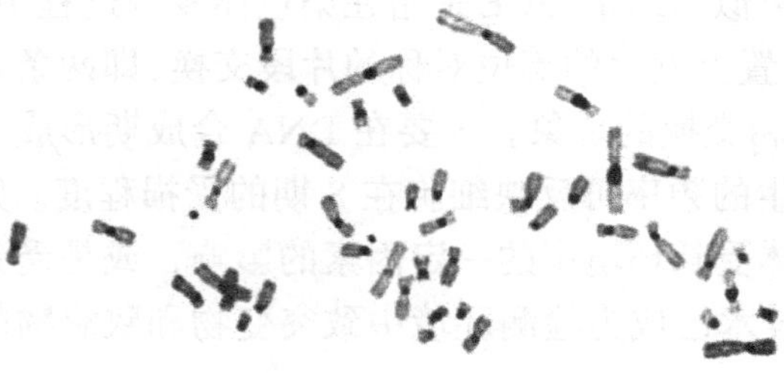

图 22-3　人类女性染色体 C 带

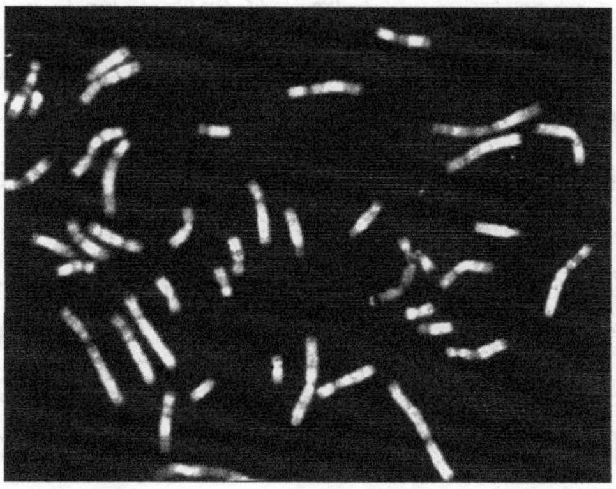

图 22-4　人类男性染色体 Q 带

【实验作业】

1. 比较各种染色体分带技术的特点。
2. 根据染色体的形态特征和带纹的特征，制备人类染色体带型图、带型模式图。

实验 23

姊妹染色单体色差分析

【实验目的】

1. 了解姊妹染色单体差别染色技术的原理和制作 SCE 玻片标本的方法。
2. 掌握人类姊妹染色单体交换玻片标本的制作技术。
3. 掌握人类姊妹染色单体交换观察、计数和分析方法。

【实验原理】

1973 年，Latt 在培养的细胞中加入 5-溴脱氧尿嘧啶核苷（5-bromode oxyurdine，BrdU），用 Hoechst 33258 荧光染料染色时，发现姊妹染色单体出现不同的色差，通过不同色差的观察，发现了姊妹染色单体交换（sister chromatial exchange，SCE）现象。1974 年 Korenberg 和 Freedlender 单独用 Giemsa 染色时也得到了类似的结果。SCE 是指在染色体复制过程中，同一条染色体上的两条姊妹染色单体在相同位置上发生的等位对称的片段交换，即两条姊妹染色单体在 DNA 合成中核苷酸序列发生互相交换的现象。主要在 DNA 合成期形成，可能与 DNA 双链的断裂与复制有关，SCE 发生的频率可反映细胞在 S 期的受损程度。如果一个个体的 SCE 率明显增高，可表明染色体受到环境中的一定因素的影响，或是受到遗传缺陷的内在制约因素所致。目前，SCE 技术已成为检测环境中致突变物和致癌物的重要技术之一。

在细胞分裂时，每条染色体均由两条染色单体组成，每条染色单体由一条双链 DNA 组成。BrdU 是脱氧胸腺嘧啶核苷的类似物，在 DNA 链的复制过程中，可替代胸腺嘧啶核苷酸而掺入 DNA 的新合成链中。当哺乳类动物细胞在含有适当浓度的 BrdU 的培养液中经历两个分裂周期之后，其中期染色体的两个单体的 DNA 双链在化学组成上就有了差别，即一条染色单体的两条 DNA 链上的 T 位完全由 BrdU 代替；另一条染色单体的两条 DNA 链的一条含 BrdU，另一条则不含 BrdU，见图 23-1。

由于双链都含有 BrdU 的 DNA 螺旋化程度较低而降低了其与某些染色剂的亲和力，因此，经 Giemsa 染色后两条 DNA 链都含有 BrdU 的染色单体染色较浅，另一染色单体 DNA 分子只一条链含有 BrdU，染色较深。如果在某些因素的作用下两条染色单体间发生了等位片段的交换，则可以很容易观察到。

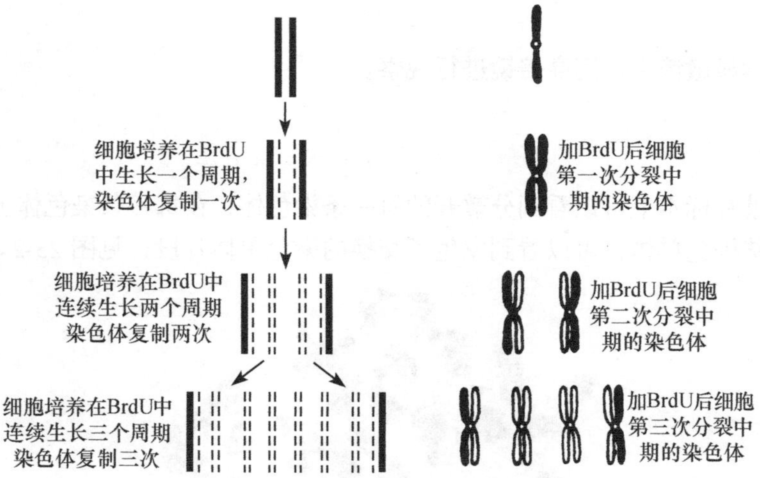

图 23-1　姊妹染色单体色差机制

【实验材料】

人的外周血。

【实验器具】

移液管、灭菌注射器（1mL，2mL）、吸管、离心管、量筒、烧杯、培养瓶、酒精灯、载玻片、天平、离心机、恒温培养箱、显微镜等。

【实验试剂】

肝素、植物血凝素（PHA）、秋水仙素、吉姆萨染液、小牛血清、3.5% $NaHCO_3$、BrdU溶液、1mol/L NaH_2PO_4（pH8.0）、2×SSC 溶液、磷酸缓冲液等。

【实验步骤】

1. 外周血细胞培养

进行常规外周血淋巴细胞培养（参考实验 21）。但要在每个培养瓶中（培养瓶中含 5mL 培养液）加入 BrdU 0.1mL，最终浓度为 0.01mg/mL（BrdU 溶液要现配现用，如有剩余须避光 4℃冰箱保存）。BrdU 在培养开始时加入，或在培养后的 24h 加入均可。

2. 染色体制片

用常规方法制备染色体玻片标本（参考实验 21）。

3. 分化

染色体玻片标本在 37℃条件下搁置 24h 后取出，放在 45～48℃的水浴锅上，覆盖一层 2×SSC 溶液（0.3mol/L NaCl，0.03mol/L 柠檬酸钠），15W 紫外灯照射 20～30min，灯管与载玻片之间距离为 6cm（照光期间防止 2×SSC 溶液干涸）。

4. 染色

用蒸馏水冲去 2×SSC，用 3%Giemsa（pH6.8 磷酸缓冲液稀释）染色 5～10min，水洗，晾干。

5. 观察

在普通光学显微镜下，用高倍镜进行观察。

【实验结果】

在理想的玻片标本上可以看到分散开的每一条染色体；在每一条染色体上可以看到染色深浅不同的姊妹染色单体；可以看到发生了交换的染色单体片段，见图 23-2。

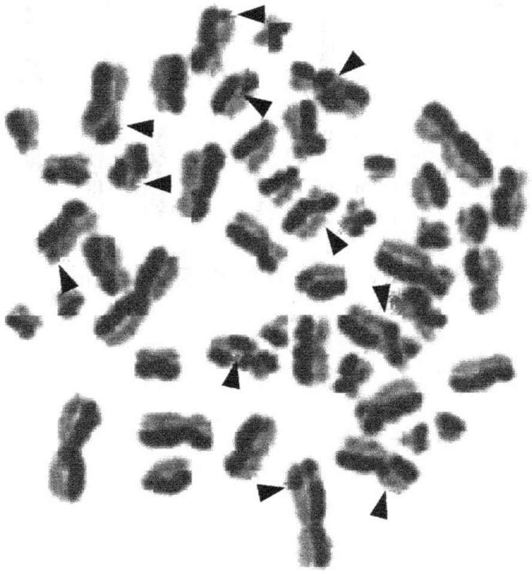

图 23-2　人类姊妹染色单体交换图像

选择的 30 个细胞要源于同一个血样样品。SCE 计数方法为：凡染色单体端部出现的交换计为 1 个 SCE；在染色单体中间出现的交换计为 2 个 SCE；在着丝粒部位发生的交换（判明不是两条染色单体在着丝粒部位发生扭转情况下）计为 1 个 SCE。最后计算出每个细胞的平均 SCE 数目。

【实验作业】

1. 选择 30 个细胞，统计 SCE 数目。
2. 计算每个细胞的平均 SCE 数目。

实验24

人体细胞 Barr 小体和 Y 小体观察

【实验目的】

1. 掌握人类 Barr 小体和 Y 小体玻片标本的制作方法。
2. 观察 Barr 小体和 Y 小体形态特征及所在部位。

【实验原理】

1949 年 M.L.Barr 发现雌猫和其他一些高等雌性动物的体细胞核膜边缘有一个可被碱性染料染色的小体，而雄性动物则没有，因此，把这种小体称作 Barr 小体或巴氏小体。后又有人进一步发现所有雌性哺乳动物体细胞中都有一个这种小体。这种小体是雌性动物体细胞中两个X染色体中的一个在间期时发生异固缩形成的，所以又称为X小体、X染色质。Morishima 等利用放射性标记的方法证实了失活状态的 X 染色体与其他异染色质（heterochromatin）一样，在 DNA 复制时总落后于其他常染色质，且大多出现在核膜边缘。

英国学者 M.F.Lyon 认为：正常雌性哺乳动物体细胞中的两条 X 染色体在胚胎发育的早期随机失活一条，仅仅保持一条 X 染色体具有活性；失活的 X 染色体可能源于雌性亲本，也可能源于雄性亲本；某条 X 染色体一旦失活，在形成的所有体细胞中都是这条 X 染色体处于失活状态。根据这个假说，在正常女性体细胞中 Barr 小体的数目是X染色体数目减 1。如正常女性只有两条 X 染色体，所以仅有一个 Barr 小体。具有三条 X 染色体的不正常女性则有两个 Barr 小体。雄性个体只有一条 X 染色体，则不发生异固缩，因此没有 Barr 小体。但性染色体组成为 XXY 的男性也可以有一个 Barr 小体。因此可以根据 Barr 小体的有无来鉴定性别，根据 Barr 小体的数目来鉴定胎儿是否性别畸形（图 24-1）。

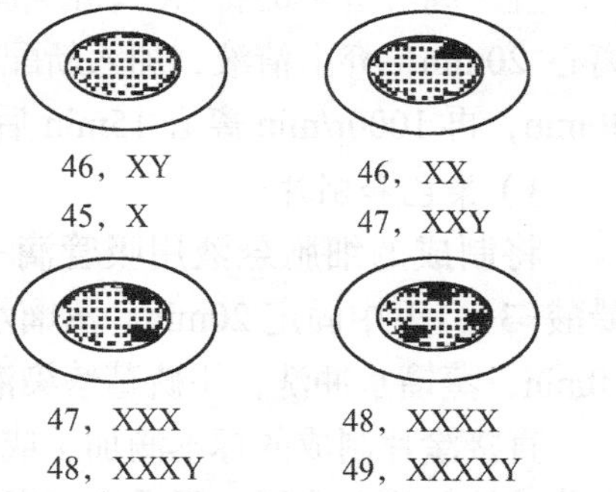

图 24-1　人体细胞中 Barr 小体的数目

Y 小体是细胞中经荧光染料染色后显示强烈荧光的小体，这种小体是人类男性体细胞中 Y 染色体的长臂末端显现出的明亮小体，因此被称为 Y 小体或 Y 染色质。人们可以根据 Y 小体的有无来鉴定胎儿的性别和性别畸形。

【实验材料】

口腔黏膜细胞（男、女）、干净新鲜尿液（女性）、男性精液、发根细胞（女性）、羊水脱屑细胞等。

【实验器具】

普通显微镜、荧光显微镜、恒温水浴锅、离心机、离心管、荧光灯、温箱、载玻片、盖玻片、镊子、牙签、橡胶水、玻璃棒、滤纸、纱布、烧杯、量筒等。

【实验试剂】

蒸馏水、固定液（甲醇：冰醋酸=3：1）、（95%乙醇：乙醚=1：1）、HCl（5mol/L、1mol/L）、75%乙醇、45%乙酸、硫堇紫染液、乳酸地衣红染液、醋酸地衣红染液、盐酸阿的平、Mallvaine 氏缓冲液（pH5.5～8.4）、石蜡等。

【实验步骤】

1. Barr 小体观察

1）取材

口腔黏膜细胞：让受检者用水漱口数次，尽可能除去细菌及杂物，用洁净无菌的牙签从女性口腔两侧颊部刮取黏膜，在原位刮取 2 或 3 次，第一次的刮取物弃去，将第二次、第三次的刮取物分别涂在干净载玻片上或者将刮取物装入盛有生理盐水的离心管内。

尿中的脱屑细胞：用干净容器接取尿液，然后移入离心管。

羊水脱屑细胞：按妇科常规穿刺抽取羊水 5～10mL（一般先抽的 2～3mL 弃去，以免误染母体细胞）移入离心管。

发根细胞：拔取女性带有毛囊的头发（约 2cm 长），置于载玻片上。

2）固定

置于载玻片上的材料待干后滴加固定液（95%乙醇：乙醚=1：1，或乙醇）固定 1h 左右，空气中干燥。

置于离心管中的材料（口腔黏膜细胞、尿中的脱屑细胞、羊水的脱屑细胞），首先 2000r/min 离心 20min，弃上清液，加入新配制的固定液（甲醇：冰醋酸=3：1）混匀后在 37℃下静置 30min，再 1000r/min 离心 15min 后弃上清液，加入 1mL 的固定液，充分混匀制成细胞悬液。

3）染色和制片

将制成的细胞悬液用吸管滴一滴于预冷的载玻片上，晾干后置于固定液（甲醇：冰醋酸=3：1）中固定 20min，蒸馏水中漂洗 2～3min，然后用 1mol/L HCl 在 37℃水浴中水解 20min，蒸馏水冲洗，用硫堇紫染液染色 20min，蒸馏水漂洗晾干待镜检。

直接涂片制成的标本滴加 1 或 2 滴乳酸地衣红在室温下染色 20～30min（勿使干燥），加上盖玻片，垫上滤纸，用手指轻度加压后进行镜检，若不立即镜检，待干后立即放入 95%乙醇中 30min 以上，取出后编号，置冰箱中保存。

发根细胞的染色可直接将材料上加一滴醋酸地衣红染液，拔掉毛囊、弃发干，再加一滴染液后盖上盖玻片，然后用文火微热，静置 5min 后盖一滤纸压片。或者在材料上滴一滴 45%

乙酸（或 5mol/L HCl）解离 5min 后吸掉多余乙酸，用干净针头或镊子将软化的毛囊剥下，去毛干，用针头将剥下的组织均匀分散，待干后将玻片放入硫堇紫染液内染色 20min。取出玻片移入 75%乙醇 0.5min，轻轻摇动，然后取出玻片晾干待镜检。

4）镜检

在低倍显微镜下计算 100 个核膜完全、细胞不重叠、无核固缩的细胞。细胞堆中的细胞不能计算，不规则的细胞不能计算，在高倍镜或油镜下进一步观察。

2. Y 小体观察

1）取材

口腔黏膜细胞：与 X 小体观察取材方法相同。

精液细胞：取年龄为 33～40 岁的正常男人的新鲜精液，直接涂布于干净的载玻片上。

2）固定

将新鲜的正常男性口腔黏膜细胞涂片放入固定液（乙醇：乙醚=1：1）内固定 15min～12h（可达几周），后将标本移入 95%乙醇内 30min。

晾干后的精液细胞涂片，放入固定液（甲醇：冰醋酸=3：1）中静置 30min 后，空气干燥。

3）染色、制片

用 0.5%的盐酸阿的平水溶液染色 10～15min，用自来水冲洗 1min；在标本上加 1 或 2 滴 Mallvaine 氏缓冲液（pH5.5～8.4），覆以盖玻片，用橡胶水或蜡封片。

4）观察

用荧光显微镜检查，先用低倍镜，再用高倍油镜观察，整个细胞发出荧光者不用观察。

【实验结果】

显微镜下可看到 Barr 小体的形态表现为一结构致密的浓染小体，轮廓清楚，大约 1μm，附着于核膜边缘或靠近内侧，其形态有微凸形、三角形、卵形（图 24-2）。正常女性间期细胞核中 Barr 小体的比例为 30%～50%（由于口腔黏膜涂片比其他类型的标本更难看到细胞核，因此在口腔黏膜涂片中凡不处于边缘的 Barr 小体不予计数，Barr 小体为 30%～50%）。

用荧光显微镜观察可看到细胞核中有发亮的荧光小体，直径为 0.3～0.5μm，正常情况下，Y 小体的显现率 25%～50%，正常女性无。性异常患者，如核型为 47，XYY 染色体的个体可见两个 Y 小体。

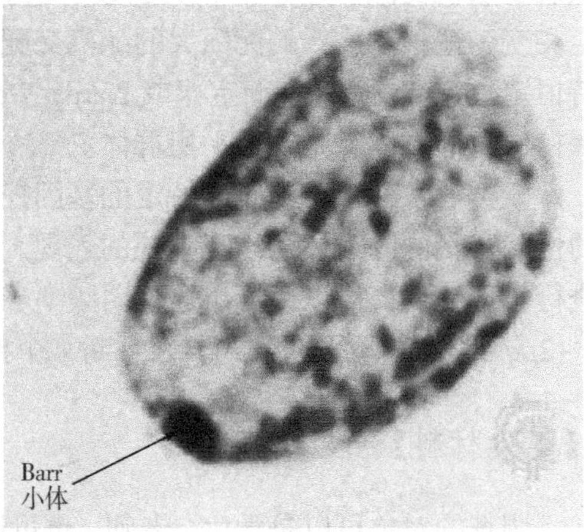

图 24-2 正常女性体细胞中 Barr 小体形态和位置

【实验作业】

1. 统计显示 Barr 小体细胞的频率，绘 4 或 5 个典型细胞图像，示 Barr 小体的形态部位。
2. 统计显示 Y 小体细胞的频率。

实验 25

人体常见性状的调查与遗传分析

【实验目的】

1. 了解和掌握人类常见性状的调查方法和遗传分析方法。
2. 掌握人类群体中基因频率、基因型频率的估算方法。
3. 理解群体遗传平衡的意义和条件。

【实验原理】

1875 年英国人类遗传学家 F.Galton 对人类的性状进行了深入研究，首创用双生子法来研究遗传与环境的关系，奠定了人类遗传学研究的基础。在有性生殖的生物中，一种性别的任何一个个体都有同样的机会跟相反性别个体进行交配的有性生殖结合方式称为随机交配。人类群体的婚配，虽然受国籍、信仰、财富、家庭等多方面的影响，但整个人类群体的婚配仍然属于随机交配。1908 年，英国数学家 G.Hardy 和德国医生 W.Weinberg 证明：在一个不发生突变、迁移和选择的无限大的随机交配群体中，基因频率和基因型频率在世代繁衍中将保持恒定。这就是遗传平衡定律或 Hardy-Weinberg 定律。基因频率和基因型频率在世代繁衍中保持恒定的群体就是遗传平衡群体。

人类的各种性状都是由特定的基因控制形成的。由于每个人的遗传基础不同，某一特殊的性状在不同的人体会出现不同的表现。通过一个特定人群的某一性状的调查，将调查材料进行整理分析，可以计算出该基因频率、基因型频率。根据基因频率、基因型频率是否符合 $p^2+2pq+q^2=1$ 遗传平衡公式，来判断某个群体是否为平衡群体。

【实验材料】

调查的对象可以是学生、老师，也可以是自己家乡的亲属等。调查中要注意礼貌、安全、卫生；调查分析他人的性状时，要取得对方的同意，并尊重每个人的隐私权。

【实验器具】

放大镜、笔记本、记号笔等。

【实验步骤】

1. 人类 ABO 血型调查与分析

人类 ABO 血型是人体的一种遗传性状，它受一组复等位基因（I^A、I^B、i）控制，I^A 是 i 的显性、I^B 是 i 的显性、I^A 与 I^B 间是共显性。人类群体中有 A 型、B 型、AB 型、O 型等四种血型。采取逐个询问的方式获取全校学生，或部分学生的血型资料。或直接从学校医院里获取全校学生、老师的血型资料，有关数据填入表 25-1。

表 25-1　ABO 血型调查表

	男性人数	女性人数	总计
A 型血 B 型血 AB 型血 O 型血			

根据表 25-1 中的数据分别计算各种血型在男性中的表型频率、女性中的表型频率、在所有被调查人员中的表型频率。

根据各种表型频率，根据人类 ABO 血型遗传的平衡公式：$p^2+q^2+r^2+2pq+2pr+2qr=1$，推导计算出每个基因的基因频率，计算出基因型频率。分析所调查的群体是否为一个平衡群体。

2. 卷舌性状的调查与分析

人类舌头的卷舌（tongue rolling）与非卷舌为一对相对性状，受一对等位基因 T 和 t 的控制。卷舌为显性性状，非卷舌为隐性性状。调查时要求被调查人员将嘴巴半张，舌的两侧在口腔中向上卷成筒状，然后伸出嘴巴 30～50mm，即为卷舌（图 25-1a）。虽然用力卷舌也不能将舌头卷起来的即为非卷舌（图 25-1b）。调查对象越多越好，至少不能少于 1000 人。

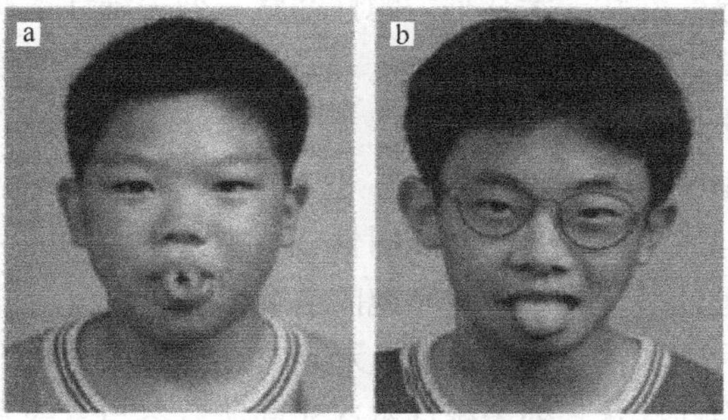

图 25-1　人类卷舌与非卷舌图像

根据调查的结果，计算卷舌、非卷舌的表型频率。推算基因频率。推算各种基因型的频率。根据遗传平衡公式 $p^2+2pq+q^2=1$，检验所调查群体是否为平衡群体。

3. 眼睑性状的调查与分析

人的眼睑分上睑和下睑，我国正常人眼睑的上睑有两种形态，有的人上睑有一条与睑缘平行的皮肤皱襞，称作双重睑，俗称双眼皮（图 25-2a、c）；有的人上睑没有皱襞，而是皮肤下垂睑缘，称作上睑赘皮（superior epiblepharon），又称作单重睑，俗称单眼皮（图 25-2b、 d）。人类眼睛的双眼皮与单眼皮是一对相对性状，控制该性状的基因位于常染色体上，20 世纪 80 年代，国外有资料证明双眼皮为显性性状，单眼皮为隐性性状。

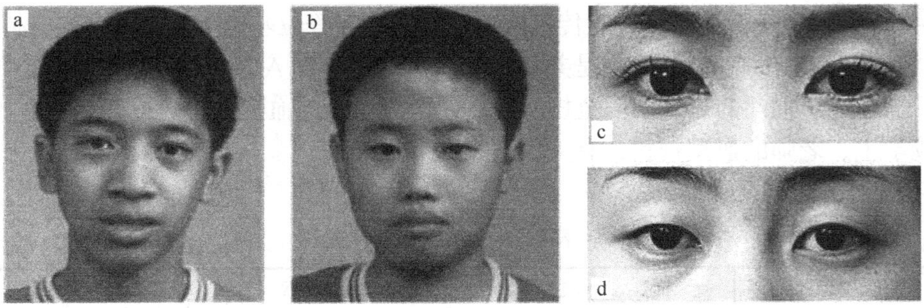

图 25-2　人类双眼皮与单眼皮图像

在我国单眼皮的人为数众多，被看作一种正常性状。而在国外白种人中单眼皮的人稀少，单眼皮被看作一种不正常的现象。关于人类眼睑性状的遗传性质和遗传规律，目前尚有争议，这更加需要人们积累资料，获得大量数据来说明这一问题。

肉眼观察 1000 个年轻学生眼睛上睑的形态，认真做好记录。其中最好选 500 个男生、500 个女生。调查统计时要注意选取的调查对象年龄，最好在 20 岁以下，且身体健康无病的。因为，有的人年轻时，或者身体发福较胖时为单眼皮，到了中年或老年，或者有病身体消瘦时也会临时或长久转变成双眼皮。

统计单眼皮、双眼皮的人数，计算表型频率，推导出基因频率、基因型频率。根据遗传平衡公式 $p^2+2pq+q^2=1$，检验所调查群体是否为平衡群体。

4. 耳垂性状的调查与分析

人类有耳垂与无耳垂为一对相对性状。有的个体的耳朵可明显看到耳垂较大，为有耳垂（图 25-3a）；有的个体可看到耳垂较小，为无耳垂（图 25-3b）。该性状受常染色体上一对等位基因控制，有耳垂为显性性状，无耳垂为隐性性状。列表统计本次实验所有参与者的耳垂性状测试结果，计算表型频率，推算基因频率、基因型频率，根据遗传平衡公式 $p^2+2pq+q^2=1$，检验所调查群体是否为平衡群体。

5. 额前发际性状的调查与分析

人类发际有美人尖与无美人尖是一对相对性状，由常染色体上一对等位基因控制。有些人在前额正中发际向下延伸呈峰形，即明显地向前突出，形成 V 字形发际，俗称美人尖（图 25-4a）。有些人前额发际基本上属于平线，即无美人尖（图 25-4b）。有资料显示有美人尖为显性性状，无美人尖为隐性性状。列表统计本次实验所有参与者的发际性状观察结果，计算表型频率，推算基因频率、基因型频率，根据遗传平衡公式 $p^2+2pq+q^2=1$，检验所调查群体是否为平衡群体。

6. 拇指端关节外展调查与分析

人群中有的人拇指的最后一节能外展向挠侧与拇指垂直轴线呈 60°角，有的人拇指只能垂直，不能外展向背面弯曲（图 25-5）。这是一对相对性状，不能外展为显性性状，能外展为隐性性状。列表统计本次实验所有参与者的拇指外展观察结果，计算表型频率，推算基因频率、基因型频率，根据遗传平衡公式 $p^2+2pq+q^2=1$，检验所调查群体是否为平衡群体。

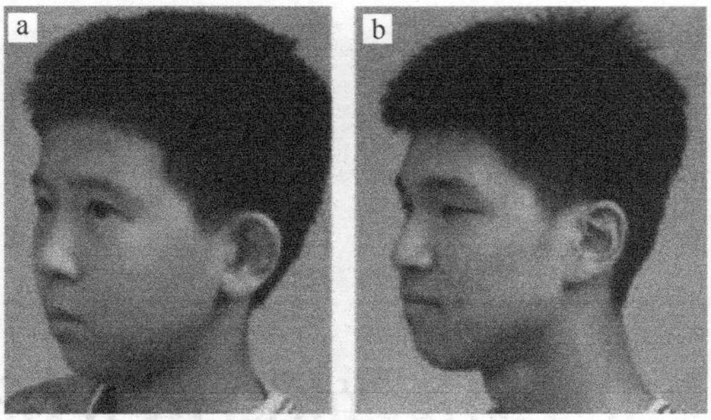

图 25-3 人类有耳垂与无耳垂图像

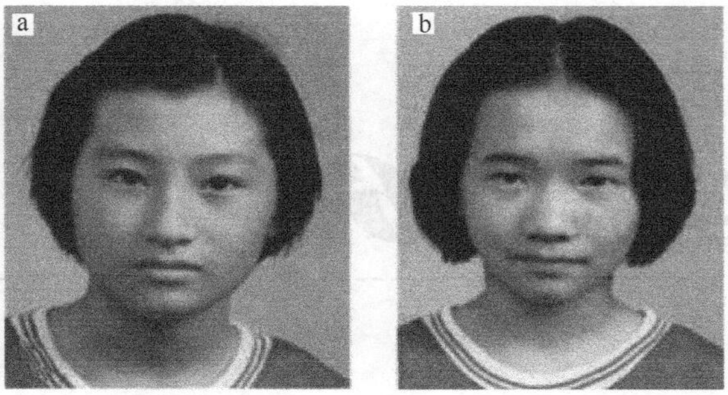

图 25-4 有美人尖与无美人尖图像

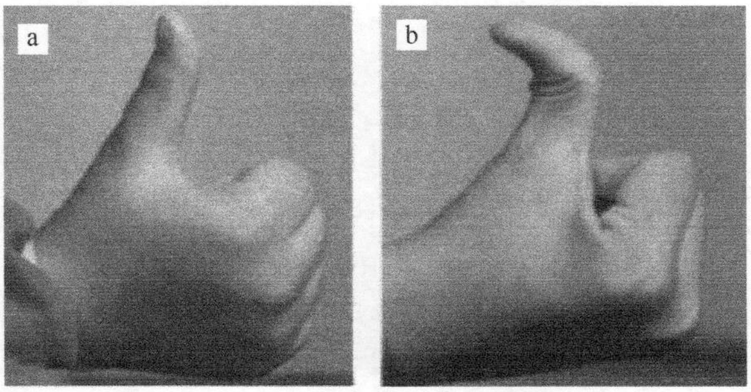

图 25-5 拇指端关节外展图像

【实验结果】

对观察数据的统计和计算，检验群体对某一性状是否为平衡群体。如果检验的结果不属于平衡群体时，要认真分析原因，看统计数字、计算过程是否有错误。统计的群体是否有点小等。

有些性状究竟哪一种是显性性状，哪一种是隐性性状，目前还有争论，调查时更需要认真，尽可能让调查的群体大一些。

【实验作业】

1. 每个学生可以根据情况，挑选 3 或 4 对相对性状进行调查。

2. 可以以某年级学生为一个群体进行调查分析，再以一个学院学生为一个群体进行调查分析，最后以全校学生为一个群体进行调查分析。将分析结果进行比较。

实验 26

人类指纹的遗传分析

【实验目的】

1. 了解指纹遗传的特点及规律。
2. 掌握人类指纹分析的方法。

【实验原理】

指纹（finger print）是人类在胚胎发育第 13～19 周形成的，在人类的手指的皮肤表面，分布着许多凸起的嵴纹及两条嵴纹之间凹陷的沟纹。1880 年苏格兰医生 Henry Faulds、1883 年英国遗传学家 Francis Galton 都对人类的指纹进行过深入研究，创立了用指纹鉴定身份的方法，Henry Faulds 还把人类的指纹分为弓形纹、箕形纹、斗形纹及混合型 4 种类型，每种类型又分为几种亚类型，每个人都有自己特殊的指纹。遗传学研究认为，人类的指纹是由多基因控制，胎儿期间形成的指纹在出生后，不管年龄多大、环境如何变化、生活多么富裕或艰辛，指纹的形态、位置、相互关系等特征不会发生变化。目前，指纹仍然是嫌犯确认、亲子鉴定、遗传缺陷分析等重要的遗传学标记之一。在一些合同条款上的按下的指纹，具有与自己签名同样的法律效力。

【实验器具】

放大镜、印台、印油、印棉、白纸、直尺、铅笔、量角器等。

【实验试剂】

2.5%亚铁氰化钾溶液、2%三氯化铁溶液。

【实验步骤】

将双手洗净擦干，把全手掌在印台上均匀涂抹上印油，五指分开按在白纸上。具体方法如下。

1. 获取指纹的方法

1）印油或油墨印取法

（1）将红色印油适量地倒入印台内的海绵垫上，涂抹均匀。把白纸平铺于桌上。

（2）受检者洗净双手，擦干后将手指按在海绵垫上，使指面获得均匀的印油。

（3）先将掌腕线轻轻接触白纸，5 个手指自然充分分开，轻轻按在白纸上，然后手掌下压，适当用力，获取 5 个指纹。先左手后右手。注意不可加压过重，不可移动手掌和白纸，以免使指纹重叠或模糊不清。

2）普鲁士蓝反应印取法

（1）先将白纸用 2.5%亚铁氰化钾溶液浸湿，晾干，印棉用 2.5%三氯化铁溶液浸湿。

（2）受检者洗干净双手，擦干，然后用印棉涂手。注意涂抹要均匀，既不能过湿，也不能太干。

（3）用上面同样的方法，迅速印在已经用 2.5%亚铁氰化钾溶液浸湿的白纸上，印纸上立即显示出蓝色指纹（亚铁氰化钾可与三氯化铁反应生成普鲁士蓝）。

2. 指纹的分析

1）弓形纹（arch，A）

纹线由手指的一侧走向另一侧，中部隆起呈弓形。纹理彼此平行无三叉点（纹线呈三方走向，其中心点称为三叉点，又称三辐点或三角点）。弓形纹又分为简单弓形纹（simple arch，A^S）和帐幕状弓形纹（tented arch，A^T）两种亚型。前者由若干平行的弧形嵴线构成，无三叉点；后者嵴线中部弯曲较大，呈帐篷状，见图 26-1。中国人群中弓形纹占 2.5%。

图 26-1 人类指纹类型图像

2）箕形纹（loop，L）

箕形纹俗称簸箕。因嵴纹由指尖一侧发出，斜向上弯曲后中途折回原侧，形似簸箕而起名。在箕头的下方有一个三叉点。按箕形开口的方向分为尺箕和桡箕。前者又被称为正箕，箕口朝向本手小指侧，即尺骨方向；后者又称反箕，箕口朝向本手拇指一侧，见图 26-1。中国人群中箕形纹占 47.5%。

在正常人的指纹中，桡箕一般少见，尤其不出现于第四指上。若见到较多的桡箕，特别是在第四、第五指上时，则提示可能有遗传学上的异常。

3）斗形纹（whorl，W）

斗形纹又称涡形纹，由几条环形或螺线形的嵴纹绕着一个中心点组成，一般有两个三叉点，分别位于尺侧和桡侧，见图 26-1。根据构成斗形纹的纹的形态，又可将斗形纹分成同心斗形纹、螺旋斗形纹、双箕斗形纹等类型，见表 26-1。此外，还有其他各种变异斗形纹。中国人群中斗形纹占 50%。

表 26-1　斗形纹的几种类型

<table>
<tr><th>分类</th><th colspan="2">特点</th><th>图示</th></tr>
<tr><td>同心斗形纹
（circular whorl，W^{c}）</td><td colspan="2">嵴线呈同心圆状</td><td></td></tr>
<tr><td>螺旋斗形纹
（spiral whorl，W^{g}）</td><td colspan="2">嵴线呈螺旋形走向</td><td></td></tr>
<tr><td rowspan="2">双箕斗形纹
（double loop whorl，W^{DL}）</td><td rowspan="2">由两上箕形纹
互相绞结而成</td><td>同侧双斗
左侧下方有 1 个三叉点</td><td></td></tr>
<tr><td>反向双斗
右侧下方有 1 个三叉点</td><td></td></tr>
</table>

4）混合型

由以上三种指纹中的两种混合而成，如箕、斗混合，箕、箕并列等。此指纹形状奇特，无法归类，在总指嵴数的记数中不进行统计。

指纹分布频率因人种而异，其中东方人多尺箕和斗形纹，弓形纹和挠箕较少。此外还存在性别差异，女性较男性多弓形纹，斗形纹略少。

3. 嵴纹计数和总指嵴数

指纹中凡有三组不同走向的嵴纹汇聚的区域称为三叉点（tritadius），用铅笔从箕形纹或斗形纹的纹心到三叉点的中心绘一直线，计算直线通过的嵴纹数目，称为嵴纹数。方法如下：弓形纹因没有纹心和三叉点，故嵴纹数为零；箕形纹按上述方法计数，注意连线起止点处的嵴纹数不计在内；斗形纹因有两个三叉点，须计数两次，并按较大的数计。双箕斗先分别计算两纹心与各自的三叉点连线所通过的嵴纹数，再计算两纹心连线所通过的嵴纹数，然后将三者之和除以 2，即为该指纹的嵴纹数。

将十指的嵴纹数相加所得之和即为总指嵴数（TFRC）。我国正常人斗形纹较多，故 TFRC 较高。欧美人斗形纹较少，TFRC 较低。我国汉族男性 TFRC 值平均为 148.80 条，女性平均为 138.46 条。另外，TFRC 有随 X 染色体增多而有递减的趋向。

【实验结果】

观察统计数据填入表 26-2 中，对于有些不好区分的指纹类型，可查阅有关指纹学的专业书籍和资料。

表 26-2 ×××（姓名）指纹分析表

左手	拇指	食指	中指	无名指	小指
指纹图					
指纹类型					
嵴纹数					
左手总指嵴数：					
右手	拇指	食指	中指	无名指	小指
指纹图					
指纹类型					
嵴纹数					
右手总指嵴数：					
十指总指嵴数：					

【实验作业】

1. 统计 300～500 人，计算出各种类型指纹在群体中出现的频率。计算出平均总指嵴数。
2. 建议将与本人有血缘关系的亲属的指纹进行统计，对指纹性状的遗传规律进行研究。

实验 27

群体遗传平衡分析和基因频率估算（PTC 尝味）

【实验目的】

1. 通过对 PTC 味盲基因频率的分析，了解基因在群体水平上的传递规律。
2. 进一步理解遗传平衡定律，掌握检验人类平衡群体的方法。

【实验原理】

苯硫脲（PTC）是一种人工合成化合物，不同的人对其溶液的苦味有不同的尝味能力。这种尝味能力是由一对等位基因（*T* 和 *t*）所决定的遗传性状，其中 *T* 对 *t* 为不完全显性。正常尝味者的基因型为 *TT*，能尝出 1/750 000～1/6 000 000mol/L 的 PTC 溶液的苦味；具有 *Tt* 基因型的人尝味能力较低，只能尝出 1/48 000～1/380 000mol/L 的 PTC 溶液的苦味；而基因型为 *tt* 的人只能尝出 1/24 000mol/L 以上浓度 PTC 溶液的苦味。个别人甚至对 PTC 的结晶也尝不出苦味来，这一类个体在遗传学上称为 PTC 味盲。

【实验试剂】

称取 PTC 结晶 1.3g，加蒸馏水 1000mL，置室温下 1～2d 即可完全溶解。期间应不断摇晃以加快溶解过程。由此配成的溶液浓度为 1/750mol/L，称为原液，也就是 1 号液。2～14 号溶液均由上一号液倍比稀释而制成，具体配制方法见表 27-1。

【实验步骤】

1. 测试品尝

让受试者坐于椅子上，仰头张口。用滴管滴 5～10 滴 14 号液于受试者舌根部，让受试者徐徐咽下品味，然后用蒸馏水做同样的试验。询问受试者能否鉴别此两种溶液的味道。若不能鉴别或鉴别不准，则依次用 13 号、12 号溶液重复试验。直至能明确鉴别出 PTC 的苦味为止。

2. 确定基因型

当受试者鉴别出来某一号溶液时，应当用此号溶液重复尝味三次，三次结果相同时，才可以确定受试者的表型和基因型。测定时，应将 PTC 溶液与蒸馏水反复交替给受试者，以免由于受试者的猜想及其他心理作用而影响结果的准确性。

当遇到有的受试者处于临界值位置时，例如，品尝能力在 6 号、7 号溶液间时，处于 10 号、11 号溶液间时，更要反复测试，以确定受试者准确的基因型。

表 27-1 PTC 溶液的配制方法、浓度和基因型

编号	配制方法	浓度/（mol/L）	基因型
1	1.3g PTC+蒸馏水 1000mL	1/750	*tt*
2	1 号液 100mL+蒸馏水 100mL	1/1 500	*tt*
3	2 号液 100mL+蒸馏水 100mL	1/3 000	*tt*
4	3 号液 100mL+蒸馏水 100mL	1/6 000	*tt*
5	4 号液 100mL+蒸馏水 100mL	1/12 000	*tt*
6	5 号液 100mL+蒸馏水 100mL	1/24 000	*tt*
7	6 号液 100mL+蒸馏水 100mL	1/48 000	*Tt*
8	7 号液 100mL+蒸馏水 100mL	1/96 000	*Tt*
9	8 号液 100mL+蒸馏水 100mL	1/192 000	*Tt*
10	9 号液 100mL+蒸馏水 100mL	1/380 000	*Tt*
11	10 号液 100mL+蒸馏水 100mL	1/750 000	*TT*
12	11 号液 100mL+蒸馏水 100mL	1/1 500 000	*TT*
13	12 号液 100mL+蒸馏水 100mL	1/3 000 000	*TT*
14	13 号液 100mL+蒸馏水 100mL	1/6 000 000	*TT*
15	蒸馏水		

【实验结果】

tt 基因型的阈值范围为 1～6 号液；*Tt* 基因型的阈值范围为 7～10 号液；*TT* 基因型的阈值范围为 11～14 号液。根据受试者最初觉察苦味溶液的编号，确定受试者的基因型。如果得到以下测试结果，分析处理方法如下：

基因型	*TT*	*Tt*	*tt*
个体数	10	17	5

T 和 *t* 基因频率计算：

$$T\text{的基因频率 } p=\frac{2\times TT\text{数}+Tt\text{数}}{2\times\text{个体总数}}=\frac{2\times10+17}{2\times32}=0.578$$

$$t\text{的基因频率 } q=\frac{Tt\text{数}+2\times tt\text{数}}{2\times\text{个体总数}}=\frac{17+2\times5}{2\times32}=0.422$$

平衡群体的确定：假定这是一个平衡群体。平衡群体中上下代之间基因频率，基因型频率保持不变。所以可以用基因频率来推算各种基因型频率的理论预期值，与实际测定结果进行 χ^2 检验，即可判定该群体是否为平衡群体。

基因型	TT	Tt	tt	合计
实测值	10	17	5	32
理论预期比	p^2	$2pq$	q^2	1
理论预期值（e）	10.69	15.61	5.70	32
差值（d）	0.69	1.39	0.7	
$\frac{d^2}{e}$	0.0445	0.1238	0.0860	0.2543

χ^2=0.2543，自由度=n−1，查 χ^2 表可知，0.90>p>0.80，差异不显著，所以该群体为平衡群体。

【实验作业】

1. 根据一个实验班的测定结果，求出基因 T 和 t 的频率。

2. χ^2 检验法确定实验班这个群体是否为平衡群体。如果不是平衡群体，可能的原因会有哪些?

实验 28

人类染色体荧光原位杂交技术（FISH）

【实验目的】

1. 学习染色体荧光原位杂交（fluorescence *in situ* hybridization，FISH）的操作方法，掌握荧光显微镜的使用方法。
2. 了解染色体荧光原位杂交分析技术的原理和应用价值。

【实验原理】

FISH 技术是一种重要的非放射性原位杂交技术，其基础是 Southern 印迹原理，是利用被检测的染色体上的靶 DNA 与所用的核酸探针（probe）间的序列同源互补性，经“变性→退火→复性”，形成靶 DNA 与核酸探针的杂交体（图 28-1）。以半抗原如生物素、地高辛间接标记或以荧光素直接标记的已知核酸分子为探针，探针和靶序列双链 DNA 变性后，按照碱基互补配对原则，互补的异源单链 DNA 分子在适宜的温度和离子强度下退火形成稳定的异源双链 DNA，通过荧光标记的亲和素或抗地高辛抗体将半抗原显示出来，最后经荧光显微镜对靶 DNA 进行定性、定量或相对定位分析。由于 DNA 分子在染色体上是沿着染色体纵轴呈线性排列，因而可以将探针直接与染色体进行杂交，从而将特定的目的基因或特异的 DNA 分子片段定位在染色体上的某一部位。杂交及洗脱后，对于直接使用荧光标记的探针，无需进行后续操作，可直接进行荧光显微镜观察。而对于半抗原标记的探针，则需添加相应的抗体检测（亲和素实际上不是抗体，为表述方便，以下统称抗体），如亲和素、地高辛抗体等。抗体采用荧光基团标记，荧光基团可以在激发光的照射下发射出波长较长的荧光（发射光）。

20 世纪 90 年代，FISH 技术得到进一步发展，以单色荧光技术为基础，又形成了多色荧光技术，可以根据研究工作的需要，在同一张染色体玻片标本上显示一种荧光或两种荧光甚至多种荧光，同时进行多个目的基因或目的片段的定位，如图 28-2、图 28-3。还可以把人类的每一号染色体染成不同的荧光色素，如图 28-4。目前，FISH 技术已经广泛应用于基因的染色体定位作图、特异 DNA 片段的定位、染色体数目与结构异常的检测、肿瘤细胞的鉴定等多个方面。

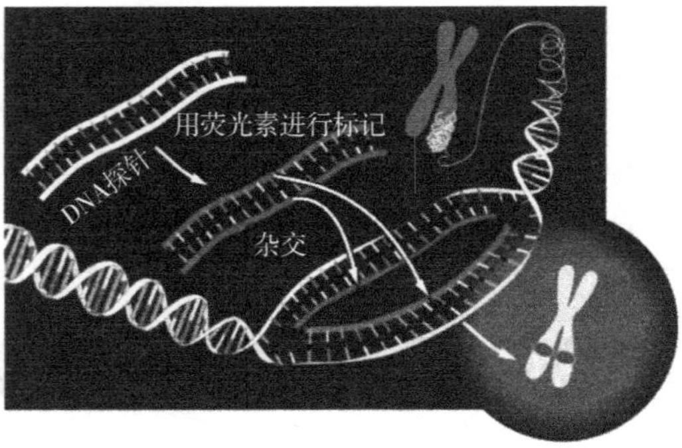

图 28-1　染色体荧光原位杂交原理示意图

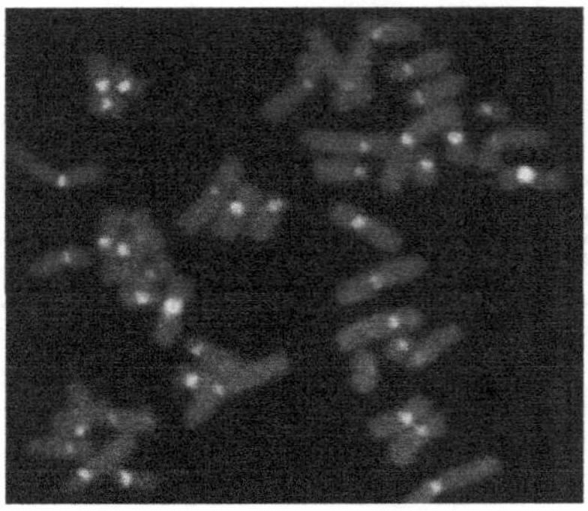

图 28-2　染色体单色荧光原位杂交

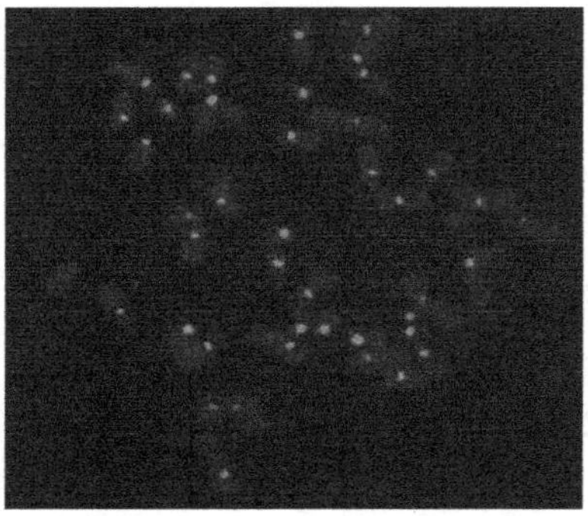

图 28-3　染色体双色荧光原位杂交

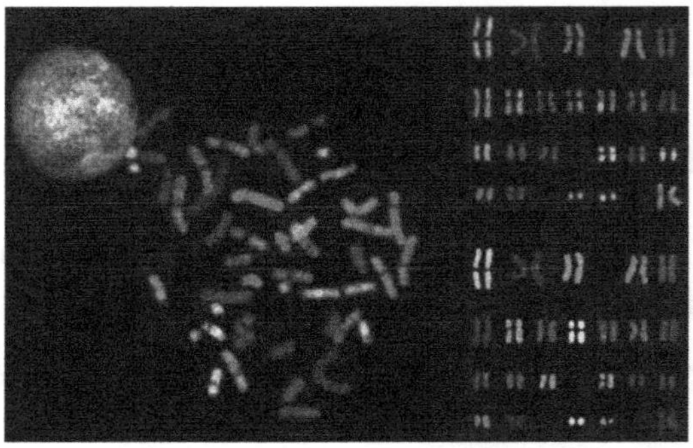

图 28-4　染色体多色荧光原位杂交

【实验材料】

制备好的人类细胞中期染色体玻片标本。目的基因探针。

人端粒酶逆转录酶基因（hTERT）：上游引物 5′-TGACACCTCACCTCACCCAC-3′；下游引物 5′-CACTGTCTTCCGCAAGTTCAC -3′、人类细胞中期染色体标本。

【实验器具】

普通显微镜、Nikon E-400 荧光显微镜、PCR 仪、微量移液器、烤箱、电泳仪、恒温水浴锅、培养箱、低温冰箱、紫外透照仪、染色缸、锡箔纸、载玻片、盖玻片、封口膜、暗盒等。

【实验试剂】

指甲油、甲酰胺、吐温 20、10×Buffer、DNA 聚合酶、Biotin-11-dUTP、dNTP、氯化锂溶液、TE 缓冲液、鲑精 DNA、乙酸钠、100%乙醇、AP7.5 缓冲液等。

【实验步骤】

1. 生物素标记探针（PCR 法标记探针）

1）PCR 反应体系和反应条件

2μL 10×Buffer，2μL Biotin-11-dUTP（0.5mmol/L），2μL dNTP（2mmol/L），2μL Mg^{2+}（25mmol//L），0.2U *Taq* DNA 聚合酶，目的基因上下游引物各 1μL（10mmol/L），模板 DNA

0.1～2μg。94℃预变性 3min，进入循环扩增阶段：94℃、15s→58℃、15s→72℃、30s，循环 35 次，最后 72℃延伸 5min。

2）凝胶电泳检测探针分子的长度

取 10μL 反应混合物，加入凝胶上样缓冲液，上样到 1%～2%的琼脂糖微型凝胶中，并以适当大小的标准品作为对照，以 50V/cm 电泳 3min，在紫外透照仪观察。

3）大量制备探针并纯化

（1）将 PCR 标记的 6 管反应液（共 120μL）合并加入同一离心管中。

（2）加 6μL 8mol/L 的氯化锂溶液，轻旋混匀。

（3）取三倍体积的无水冷乙醇，–20℃沉淀 2h 或–80℃沉淀 0.5h。

（4）4℃，13 000r/min 离心 15min，弃去上清液。

（5）冷的 70%乙醇清洗，约 1mL。

（6）4℃，13 000r/min 离心 5min，弃去上清液。

（7）室温避光晾干。

（8）加入 20μL 的无菌水溶解，–80℃冰箱保存。

2. 探针的检测——斑点印迹分析

1）点膜

将分装的 1μL 标准 DNA 稀释液和同法配制的 1μL 待测 DNA 稀释液点于硝酸纤维素膜上，然后将硝酸纤维素膜置 80℃真空烤箱内 1h。

2）漂洗

室温下，用 AP7.5 缓冲液漂洗硝酸纤维素膜 1min。

3）温育

将硝酸纤维素膜密封于含 10m L 封闭液的塑料袋中，置 37℃温育 30min。

4）链亲和素-碱性磷酸酶交联物

打开塑料袋的一端，弃去封闭液，加入新鲜配制的链亲和素-碱性磷酸酶交联物溶液，重封塑料袋口，置 37℃温育 30min。

5）漂洗

从塑料袋中取出硝酸纤维膜，用 AP7.5 缓冲液漂洗（室温下两次各 5min），再用 AP9.5 缓冲液漂洗（室温下 10min）。

6）显影

将硝酸纤维素膜重封于含显影液的塑料袋中[33μL 硝基蓝四唑（NBT）溶于 10mL AP9.5 缓冲液中]。小心混匀后（不可漩涡混匀！）加入 25μL 5-溴-4-氯-3 吲哚基-磷酸盐（BCIP），再次轻轻混匀反应液，在 37℃温育直至显影达满意程度，一般 15～60min。

7）终止反应

从塑料袋中移去硝酸纤维膜，用 TE 缓冲液终止显色反应。

8）分析结果

空气干燥后对探针进行评估分析，把测试组和对照组 DNA 的颜色密度进行比较。理想的杂交结果为，最低稀释度信号应当是可见的。

3. 染色体玻片标本的制备

参见实验 21 人类染色体玻片标本的制备。

4. 探针变性

1）混合液制备

混合 20～60ng 单拷贝 DNA 和 3～5μg 经剪切的鲑精 DNA（作为载体）。如果反应后体积少于 10μ L，可冻干；若体积较大，可加入 1/20 体积的 3mol/L 乙酸钠和 2 倍体积 100%乙醇使 DNA 沉淀。混匀并置−70℃ 30min。在 4℃用 Eppendorf 离心机以 12 000r/min 离心 10min，弃上清，沉淀物以 500μL 70%乙醇漂洗后再离心（4℃，12 000r/min，10min），弃上清并冻干。

2）降低 T_m 值

将冻干的 DNA 重悬于 5μL 去离子的甲酰胺中，于室温漩涡混匀数分钟，以适当降低 DNA 的解链温度，防止高温对其的影响。

3）变性

加 5μL 杂交缓冲液，漩涡混匀 5～10min。在 80℃使 DNA 探针变性 3min，接着冰浴 5～10min，这时探针已可用于杂交。

5. 染色体上 DNA 变性

1）选取染色体玻片标本

选染色体分散良好的玻片标本。在玻片标本上选择合适的杂交区，用铅笔在玻片标本的另一面做记号。

2）孵育

变性前将玻片标本置 60℃烤箱孵育 3h。

3）固定

1%甲醛固定 10min。磷酸盐缓冲液（PBS）洗去甲醛，约 5min，室温干燥。

4）变性

70%甲酰胺处理玻片标本，72℃变性 3min。将玻片标本依次移入 70%、90%和 100%的乙醇（冰冷）中，各 5min。室温干燥，此玻片标本已可用于杂交。

6. 染色体原位杂交

1）杂交

将 10μL 含变性探针的杂交混合物加至玻片标本上的变性靶 DNA 上。

2）加盖玻片

置玻片标本于湿盒内，在杂交的液滴上小心地盖上盖玻片，不要滞留气泡。

3）温育

37℃温育过夜。

7. 洗脱和信号放大

1）去掉盖玻片

置玻片标本于预热至 42℃漂洗液 A（50%甲酰胺，2×SSC pH7.0）中，在水浴箱中振荡 10min 直至盖玻片脱落，更换漂洗液 A 两次，每次漂洗 5min。

2）漂洗

将载玻片移入预热（60℃）漂洗液 B（0.1×SSC～1×SSC pH7.0）中，漂洗三次，每次 5min。

3）封闭

将载玻片从 Coplin 广口瓶中取出，弃尽液体，加 200μL 封闭液，盖以 22mm×40mm 的盖玻片，置湿盒内，37℃温育约 1h。

4）加一抗（avidin-FITC）

移去盖玻片，除去过多的液体，加一抗（avidin-FITC），在37℃湿盒内温育30min。

注：后面的所有步骤均应避光进行（如外裹锡箔纸）。

5）漂洗

移去盖玻片，将载玻片移至漂洗液C（4×SSC，0.1% Tween 20 pH7.0）中，在42℃（振荡水浴箱）漂洗三次各5min。

6）复染

将载玻片置入含复染剂（如2×SSC，200ng/mL DAPI）中，室温振荡20min。

7）漂洗

将载玻片移至漂洗液D（2×SSC，0.05% Tween 20）中，室温中温育1～2min。

8）保存

取出玻片标本，加20～30μL防褪色液并盖以22mm×40mm的盖玻片，置玻片标本于合适的盒内，以便4℃长期保存。

8. 荧光检测

在可见光下首先找到理想的细胞分裂中期染色体图像，打开荧光激发光源，选择FITC的激发波长为490nm。

【实验结果】

由于经FITC标记的探针所在位置发出绿色荧光，细胞、染色体被染成红色，见图28-5。

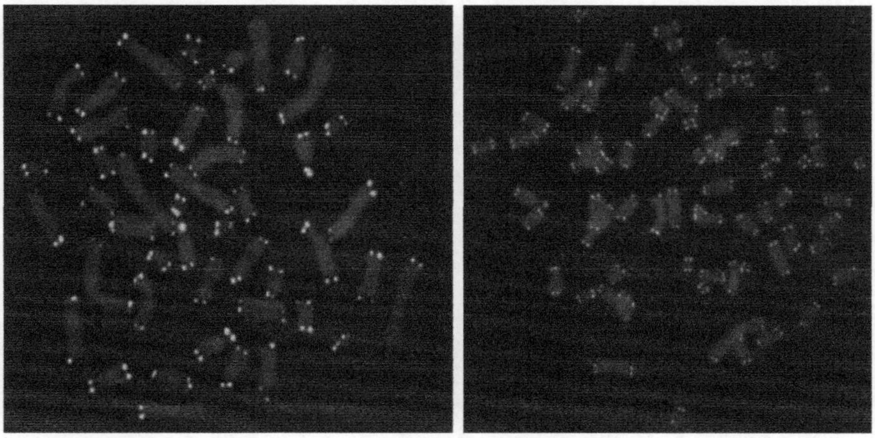

图28-5　染色体端粒原位杂交结果

【实验作业】

1. 绘制制备好的FISH图。
2. 总结荧光原位杂交实验的关键步骤。
3. 思考实验中会出现假阳性吗？为什么？

【注意事项】

1. 探针的浓度：探针浓度依其种类和实验要求略有不同，一般为0.5～5.0μg/mL（0.5～

5.0ng/μL）。最适宜的探针浓度要通过实验才能确定。

2. 探针的长度：一般应为 50～300 个碱基，最长不宜超过 400 个碱基。探针越短越易进入细胞，杂交效率就越高。

3. 杂交前不含探针的杂交缓冲液必须在杂交温度下提前孵育 2h，以阻断玻片和标本中可能与探针产生非特异性结合的位点，达到降低背景的目的。

4. 探针变性后要立即进行杂交反应，不然解链的探针又会重新复性。

5. 在杂交液中必须加入牛血清白蛋白及载体 DNA 或 RNA 等，阻断探针与组织结构成分之间的非特异性结合，以降低背景。

实验 29

人类亲子关系鉴定

【实验目的】

1. 了解人类亲子鉴定的原理。
2. 学习人类亲子鉴定的方法。

【实验原理】

亲子鉴定是几千年来人们一直关注、关心的社会问题，它是通过人类的一些性状或一些遗传标记的检验与分析，来判断父母与子女的亲生关系。早期的滴血认亲鉴定、合血认亲鉴定都没有科学依据。后来的根据外貌认亲鉴定虽然有一定的科学道理，但准确率极低。20 世纪发展起来的红细胞血型系统、白细胞血型系统及染色体特征标记等鉴定技术也存在诸多弊病。而近期发展起来的 DNA 亲子鉴定技术，克服了以上几种技术方法的弊病，已经成为人类亲子关系鉴定的核心技术和方法，在实践中得到了普遍运用。

人类基因组 DNA 有 3×10^9bp，其中 10%是串联重复序列，称为卫星 DNA。按每个重复单位的长度可以分为小卫星 DNA 和微卫星 DNA。其中重复单位有 10～70nt 的称为小卫星 DNA，是人类亲子鉴定的第一代 DNA 指纹技术，由于小卫星 DNA 存在位置集中、拷贝数较少、多态性低、技术难度大等原因，没有得到广泛的运用和普及。而重复单位仅有 2～7nt 的称为微卫星 DNA，又称为短串联重复序列（short tandem repeat，STR），是人类亲子鉴定的第二代 DNA 指纹技术。其拷贝数多，在基因组分布广，多态性高，操作技术简单，目前，已经成为人类亲子鉴定及犯罪嫌疑人锁定的主要方法。

除同卵双胞胎以外，没有任何两个人具有完全相同的核苷酸序列，当然也没有相同的微卫星 DNA。人类基因组中 STR 位点（基因座）超过 10 000 个，实验室鉴定常使用的 STR 位点有：TH01、VW2、FA31、TPOX、CSFIPO、FIBRA、D3S1358、D7S820、D8S1179 和 D5S818 等。STR 技术具有非常高的非父排除率和个人识别概率，累计非父排除率为 99. 999%，在亲子鉴定中已达到很高的水平。

一般来说，人体的任何组织或分泌物都可以用来进行亲子关系鉴定。DNA 样品收集主要采用抽少量静脉血或者末梢血，或者收集口腔上皮细胞。此外，也可进行头发、精液或精液斑、男女排出物混合斑、烟蒂、口香糖、组织、血迹、胎儿茸毛、羊水、脐带血等特殊样本的 DNA 鉴定。其中，口腔黏膜检测方法采样无痛、安全并且卫生，收集样本而得出的实验结果的准确性和血液样本一样。

【实验材料】

待检测父亲、孩子的血液样本（待测人的口腔上皮细胞、头发、精液、精液斑、血迹等都可以作为实验材料）。

【实验器具】

PCR 扩增仪、多功能电泳槽、微量移液器等。

【实验试剂】

D7S820、D5S818 和 D3S1358 三个基因座引物（表 29-1）、*Taq* 酶、丙烯酰胺、双丙烯酰胺、10×PCR 缓冲液、dNTP 混合物、乙醇、冰醋酸、$AgNO_3$ 染色液、去离子水、NaOH、甲醛等。

表 29-1　三个基因座的基本参数和引物序列

基因座	染色体位置	大小/bp	引物序列
D7S820	7q11.21～22	204～228	5′-TGTCATAGTTTAGAACGAACTAACG-3′ 5′-CTGAGGTATCAAAAACTCAGAGC-3′
D5S818	5q21～q31	143～167	5′-GGGTGATTTTCCTCTTTGGT-3′ 5′-TGATTCCAATCATAGCCACA-3′
D3S1358	3p	118～146	5′-ACTGCAGTCCAATCTGGGT-3′ 5′-ATGAAATCAACAGAGGCTTG-3′

【实验步骤】

1. DNA 的提取

血液中基因组 DNA 的提取。参阅实验 41，动物 DNA 提取及纯化。

2. PCR 扩增

PCR 反应体系为：

10×PCR 缓冲液（含 $MgCl_2$）	1.0μL
dNTP 混合物（2.5mmol/L）	0.2μL（每种 dNTP 终浓度 0.2mmol/L）
Mg^{2+}（25mmol/L）	1.5μL
上游引物（10μmol/L）	0.2μL
下游引物（10μmol/L）	0.2μL
Taq 酶（3U/μL）	0.5μL
DNA 模板	1.0μL（10～100ng）
加灭菌水至终体积	10μL

PCR 反应条件为：94℃预变性 5min 后，进入循环扩增阶段，即变性→退火→延伸（如 94℃、30s→55℃、30s→72℃、60s），循环 25～35 次，最后在 72℃延伸 10min，降至 4℃结束。

3. 扩增产物电泳与分离

将各位点引物扩增产物混合，上样，用 12%聚丙烯酰胺凝胶电泳。

4. 银染显色

凝胶经 10%乙醇+0.5%冰醋酸混合液固定 20min；0.2% $AgNO_3$ 染色 40min，去离子水漂洗 20s。

30% NaOH+0.5%甲醛显色至适度，去离子水漂洗 20s。

10%乙醇+0.5%冰醋酸混合液固定 8min。

终止反应，用去离子水漂洗后照相。

5. 结果分析

参照 STR 试剂盒提供的等位基因 Ladder，对扩增产物进行分析。

【实验结果】

亲权指数（PI）：被测父提供生父基因成为孩子生父的可能性和随机男人提供生父基因成为孩子生父的机会的比值，假设前一种可能性为 x，后一种可能性为 y。STR 基因座单亲 PI 简化计算见表 29-2。

表 29-2 STR 基因座单亲 PI 简化计算表

假设父亲	孩子	PI	假设父亲	孩子	PI
A	A	$1/p$	AB	AB	$(p+q)/4pq$
A	AB	$1/2p$	AC	AB	$1/4p$
AB	A	$1/2p$	BC	AB	$1/4q$

设 p、q 分别为 A、B 基因频率，STR 基因座单亲 PI 计算可归纳简化为以下几方面。

①假设父为纯合子时 $x=1$，假设父为杂合子时 $x=0.5$。

②子为纯合子时 $y=p$，子为杂合子时 $y=2p$。

③假设父、子为相同基因型杂合子时 $x=0.5(p+q)$，$y=2pq$。

计算出每个位点的 PI 值，然后各值相乘得到此案的累计 PI 值。

父子关系相对机会（RCP）：上面计算出来的 PI 值是一个绝对值，为使鉴定结果能够以概率的形式表达父子关系的相对机会，PI 值须转换成一种相对值 RCP。RCP=［PI/（PI+1）］×100%，按照国际惯例，当 RCP 值大于 99.73%时，则可以认为假设父与孩子具有亲生关系。

【实验作业】

1. 对实验结果进行分析，所测定的两个人是否为亲子关系？
2. 亲子鉴定还有哪些方法，为什么现在都用微卫星 DNA 作为亲子鉴定的主要技术？

实验 30

人类 *p15* 基因甲基化状态检测

【实验目的】

1. 进一步理解人类表观遗传现象。
2. 学习人类表观遗传的研究方法。

【实验原理】

表观遗传是指在 DNA 序列不发生改变的情况下，生物的表型或基因表达发生了稳定的可遗传的变化。其机制主要包括组蛋白共价修饰（covalent histone modification）、DNA 甲基化修饰（DNA methylation）、染色体重塑（chromatin remodeling）及非编码 RNA（noncoding RNA）等。DNA 甲基化是最早发现的表观遗传修饰的方式，是在 DNA 甲基转移酶（DNA methyltransferase，DNMT）催化作用下，利用 *S*-腺苷甲硫氨酸（*S*-adenosylmeth ionine，SAM）提供甲基在胞嘧啶鸟嘌呤二核苷酸（CpG）中胞嘧啶环的第 5 号碳原子上添加甲基，形成 5-甲基胞嘧啶的共价修饰过程。甲基化模式一般有两种：一是维持性甲基化（maintenance methylation），指在细胞分裂过程中，根据亲本链上特异的甲基化位点，在新生链相应位置上进行甲基化修饰；二是从头甲基化（*de novo* methylation），即催化未甲基化的 CpG 位点甲基化。在细胞中，CpG 二核苷酸是最主要的甲基化位点，它在基因组中呈不均匀分布。在基因组一些区域含有较多的 CpG，这些区段被称作 CpG 岛（CpG island）。一般认为 DNA 的甲基化会抑制基因表达。DNA 的甲基化状态对染色体的结构维持、X 染色体失活、基因印记及胚胎发育、正常细胞功能的维持，乃至疾病的发生是十分重要的。在人类的胚胎期，基因组 DNA 甲基化模式异常会导致胚胎死亡。而在成年个体中，甲基化异常则可能导致疾病的发生，特别是肿瘤的发生。如 CpG 岛的高甲基化是肿瘤中存在的普遍现象，而特定基因启动子 CpG 岛的高甲基化是除突变和缺失外肿瘤中抑癌基因失活的第三种机制。因此，肿瘤相关基因甲基化检测在临床肿瘤早期诊断、药物敏感性检测等方面具有很高的应用价值。

目前对于特定基因甲基化状态常用甲基化特异性 PCR（methylmion specific PCR，MSP）法进行分析。MSP 法的原理是，首先用亚硫酸氢钠修饰处理基因组 DNA，所有未发生甲基化的胞嘧啶都被转化为尿嘧啶（U），而甲基化的胞嘧啶则不变。然后根据基因特定区域 5′端富含 CpG 位点的甲基化多发区域，分别设计针对甲基化和非甲基化的模板的两对引物，并进行聚合酶链反应（PCR）扩增，最后通过琼脂糖凝胶电泳分析，判定哪一对引物能有效扩增出目标基因，以此作为甲基化与否的标准。此法简单且易于操作，是目前应用最为广泛的甲基化定性分析手段。*p15* 基因是一个重要的肿瘤抑制基因，主要对细胞周期起负调控作用。研究发现该基因的甲基化可以引起一些肿瘤的发生，如大 B 细胞淋巴瘤等。因此，通过早期检测血清中该基因的甲基化程度可以为一些肿瘤的早期诊断提供帮助。

【实验材料】

人类 B 细胞淋巴瘤细胞、健康人淋巴细胞等。

【实验器具】

高速冷冻离心机、PCR 仪、低温冰箱、微量移液器、CO_2 培养箱、离心管、漩涡振荡器、电泳仪、紫外观察箱、超净工作台等。

【实验试剂】

DNA 抽提纯化试剂盒、TAE 缓冲液、DNA 分子质量标准参照物、溴化乙啶、小牛血清、肝素、PCR 缓冲液、*Taq* 酶、双蒸水、DNA 甲基化检测试剂盒、琼脂糖、*p15* 基因甲基化引物、*p15* 基因非甲基化引物等。

甲基化引物：
正向 5′-GGTTTTTTATTTTGTTAGAGCGAGGC-3′
反向 5′-TAACCGCAAAATACGAACGCG -3′
扩增长度 68bp。
非甲基化引物：
正向 5′-GGTTGGTTTTTTATTTTGTTAGAGTGAGGT-3′
反向 5′-AACCACTCTAACCACAAAATACAAACACA-3′
扩增长度 80bp。

【实验步骤】

1. DNA 提取

按照 DNA 抽提纯化试剂盒操作方法提取相应细胞 DNA。

2. 重亚硫酸钠处理

参照 DNA 甲基化试剂盒操作说明进行重亚硫酸钠处理。

3. PCR 扩增反应

在冰浴中按照以下次序将各成分加入无菌 0.2mL 离心管中：10×PCR 缓冲液 5uL；dNTP 混合物（2mmol/L）4μL；正向引物（25μmol/L）1μL；反向引物（25μmol/L）1μL；*Taq* 酶（2U/μL）1μL；DNA 模板（约 50ng/μL）1μL；加双蒸水至 50μL。

将上述混合液轻弹混匀，稍离心后放入 PCR 仪进行扩增。扩增程序如下：95℃预变性 10min，进入 40 个循环的扩增（95℃ 30s，72℃ 25s），72℃延伸 10min，4℃保存。

4. 琼脂糖凝胶电泳检测

反应结束后取每一反应产物 10μL 在 2.5%的琼脂糖凝胶中进行电泳（电泳方法参照实验 42）。电泳结束后放入紫外观察箱进行观察，并拍摄照片。

【实验结果】

如果实验正常顺利，会出现以下结果：当非甲基化 MSP 出现条带，而甲基化 MSP 无条带，表明该样本为非甲基化；如甲基化 MSP 出现条带，而非甲基化无条带，表明该样本为完全甲基化状态，当非甲基化和甲基化 MSP 均出现条带，表明该样本为半甲基化，见图 30-1。

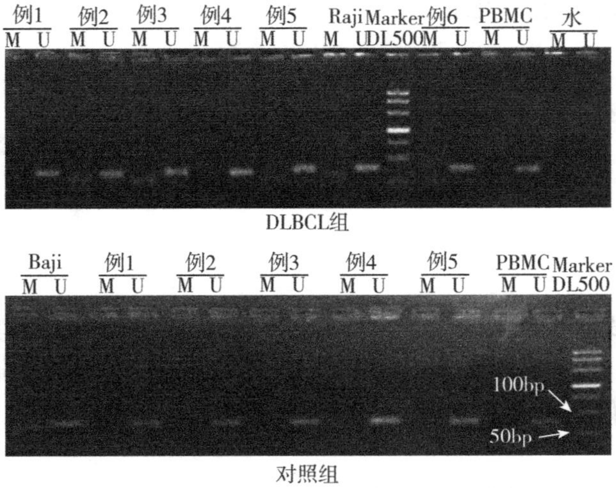

图 30-1　B 淋巴细胞瘤和正常淋巴细胞中 *p15* 基因的电泳图

M 为甲基化引物扩增片段（68bp）；U 为非甲基化引物扩增片段（80bp）；DLBCL 组中例 1、4、6 表现为非甲基化状态，例 2、3、5 表现为甲基化状态；对照组中例 1～5 均表现为非甲基化状态

【实验作业】

1. 请解释自己的实验结果，如果出现与预期结果不一致的现象，如何解释？
2. 分析 MSP 方法的优缺点。

第四章 微生物遗传学实验

微生物遗传学是遗传学的重要分支学科，其飞速发展催生了分子遗传学的诞生。1927 年，美国遗传学家 H.J.Müller 用 X 射线对果蝇进行处理，开创了对生物进行人工诱变研究的新领域；1940 年，E.L.Tatum 与 G.W.Beadle 合作，用 X 射线对粗糙链孢霉进行诱变处理研究，提出了“一个基因一种酶”的假说，打破了一个基因一种性状的观念，同时也使粗糙链孢霉成为与豌豆、果蝇、玉米一样重要的遗传学研究的好材料；1946 年，J. Lederberg 与 E. L. Tatum 合作，发现了细菌的接合现象，证明细菌也具有性别的分化，建立了细菌杂交的方法，发现了细菌的基因重组和转导现象。他们出色的工作成就，把 20 世纪 50 年代微生物遗传的研究推向了高潮，三人在1958年同时获得诺贝尔生理学或医学奖。1955年，S.Benzer 根据对大肠杆菌的 T_4噬菌体的 rⅡ区的研究，发明了互补测验技术，揭示了基因的精细结构，打破了基因三位一体的传统观念。作为生命科学专业的本科生、研究生，应该清楚地了解微生物遗传的原理，掌握微生物遗传研究的基本技能和方法。为此，设计了粗糙链孢霉的四分子遗传分析、大肠杆菌杂交分析、啤酒酵母杂交分析、啤酒酵母营养缺陷型菌株筛选、大肠杆菌 P_1噬菌体普遍性转导及基因定位、大肠杆菌 λ 噬菌体局限性转导分析、大肠杆菌紫外诱变及营养缺陷型菌株筛选、大肠杆菌质粒 DNA 的转化、大肠杆菌基因功能等位性检测-互补测验、化学诱变剂的 Ames 检测等 10 个实验，旨在强化训练学生的基本技能，培养学生的创新意识和创新能力。

Edward Lawrie Tatum
(1909～1975 美国生化学家)

Joshua Lederberg
(1925～2008 美国遗传学家)

George Wells Beadle
(1903～1989 美国遗传学家)

Seymour Benzer
(1921～2007 美国遗传学家)

实验 31

粗糙链孢霉的四分子遗传分析

【实验目的】

1. 学习和掌握粗糙链孢霉的培养方法和杂交技术。
2. 验证遗传学的分离定律和连锁互换定律。

【实验原理】

粗糙链孢霉(*Neurospore crassa*)属于真菌类中的子囊菌。1940年，G.W.Beadle 与 E.L.Tatum 对粗糙链孢霉的谷氨酸代谢途径进行研究，提出“一个基因一种酶”的假说，打破了一个基因是一个功能单位的概念，极大地促进了分子遗传学的发展，也使粗糙链孢霉成为与豌豆、果蝇、玉米、大肠杆菌等并驾齐驱的遗传学研究的模式生物。

粗糙链孢霉既有高等生物减数分裂的特点，又有低等生物的特征。它的营养体由单倍性的（n=7）多核菌丝组成，无性繁殖是菌丝片段或分生孢子经有丝分裂直接发育成菌丝体。有性繁殖有两种方式：一种是两种不同接合型的营养体相互接受对方的分生孢子发生杂交，形成合子；另一种是不同接合型的菌丝相互靠在一起，细胞融合形成异核体。两种有性生殖方式形成的二倍性合子都可以经减数分裂形成 4 个子细胞，每个子细胞又经一次有丝分裂形成 8 个子细胞，进一步发育形成 8 个子囊孢子。粗糙链孢霉形成的 8 个子囊孢子有顺序地直线排列在子囊中。不同接合型的子囊孢子具有黑色、白色两种类型，在子囊中 8 个子囊孢子常呈 4 黑 4 白的排列方式，因此可以在显微镜下直接观察基因的分离现象。当基因发生互换时 8 个子囊孢子又会排列成 2 黑：2 白：2 黑：2 白，或排列成 2 黑：4 白：2 黑，或 2 白：4 黑：2 白（图 31-1）。因此在显微镜下可以直接观察基因的连锁互换现象。

赖氨酸缺陷型（lys^-）的子囊孢子成熟的较晚，所以在一定时期呈现灰白色。野生型（lys^+）的子囊孢子成熟的较早，在一定时期呈现黑色。让以上两种接合型的粗糙链孢霉杂交，在适当时期观察子囊孢子可以看到 6 种子囊类型。黑色子囊孢子以“+”号表示，白色子囊孢子以“–”号表示。

非交换型子囊：＋＋＋＋－－－－

－－－－＋＋＋＋

交换型子囊：＋＋－－＋＋－－

＋＋－－－－＋＋

－－＋＋＋＋－－

交换型子囊的出现是由于基因 *lys*⁻或 *lys*⁺与着丝粒之间发生了交换，因此，通过计算交换型子囊的百分数可以算出 *lys*⁺基因与着丝粒间的相对距离。

$$重组值=\frac{交换型子囊数}{交换型子囊数+非交换型子囊数}\times 100\%\times\frac{1}{2}$$

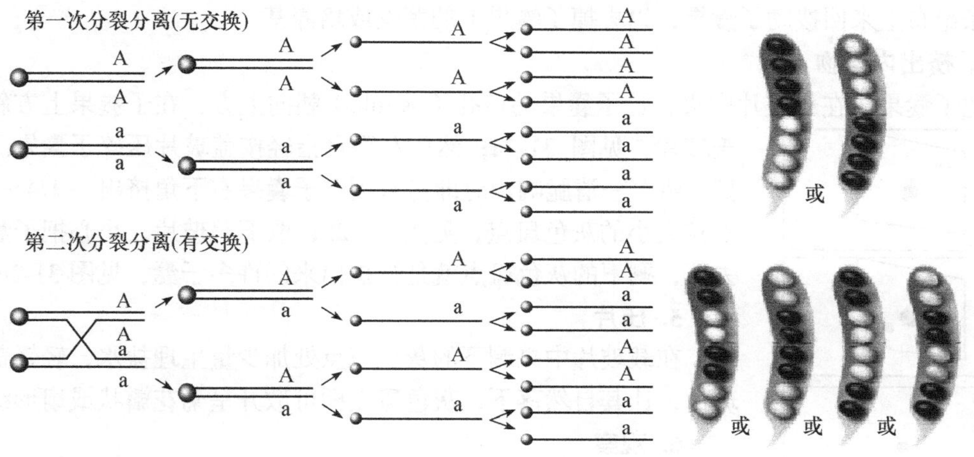

图 31-1　粗糙链孢霉减数分裂和形成的子囊孢子

【实验材料】

野生型粗糙链孢霉（*lys*⁺）和赖氨酸缺陷型粗糙链孢霉（*lys*⁻）。

【实验器具】

培养箱、显微镜、镊子、解剖针、接种环、载玻片、盖玻片、试管、酒精灯、滤纸、白涤纶（的确良）布（10cm×10cm）、灭菌锅等。

【实验试剂】

基本培养基、补充培养基、杂交培养基等，见附录。

【实验步骤】

1. 菌种活化

从冰箱中取出保存的野生型和赖氨酸缺陷型的粗糙链孢霉原种，在无菌操作条件下，依次接种在基本培养基和含赖氨酸的补充培养基上，把接种好的试管贴上标签，放在 28℃恒温培养箱内培养 5～6d，直至在试管中长成许多菌丝，并且在菌丝上部有许多分生孢子时，表明菌种活化成功。

2. 杂交

用接种环挑取已活化好的 *lys*⁺和 *lys*⁻菌丝或分生孢子，共同接种于同一杂交培养基上，并在培养基的琼脂斜面中部插一折叠的滤纸。在盛杂交培养基的试管上贴上标签，注明杂交组合、杂交日期、操作者姓名等。把试管放入 25℃恒温培养箱中培养 2～3 周，直至在试管里的菌丝上有棕黑色的、用镊子或解剖针触摸时有坚实感的子囊果出现。

3. 挑取子囊果

在培养过程中可以用解剖针挑出几个子囊果进行制片观察，若子囊中的 8 个子囊孢子都是灰白色的，说明培养物还未到最佳观察时期，可以继续培养。若 8 个子囊孢子都是黑色的，说明子囊孢子已老化，已错过了最佳观察时机。实验操作时用解剖针把子囊果从试管中挑出来放在白涤纶布上，用解剖针轻压子囊果，若有坚实感则说明此子囊果发育正常。用解剖针在白涤纶布上来回拨动子囊果，以去掉子囊果上的菌丝或培养基。

4. 挤出内含物

把子囊果放在载玻片中央，让子囊果的口孔（ostiole）朝向上方，在子囊果上方斜放一盖玻片，见图 31-2a；然后左手食指轻按盖玻片压碎子囊果。当听到"叭"一清脆响声时即可看到在子囊果右下角挤出一 1/4～1/3 小米粒大小的灰色斑点，见图 31-2b；取下盖玻片，小心把子囊果壳去掉，剩下的灰色斑点就是被挤出来的许多子囊，见图 31-2c。

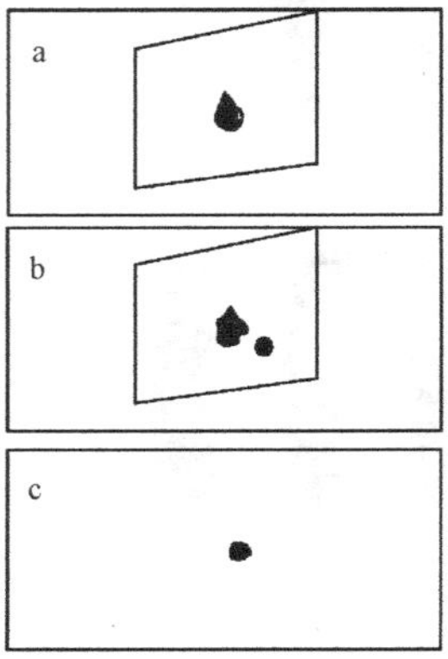

图 31-2　压破子囊果过程

5. 压片

在载玻片中央剩下的灰色斑点处加少量生理盐水，轻轻盖上盖玻片，让其自然落下，灰色斑点即可散开呈菊花瓣状或扇形结构。

6. 观察

把制好的玻片标本放在显微镜下观察子囊孢子在子囊中的排列顺序。

【实验结果】

理想的实验结果应该看到类似图 31-3 的图像。该图像中能够看到，有的子囊中仅 8 个黑色孢子，有的仅 8 个白色孢子，有的是 4 黑色 4 白色孢子，有的是 2 黑色 2 白色 2 黑色 2 白色孢子，有的是 2 黑色 6 白色孢子，有的是 2 白色 6 黑色孢子，有时也能看到 3 白色 5 黑色孢子或 3 黑色 5 白色孢子等各种类型的子囊。

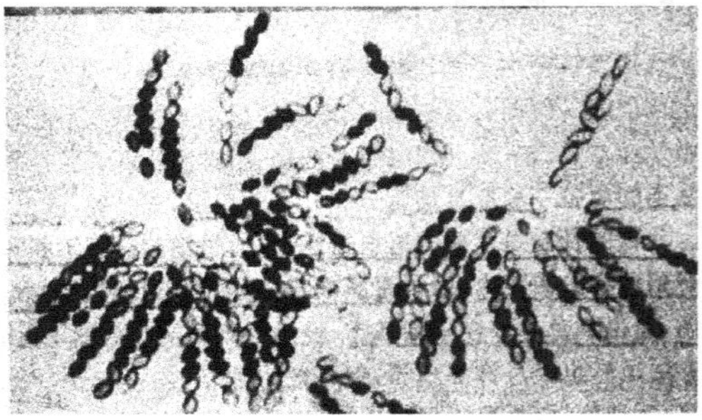
图 31-3　散开的子囊

【实验作业】

1. 解释实验结果中出现的各种类型的子囊的原因。
2. 统计 20～30 个子囊，计算 *lys* 基因与着丝粒间的重组值。

实验32

大肠杆菌杂交分析

【实验目的】

1. 学习理解大肠杆菌杂交进行基因定位的原理和机制。
2. 掌握大肠杆菌杂交和基因定位的操作技术方法。

【实验原理】

1941年美国遗传学家E.L.Tatum与G.W.Beadle和J.Lederberg合作，发现了细菌的接合和遗传重组现象，建立了细菌杂交的技术和方法，提出一个基因一种酶的假说，1958年三人同时获得诺贝尔生理学或医学奖。大肠杆菌中有不同的“性”与致育因子（F）。F因子属于致育质粒，为附加体，可使细菌产生管状的性伞毛，决定细菌的交配状态。具F因子的细菌相当于雄性（供体），用F^+表示；不具有F因子的大肠杆菌相当于雌性（受体），用F^-表示。F^+细胞表面有性伞毛（长1～20μm）。性伞毛与细菌的结合有关，它的上面还有雄性专一噬菌体（MS_2、k17、f_2、Qβ等）的吸附位点。F因子在细胞内能以游离和整合两种状态存在，当处于游离状态时，细菌为F^+菌株；当整合到细菌的染色体上时，细菌为高频重组菌株——Hfr。F^+与F^-杂交后可以使F^-转变成F^+，杂交重组频率为10^{-6}；Hfr与F^-杂交后，F^-的性质不变。Hfr与F^-杂交重组频率高出F^+菌株几百倍。

F因子的结构包括：①原点（O），转移的起点；②可育基因，性伞毛基因群；③复制区，DNA复制酶基因；④重组区，插入序列和插入区。当Hfr细菌与F^-细菌细胞发生接合（即杂交）时，Hfr细胞（供体菌）的染色体从Hfr细胞向F^-细胞内转移（通过接合管，见图32-1、图32-2）。由于染色体的转移具有一定的方向性，并且可以随时中断，因此根据结合后F^-细菌（以重组子形式选出）中Hfr细菌染色体基因出现次数的多少，即可得知基因转移的先后顺序，也就是基因在染色体上排列的顺序。根据接合时转移的时间即可以测定基因之间的距离。转移时，Hfr菌的染色体从原点处断开，并以原点为起始带动基因向F^-细胞转移，因此，靠近原点的基因进入F^-细胞的概率大，重组频率高，远离原点的基因进入F^-细胞的机会少，重组频率低。F因子大部分位于原点相对的一端（末端）。因此转移的频率很低。只有当接合时间很长，足以使整个染色体转入F^-细胞（受体）时，才会使F^-细胞转变为Hfr或F^+状态。

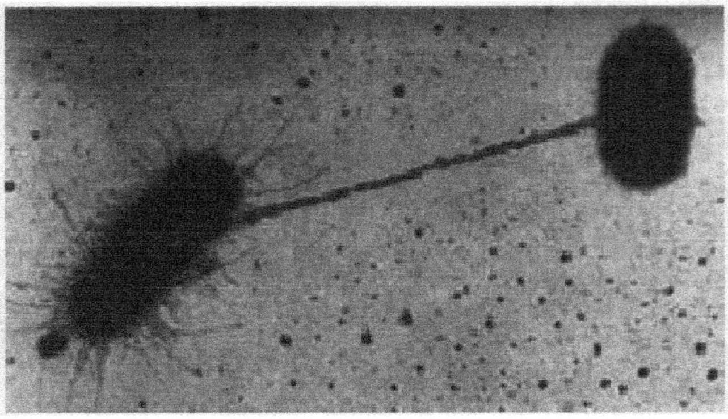

图 32-1　大肠杆菌杂交时接合管的形成

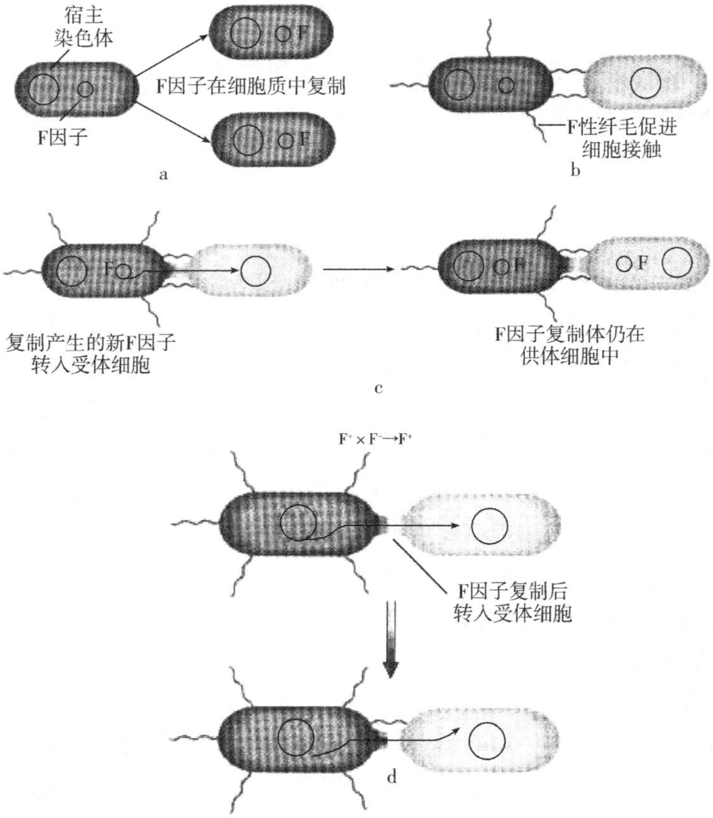

图 32-2　大肠杆菌杂交过程

（1）F 因子可以复制，F^+细胞分裂成两个细胞时，都仍然是 F^+（图 32-2a）。

（2）F^+细胞可以形成性伞毛，性伞毛促进细胞间接触，形成接合管（图 32-2b）。

（3）F^+细胞中的 F 因子经过复制，从接合管转移到 F^-细胞中，使 F^-细胞转变成 F^+细胞（图 32-2c）。

（4）F 因子整合到大肠杆菌的染色体上形成 Hfr 菌株，Hfr 菌株中的 F 因子复制后，在原点处断开，并以原点作为起始，带动大肠杆菌染色体上的基因向 F^-细胞转移，与 F^-细胞染色体的同源区配对，交换，整合到染色体上（图 32-2d）。

进行基因定位时首先要从Hfr与F⁻细菌的混合培养物中筛选出某一Hfr与F⁻细菌基因（选择性标记基因）已经发生了重组的细菌（重组子），然后在这些重组子中逐个测定其他的Hfr基因（非选择标记）出现的次数。Hfr 菌株染色体上的选择性标记应位于染色体前端，这样才能保证以100%的频率出现在重组子中。选择性标记基因之后的基因，则以低于100%的频率出现在重组子中。F⁻细胞的选择性标记应起到排除Hfr菌生长的作用（即反选择）。本实验使用的F⁻菌株为 str^r，Hfr菌为 str^s，借此可排除Hfr菌的生长。此外，为保证Hfr的基因有机会出现在重组子中，反选择性标记应位于染色体后端。为了使Hfr菌株有较高的接合频率，F⁻细菌应该过量以保证每一个Hfr细菌都能与F⁻细菌接合（10～20∶1）。

【实验材料】

供体菌：CSH60 Hfr *sup* str^s。

受体菌：FD1004　F⁻*leu pur trp his met ilv arg thi ara lac xyl mtl gal* str^r rif^r。

【实验器具】

离心机、摇床、恒温培养箱、培养皿、三角瓶、吸管、离心管、灭菌牙签、摇床、酒精灯、接种环等。

【实验试剂】

选择培养基B～G：基本培养基加氨基酸（表32-1）、LB培养液、生理盐水、链霉素、氨基酸、生理盐水（0.85% NaCl）等。

表 32-1　选择性培养基附加成分表

培养基编号	选择性标记	基本碳源	基本培养基（A）中补充物质								
			str	*rif*	*arg*	*ilv*	*met*	*leu*	*ade*	*trp*	*his*
A	*met leu str*	葡萄糖	+	−	+	+	−	−	+	+	+
B	（*met leu str*）*arg*	葡萄糖	+	−	−	+	−	−	+	+	+
C	（*met leu str*）*trp*	葡萄糖	+	−	+	+	−	−	+	−	+
D	（*met leu str*）*his*	葡萄糖	+	−	+	+	−	−	+	+	−
E	（*met leu str*）*lac*	乳糖	+	−	+	+	−	−	+	+	+
F	（*met leu str*）*gal*	半乳糖	+	−	+	+	−	−	+	+	+
G	（*met leu str*）*rif*	葡萄糖	+	+	+	+	−	−	+	+	+

【实验步骤】

1. 菌种活化

分别接一环供体菌和受体菌于5mL LB培养液中，37℃振荡培养10～12h。

2. 扩大培养

各取1mL过夜培养物，分别加入到两个盛有5mL LB培养液的250mL三角瓶，37℃振荡培养 2～3h。

3. 混合培养

吸取 0.5mL 供体菌和 4.5mL 受体菌，加入到一个无菌的 250mL 三角瓶中混合，置 37℃摇床上培养 100min。

4. 选择培养基培养

将上述接合菌液用生理盐水稀释 10^0、10^{-1}、10^{-2} 倍。各吸取 0.1mL 稀释液涂布在选择培养基 A 平板上，每一种稀释液涂布两个平板。同时将供体菌及受体菌分别吸取 0.1mL 涂布在选择培养基 A 上作为对照，每种菌各两个平板。此后均于 37℃条件下培养 48h。

5. 观察培养情况

（1）观察选择培养基 A 平板上接合组和对照组的菌落生长状况，统计菌落数。

（2）在与平板相同大小的白纸上画 100 个小格，将圆片贴于选择培养基 B、C、D、E、F 和 G 平板的底部，然后用灭菌牙签从接合组选择培养基 A 平板上随机挑选 100 个菌落，对号接种在选择培养基 B、C、D、E、F 和 G 平板的 100 个小格中。

（3）将所有平板置于 37℃箱内培养 48h。

6. 统计分析

统计在各种选择平板上生长菌落的数目。

【实验结果】

将统计结果的数据填入表 32-2 中。并绘制出基因顺序图。

表 32-2　各选择培养基上生长的菌落数目统计

重复次数	B *arg*	C *trp*	D *his*	E *lac*	F *gal*	G *rif*
1						
2						
3						
4						
5						
6						
总数						
平均数						
重组率*						

$$*重组频率（\%）=\frac{每组选择性培养基平板上菌落数}{接种总菌落数}\times 100\%$$

【实验作业】

1. 简述细菌杂交作图的原理，绘制出基因顺序图。
2. 杂交中 F^-、F^+和 Hfr 细胞之间是如何转变的?
3. 细菌的杂交作图与真核生物的杂交作图有什么区别?
4. 为什么高频重组菌株——Hfr 重组的频率高，但转移性因子的频率非常低?

实验 33 啤酒酵母杂交分析

【实验目的】

1. 学习酵母菌杂交实验的基本原理，进一步理解遗传的自由组合定律。
2. 掌握酵母菌杂交实验的基本操作方法。

【实验原理】

酵母菌的单倍体细胞和二倍体细胞都能进行无限制的分裂。以单倍体细胞为主的酵母菌称为单倍体酵母（n=17），如粟酒裂殖酵母（*Schizosaccharamyces pombe*）。以二倍体细胞为主的酵母菌称为二倍体酵母（$2n$=34），如啤酒酵母（又称面包酵母，*Saccharomyces cerevisiae*）。这两种酵母都是遗传学研究的好材料，而啤酒酵母在酿酒工业和食品工业中也有很大的应用价值。任何一株酵母菌，如果使二倍体的营养细胞处于形成孢子的条件下，都会发生减数分裂，生成四分体和子囊。每个子囊孢子具有四分子核，正常情况下子囊中有 4 个子囊孢子，其中有 2 个 a 和 2 个 α，a 和 α 表示两种相对的接合型。具有这两种接合型的子囊孢子萌发生长成单倍体的菌株，不同接合型的单倍体菌株细胞接合生成二倍体菌株。具有这样生活史的酵母菌称为异宗配合型酵母。

单倍体菌株分属 a 和 α 两种接合型，是受一对等位基因 *a* 和 *α* 控制的，这对等位基因的座位在第三连锁群靠近着丝粒的地方。两个属于不同接合型的营养缺陷型的酵母单倍体菌株，在基本培养基上都不能形成菌落。当它们杂交形成二倍体杂种细胞时，就能在基本培养基上生长。二倍体杂种细胞在形成子囊孢子过程中，发生基因重组，而使产生的子囊孢子出现重组性状。

【实验材料】

啤酒酵母单倍体腺嘌呤缺陷型（ade^-）（a 接合型）、啤酒酵母单倍体组氨酸缺陷型（his^-）（α 接合型）。

【实验器具】

离心机、显微镜、恒温箱、水浴锅、试管、离心管、吸管、培养皿、三角烧瓶、涂布棒、石英砂等。

【实验试剂】

蜗牛酶。

生理盐水（0.85g NaCl 溶于 100mL 蒸馏水中，98kPa 高压灭菌 15min）。

完全液体培养基：蛋白胨 2g，酵母浸母汁 1g，葡萄糖 2g，水 100mL，pH6.0，58.8kPa 高压灭菌 30min。

完全固体培养基：在完全液体培养基中加入 2%琼脂。

基本液体培养基：葡萄糖 10g、（NH_4）$_2SO_4$ 1g、K_2HPO_4 0.125g、KH_2PO_4 0.875g、KI 母液（10mg KI 溶于 100mL 水中配成）1mL、$MgSO_4 \cdot 7H_2O$ 0.5g、$CaCl_2 \cdot 2H_2O$ 0.1g、NaCl 0.1g、微量元素母液（H_3PO_4 1mg、$ZnSO_4 \cdot 7H_2O$ 7mg、$CuSO_4 \cdot 5H_2O$ 1mg、$CoCl_2 \cdot 6H_2O$ 5mg、水 100mL，配成溶液）1mL、维生素母液（烟碱酸 40mg、维生素 B_1 40mg、肌醇 200mg、核黄素 20mg、对-氨基苯甲酸 20mg、吡哆醇 40mg、泛酸 40mg、生物素 0.2mg、水 100mL，配成溶液）1mL、水 1000mL，pH5.3，58.8kPa 高压灭菌 30min。

基本固体培养基：在基本液体培养基中加入 2%琼脂。

产孢子培养基：乙酸钠 8.2g、KCl 1.86g、吡哆醇母液（20mg 吡哆醇/100mL 水）1mL、泛酸母液（20mg 泛酸/100mL 水）1mL、生物素母液（2mg 生物素/100mL 水）1mL、琼脂 20g、蒸馏水 1000mL。

补充培养基：①基本固体培养基 100mL+组氨酸 3.5mg；②基本固体培养基 100mL+腺嘌呤 3mg。

【实验步骤】

1. 活化菌株

取盛有完全固体培养基斜面的试管 4 支。把 ade^-和 his^-两菌种各接种在两支斜面上。30℃温箱中培养 24h。

2. 制备菌液

用 5mL 生理盐水洗下一支 ade^-斜面上的菌，再倒入另一支 ade^-试管中，洗下的菌最后倒入无菌离心管中。另取 5mL 生理盐水洗下 his^-两支试管斜面的菌，倒入无菌离心管中。这样制成的菌液，浓度约 10^8/mL。

3. 亲本混合

两亲本菌液各吸 0.5mL，放入 5mL 完全液体培养基中，30℃静止培养 2h。离心（3000r/min，3min），30℃静止培养 30min。

4. 培养过夜

倒去上清液，打匀管底菌块，再加入 6mL 新鲜完全液体培养基，30℃培养过夜。

5. 收集菌体

离心，倒去上清液。再加 6mL 新鲜完全液体培养基，洗一次，离心，倒去上清液。

6. 接种

将离心管中的沉淀菌接种在产孢子培养基斜面上，30℃培养 2～3d。

7. 观察

在显微镜下观察杂交后形成的子囊，可见其中有 4 个子囊孢子。

8. 测定子囊孢子的表型推断其基因型

（1）在长有子囊的斜面上加基本培养液 2mL，用接种环将子囊刮下，倒入无菌离心管中。

（2）在 55～60℃的恒温水浴中加热 15min，杀死酵母菌的营养体，即单倍体细胞。离心，倒去上清液，加生理盐水到原体积，形成子囊悬液。

（3）把子囊悬液倒入消毒过的盛有石英砂的三角烧瓶中，振荡 5min，使子囊孢子散出，成为子囊孢子悬液。也可用蜗牛酶充分处理子囊后，用超声波处理使子囊孢子充分分散。蜗牛酶处理温度为 30～37℃，15～30min。

（4）取打散的子囊孢子悬液 0.1mL 涂布在完全培养基培养皿上，30℃培养 48h。

（5）影印培养。以上面的培养皿为原始培养皿，依次影印：①基本培养基；②腺嘌呤补充培养基；③组氨酸补充培养基；④完全培养基。30℃培养 48h。

（6）生长谱鉴定：①从原始培养皿上挑取各个已经初步鉴定的菌落，接种在完全培养基斜面上。同时接种在有 5mL 液体完全培养基的离心管中，30℃培养 48h。②离心（3000r/min，3min），倒去上清液，打匀沉淀，然后离心洗涤三次，最后加生理盐水至原体积。③吸取菌液 0.1mL，移至灭过菌的空培养皿中。然后倒入融化后冷至 40～50℃的固体基本培养基，摇匀，待凝。各做 1 皿。④在每一培养皿的皿底划分四格，两格放少量组氨酸结晶粉末，另两格放少量腺嘌呤的结晶粉末。然后放到 30℃温箱培养 48h。⑤观察生长情况，营养缺陷型菌株会在所需物质的周围长出来。如需要两种物质，就只能在两种物质都扩散到的地方生长。

【实验结果】

影印结果统计，用“+”表示能生长，用“−”表示不能生长，计算菌落数目，填入表 33-1 中。

表 33-1　酵母菌杂交影印结果

	基本培养基	腺嘌呤补充培养基	组氨酸补充培养基	完全培养基	单倍体基因型
生长情况					
菌落数目					

将杂交产物生长谱鉴定的结果填入表 33-2 中。

表 33-2　酵母菌杂交生长谱鉴定

培养皿编号	+*ade*	+*his*	单倍体基因型
1 2 ⋮			

实验所用的两种单倍体菌株，腺嘌呤缺陷型（ade^-）和组氨酸缺陷型（his^-）的基因分别位于不同的连锁群上，属于自由组合关系，在实验结果中，单倍体基因型的比例应该为：$ade^+his^+ : ade^+his^- : ade^-his^+ : ade^-his^- = 1:1:1:1$。单倍体的表型比例也为 1∶1∶1∶1。表型的分离比直接代表了基因型的分离比。

【实验作业】

1. 简述酵母菌杂交分析的原理。

2. 总结分析实验结果，为什么酵母菌杂交后代中表型的分离比直接代表了基因型的分离比？

实验 34

啤酒酵母营养缺陷型菌株筛选

【实验目的】

1. 学习了解化学诱变处理的几种方法。
2. 掌握运用根据菌株特征进行突变菌株筛选的基本技术。
3. 了解酵母菌营养缺陷型菌株的筛选方法。

【实验原理】

利用化学诱变剂诱发突变是遗传学研究和育种工作的常用手段。化学诱变剂按其诱变机制可分为三类：①通过掺入 DNA 分子引起突变；②通过和 DNA 直接起化学反应后引起突变；③通过一单碱基对的插入或缺失引起突变。烷化剂亚硝基胍（nitrosoguanidine，NTG）主要是对鸟嘌呤 N^7 位置上的烷化作用（鸟嘌呤其他位置及其他碱基的许多位置也可能被烷化），然后被烷化的碱基同碱基结构类似物作用机制一样，通过 DNA 复制，引起碱基错误配对导致碱基转换或颠换，造成基因突变。通常烷化后的碱基（G）偶然与胸腺嘧啶（T）错误配对代替胞嘧啶（C），诱发 GC-AT 的转换。还能诱发邻近位置基因的并发突变，而且特别容易诱发 DNA 复制叉附近的基因突变，随着复制叉的移动，它的作用位置也随着移动。NTG 是一种超诱变剂，用它对啤酒酵母（又称面包酵母，*Saccharomyces cerevisiae*）进行诱变，其诱发效率可使百分之几十的酵母菌发生营养缺陷型突变。因此，经 NTG 处理的酵母菌不必经过青霉素浓缩处理，而只要通过适当的筛选方法就能检出营养缺陷型。

【实验材料】

啤酒酵母菌单倍体 26-4、啤酒酵母菌单倍体 143-2。

【实验器具】

离心机、水浴锅、恒温培养箱、培养皿（9cm）、三角瓶（150mL）、试管、离心管、吸管（1mL、5mL）、玻璃涂棒、玻璃珠、丝绒布、圆木柱（做绒布影印时使用）等。

【实验试剂】

液体基本培养基：葡萄糖 10g、$CaCl_2 \cdot 2H_2O$ 0.1g、KH_2PO_4 0.876g、$(NH_4)_2SO_4$ 1g、K_2HPO_4 0.125g、$MgSO_4 \cdot 7H_2O$ 0.5g、NaCl 0.1g、KI 母液（1g/ mL，配时需 98kPa 高压灭菌 15min）1mL、微量元素母液（H_3BO_3 1mg/100mL、$ZnSO_4 \cdot 7H_2O$ 7mg/100mL、$CuSO_4 \cdot 5H_2O$ 1mg/100mL、$CoCl_2 \cdot 6H_2O$ 5mg/100mL，98kPa 高压灭菌 15min）1mL、维生素母液（维生素 B_1 40mg/100mL、烟碱酸 40mg/100mL、肌醇 200mg/100mL、核黄素 20mg/100mL、对-氨基甲酸 20mg/100mL、吡哆醇 40mg/100mL、泛酸 20mg/100mL、生物素 3mg/100mL，98kPa 高压灭菌 15min）1mL，蒸馏水加到 1000mL。58.8kPa 高压灭菌 25min。

基本固体培养基：在液体基本培养基加 2%琼脂即可。

完全液体培养基：蛋白胨 20g、酵母浸出汁 10g、葡萄糖 20g、蒸馏水 1000mL，pH6.0、58.8kPa 高压灭菌 25min。

完全固体培养基：在液体完全培养基加 2%琼脂即可。

0.2mol/L 磷酸缓冲液（pH6.0）：0.2 mol/L Na_2HPO_4 12.3mL、0.2mol/L NaH_2PO_4 87.7mL。

亚硝基胍、无菌水、生理盐水（0.85%）等。

【实验步骤】

1. 制备酵母菌悬液

（1）用接种环从保存斜面上挑少量酵母菌单倍体菌株 26-4（或 143-2）菌，接种到盛有 5mL 完全液体培养液的灭菌离心管中，28～30℃培养 16～18h，共接两支。

（2）将培养过的菌液倒入盛有玻璃珠的灭菌三角瓶中，振荡 10min，使酵母菌充分均匀分散。

（3）将上述菌液各吸 4mL 至两支灭菌离心管中离心（3500r/min，10min），倒去上清液，打匀菌块，各加 4mL 无菌水制成菌悬液，并存放在 30℃水浴中备用。

2. 活菌计算（用没有经 NTG 处理的菌液作为对照）

（1）从 30℃水浴中取出一支菌悬液（4mL），加生理盐水 1mL，然后再用生理盐水稀释到 10^{-4}、10^{-5}。

（2）从 10^{-4} 或 10^{-5} 稀释液中吸取 0.1mL 和 0.5mL 于灭菌培养皿中，各做两皿，共 4 皿。

（3）将融化不烫手的完全固体培养基倒入上述含菌的培养皿中（每皿倒入培养基 15～20mL），摇匀、放平待凝，30℃培养 2d，计算活菌数。

3. 诱变处理

（1）称取 NTG 1.5mg 于灭菌的离心管中，然后加入 1mL 0.2mol/L 磷酸缓冲液（pH6.0），使其完全溶解，并存放在 30℃水浴中备用。

（2）从 30℃水浴中取出另一支菌悬液（4mL），倒入上述含有 NTG 的离心管中（此时 NTG 最终浓度为 0.3mg/mL），充分混匀，立刻放入 30℃水浴中，30min 后取出，立即离心（3500r/min）。将上述废液倒入浓 NaOH 溶液中，打匀菌块，加 5mL 生理盐水，再离心（3500r/min）一次，倒去废液，加 5 mL 无菌水制成菌悬液。

（3）将融化不烫手的完全培养基倒入灭菌培养皿中（每皿 15～20mL），放平待凝，共 20 皿。

（4）将经 NTG 处理过的菌液稀释为 10^{-3}（希望每只培养皿中长 50～100 个菌落），吸取 0.1mL 和 0.05mL 于上述预先倒好的培养皿中，各倒 10 个皿。

（5）用灭过菌的 Y 形玻璃涂棒将菌液涂匀，30℃培养 3～4d，计算活菌数。

（6）计算杀菌率及存活率（从诱变组中选择不污染、菌落分布均匀、菌数适中的培养皿留作下步影印备用）。

4. 影印

（1）准备好影印用丝绒布（高压灭菌，干燥箱内烘干备用）。

（2）将一定数量的母平板和预先准备好的基本培养基及完全培养基平板，以一个母平板、一个基本培养基平板（MM 平板）、一个完全培养基平板（CM 平板）作为一组，每组编号，并在每个平板的底部用玻璃铅笔划上箭头作为标记。

（3）将灭菌的丝绒布放在圆木柱上，用橡皮筋扣住（注意绒面不能用手摸），先取母平板倒覆在绒面上，然后用铅笔轻轻在皿底上均匀地敲几下，取下母平板（放冰箱保存起来），立即把 MM 平板按箭头标记的相同方向复印上去（方法同上），取下 MM 平板，再把 CM 平板也按上述同样方法复印，印毕，30℃培养 2～3d，见图 34-1。

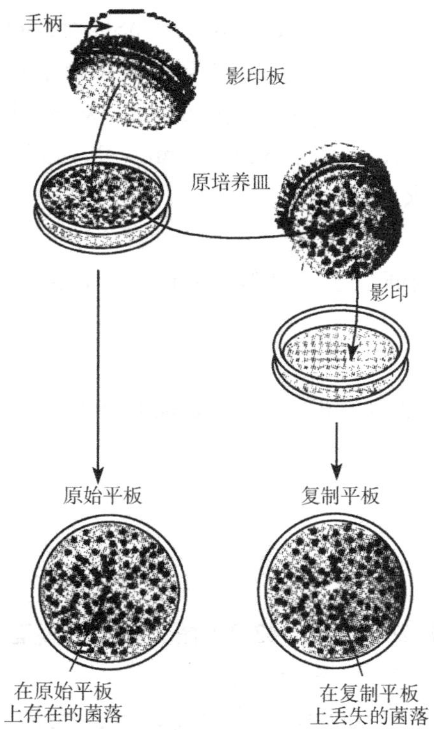

图 34-1　影印实验方法图解

5. 点种复证

（1）将每组复印的平板按箭头标记的同一方向进行比较，找出 CM 平板上生长而 MM 平板上不生长的相应菌落，用玻璃铅笔在相应位置的母平板上做上记号，并编号，以便进一步复证。

（2）准备 MM 平板和 CM 平板，平板数量可根据编号菌落多少而定，一个皿可划 36 个格子左右。

（3）用灭菌牙签从母平板上挑取已编号的单菌落，按顺序在 MM 和 CM 平板上的相应位置上点种，点毕，30℃培养 2～3d。

（4）从温箱中取出培养皿，用接种环挑取确实只能在 CM 上生长而 MM 上不生长的单菌落接种于 CM 斜面，30℃培养 2d。后放冰箱保存，供生长谱鉴定用。

6. 生长谱鉴定

方法与实验 33 啤酒酵母杂交分析实验鉴定方法相同。

【实验结果】

观察统计实验结果，把结果填入表 34-1 中。

表 34-1　杂交实验结果统计

处理	皿数	稀释	取样/mL	活菌总数		存活菌数		突变型数		杀菌数	诱变率
				每皿菌数	每皿菌数	每皿菌数	每皿菌数	每皿菌数	每皿菌数		
对照	4	10^{-4}或 10^{-5}	0.5 0.1 0.5 0.1								
NTG（0.3mg/mL、30℃、30min）	20	10^{-3}	0.05 0.1								

【实验作业】

1. 根据统计结果计算杀菌率、诱变率。
2. 分析总结实验结果，解释实验过程中的各种现象。

$$\text{杀菌率：}\left(1-\frac{\text{存活菌数}}{\text{活菌总数}}\right)\times 100\%$$

$$\text{诱变率：}\frac{\text{突变型数}/\text{mL}}{\text{活菌总数}/\text{mL}}\times 100\%$$

【注意事项】

1. NTG 是一种超诱变剂，因此安全操作十分重要。称量时，最好在某一固定地方，戴好橡皮手套和口罩在密闭箱里进行，以防止 NTG 颗粒吹散。操作时，不能用嘴直接吸取含有 NTG 的液体，应用吸耳球吸取。凡含有 NTG 的器皿和用具都要用浓碱处理。

2. 利用酵母菌进行诱变工作，首先要获得单倍体菌株。在二倍体细胞中，隐性性状（突变往往是隐性）不能表现。而单倍体细胞，隐性突变性状就能直接表现。因此，获得单倍体细胞对诱变工作来说是重要的。一个简单的办法是：利用营养细胞和子囊孢子的耐热性差异进行热处理，就能很容易得到单倍体细胞。具体做法是把二倍体营养细胞接种于产孢子培养基的斜面上，用 5mL 无菌水制成悬浊液，将此悬浊液浸于 55～60℃恒温水浴中，不断振荡处理约 10min（处理时间根据对营养细胞耐热性预备试验而定。一般以 10^6～10^7 的营养细胞菌悬液经一定时间处理后，用接种环挑取一环菌液接种于完全平板或斜面，30℃培养 2d 后，以完全不生长或只有一两个菌落生长为标准作为所需的处理时间）。处理后，用自来水迅速冷却，适当稀释涂布于完全培养基平板，30℃培养 2d 后，用接种环挑取较小的圆锥形菌落镜检，从形态上判断单倍体细胞。用这种方法，一般要划线纯化后较为可靠。为了进一步提高可靠性，可接种于产孢子培养基上看是否产孢子来确定。如先用一定浓度的纤维素酶处理，再进行热处理，可提高获得单倍体细胞的效率。

实验 35

大肠杆菌 P_1 噬菌体普遍性转导及基因定位

【实验目的】

1. 学习理解大肠杆菌 P_1 噬菌体普遍性转导的原理。
2. 掌握普遍性转导的实验操作和利用其进行基因定位的方法。

【实验原理】

1952 年，美国遗传学家 J.Lederberg 发现细菌遗传物质传递的第三种途径——转导（transduction），极大地促进了分子遗传学的发展。1958 年，J.Lederberg 获得诺贝尔生理学或医学奖。转导是噬菌体将供体细胞的部分遗传物质转移给受体细胞，并引起受体细胞遗传性状改变的过程。噬菌体仅能转导供体染色体上原噬菌体整合位置附近基因的转导，称局限性转导；噬菌体能转导供体细胞染色体上任何位置的基因的转导，称普遍性转导。

许多温和噬菌体都可作为普遍性转导的转导噬菌体，其中沙门氏菌噬菌体 P_{22} 和大肠杆菌噬菌体 P_1 研究得最多。P_1 噬菌体以原噬菌体的形式存在于寄主细菌中，这种细菌称为溶原菌。经过诱导，溶原菌的染色体可以发生随机的断裂，使得噬菌体得以大量繁殖时，偶尔将宿主细胞染色体片段包装进噬菌体外壳，形成 P_1 转导噬菌体。转导噬菌体仍可以正常感染细菌，并在感染中将供体染色体片段注入受体细胞，形成部分二倍体，最后形成转导子。由于 P_1 噬菌体 DNA 的相对分子质量为 5.8×10^7（相当于大肠杆菌染色体的 2%），而大肠杆菌染色体的全长是 100min，因此 P_1 噬菌体能包装的供体染色体片段最长不会超过 2min。各种大小染色体片段上的基因均可能同时被转导（共转导），而且越是紧密连锁的基因越容易同时被转导。共转导频率的公式是：$F=(1-d/L)^3$，其中 L 为转导片段的最大长度（2min），d 为两基因间的距离。例如，两基因的距离 d 为 0.26min（约为 10kb），则共转导频率 F 为 66%。因此，利用共转导可以对紧密连锁的基因进行定位，甚至进行基因精细结构的分析。

本实验通过溶原菌裂解产生的 P_1 噬菌体感染供体菌，再以产生的转导噬菌体感染受体菌，从选择性培养基上选出 lac^+转导子菌落和 trp^+转导子菌落，并测定 lac^+和 T_6^r 基因（噬菌体 T_6 的抗性基因）的共转导频率和距离。

【实验材料】

供体菌 *E.coli* FDl009 Hfr *sup* T_6^r。

受体菌 *E.coli* CSHl F⁻*trp*⁻ *lacZ*⁻ *strA thi*。

噬菌体 P_1 Tn9 Clr100 的溶原菌，噬菌体 T_6 裂解液（效价约为 10^{10}/mL）。

说明：Tn9 为从 R 因子转座过来的转座子，携带氯霉素抗性基因；C1r100 为温度敏感、清晰噬菌斑突变型。溶原菌在 30℃可保持溶原化，42℃形成清晰噬菌斑。

【实验器具】

离心机、培养皿（9cm）、试管、三角瓶、吸管、酒精灯、接种环、无菌牙签等。

【实验试剂】

LB 液体培养基：酵母浸出液 5g、蛋白胨 10g、NaCl 10g、蒸馏水 100mL，pH7.5，98kPa 高压灭菌 15min。

LB 固体培养基：LB 液体培养基+2%琼脂，98kPa 高压灭菌 15min。

LB 半固体培养基：LB 液体培养基+0.8%琼脂，98kPa 高压灭菌 15min。

乳糖、色氨酸基本培养基：10×A 缓冲液 100mL、20%乳糖 20mL、1mg/mL 维生素 B_1 4mL、0.25mol/L $MgSO_4 \cdot 7H_2O$ 4mL、水适量，加 10mg/mL 色氨酸 4mL。加蒸馏水至 1L，pH7.0。糖以 58.8kPa 灭菌 15min，其他以 98kPa 灭菌 20min。其中 10×A 缓冲液的配方：K_2HPO_4 105g、$(NH_4)_2SO_4$ 10g、KH_2PO_4 45g、$Na_3C_6H_5O_7 \cdot 2H_2O$ 5g。

葡萄糖基本培养基：10×A 缓冲液 100mL、20%葡萄糖 20mL、1mg/mL 维生素 B_1 4mL、0.25mol/L $MgSO_4 \cdot 7H_2O$ 4mL，加蒸馏水至 1L，调酸度至 pH7.0。糖以 58.8kPa 灭菌 15min，其他以 98kPa 灭菌 20min。

葡萄糖、色氨酸基本培养基：10×A 缓冲液 100mL、20%葡萄糖 20mL、1mg/mL 维生素 B_1 4mL、0.25mol/L $MgSO_4 \cdot 7H_2O$ 4mL，水适量、加 10mg/mL 色氨酸 4mL。加蒸馏水至 1L，pH7.0。糖以 58.8kPa 灭菌 15min，其他以 98kPa 灭菌 20min。

无菌生理盐水。

【实验步骤】

1. 溶原菌的诱导

（1）取一环噬菌体 P_1 Tn9 C1r100 的溶原菌，接种于 5mL LB 液中，在 30℃条件下培养过夜（活化）。取经过活化的菌液 0.2mL，放入 20mL 的 LB 液中，在 30℃条件下振荡培养（2～2.5h）。待细菌生长达到对数生长早期，转到 42℃条件下保温 20min（不断摇动）。时间到后，立即将菌液于 37℃条件下振荡培养（1～2h）。将振荡培养后的菌液移入两个无菌离心管中（盖上无菌橡皮塞）。

（2）在上述两管菌液中各加 0.1mL 氯仿，剧烈振荡 20s，4000r/min 离心 10min，留取上清液。用氯仿重复处理一次，离心后的上清液即为 P_1 Tn9 Clr100 噬菌体原裂解液（噬菌体效价约为 10^7/mL）。

2. 噬菌体裂解液的制备

（1）第 1 天，向 5mL LB 液中接入一环供体菌 FDl009，在 30℃温度下培养（过夜）。

（2）第 2 天，将 1mL 菌液加入 5mL LB 液中，于 37℃条件下培养 2～3h。分别向 3 支无菌试管中加入 0.2mL 供体菌和 0.1mL P_1 Tn9 Clr100 噬菌体原裂解液，在 37℃条件下保温培养 20min 后，再分别加入 3mL 经过熔化并保温于 48℃的 LB 半固体培养基，立即摇匀，然后分别倒入三个 LB 固体培养基平板上。另取 0.1mL 无菌水和 0.2mL 供体菌，混合后进行同样处理以作为对照。将 4 个平板放在 37℃温箱中培养过夜。

（3）第 3 天，平板上层的半固体中噬菌体已大量增殖。用玻璃涂棒将半固体培养基刮入无菌三角瓶中，加 10mL LB 液和 0.1mL 氯仿，混合均匀；在无菌条件下转入两支无菌离心管中（加上无菌橡皮塞），剧烈振荡 20s，以 4000r/min 转速离心 10min。留取上清液，用氯仿重复处理一次，离心后再取上清液至无菌试管中。这种上清液中包括噬菌体 P_1 Tn9 Clr100 裂解液颗粒和少量 P_1 转导噬菌体颗粒（包装了供体染色体片段）。

3. 噬菌体裂解液效价的测定

在转导实验时，噬菌体与细菌之比需要小于 1，所以要测定噬菌体浓度。

（1）接一环供体菌 FD1009 到 5mL LB 液中，在 30℃过夜培养，第 2 天再取出 1mL 加入 5mL LB 液中，在 37℃，恒定温度条件下培养 2～3h。分别取 4.5mL 的 LB 液，装入 9 支无菌试管中，取 P_1 噬菌体裂解液 0.5mL，在 9 支试管中依次稀释至 10^{-9}。从 10^{-9}～10^{-5} 的 P_1 噬菌体稀释液中，各吸取 0.1mL 加入 5 支无菌试管中。

（2）取经活化的供体菌 FD1009 0.2mL，分别加入 10^{-9}～10^{-5} 的噬菌体稀释液中混合均匀，在 37℃条件下保温培养 15min。

（3）从各噬菌体与供体菌的混合液中分别吸取 0.2mL 加到 3mL 已熔化并保温于 48℃的 LB 半固体培养基中，搅匀，倒在 LB 固体培养基平板上；取 0.1mL LB 液和 0.2mL 供体菌 FDl009 混合，在 37℃条件下保温 15min 后，加进 3min 已熔化并保温于 48℃的 LB 半固体培养基中，搅匀，倒到 LB 固体平板上作为对照。所有平板置于 37℃恒温条件下过夜培养。

（4）选取噬菌斑最清楚的平板进行噬菌斑计数。统计结果填入表 35-1 中，按以下公式计算出裂解液中 P_1 Tn9 Clr100 噬菌体的效价（噬菌体数/每毫升裂解液）：

$$效价=每皿噬菌斑数 \times 10 \times 裂解液稀释倍数$$

4. 转导分析及基因定位

（1）第 1 天，取一环受体菌 CSH1 菌，接种于 5mL LB 液中，于 30℃条件下培养（过夜）；第 2 天，取 2mL 受体菌加入 10mL LB 液（含终浓度 0.005mmol/L 的 $CaCl_2$），在 37℃条件下培养 2～3h，细胞浓度约达到 1×10^6 个/mL。

（2）取出 0.5mL 噬菌体裂解液加入 4.5mL LB 液中，并依次稀释至 10^{-3}。从原液和各浓度稀释液中各吸取 2mL 至无菌离心管中，并在每管中再加入 2mL 受体菌，作为转导组。另取 2mL 受体菌加 2mL LB 液，再取 2mL 裂解液原液加 2mL LB 液至无菌试管中，作为对照组。将 6 支试管置于 37℃条件下保温 20min，在 4000r/min 转速下离心 10min。

（3）将转导组的上清液弃去，并打匀沉淀，加入无菌生理盐水 0.5mL，混合均匀。吸取 0.1mL 菌液涂于乳糖-色氨酸的基本培养基（3 皿）和葡萄糖基本培养基（1 皿）平板上。两种对照管离心后也弃掉上清，加无菌生理盐水 1mL 混匀，然后各吸取 0.1mL 在乳糖-色氨酸基本培养基和葡萄糖基本培养基平板上各涂一个培养皿。所有平板都在 37℃条件下恒温培养（48～72h）。

（4）转导子的观察统计，统计乳糖、色氨酸基本培养基平板上 lac^+转导子的数量和葡萄糖基本培养基平板上 trp^+ 转导子的数量，并将所有观察数据填入表 35-2 中。

（5）用 4.5mL 无菌生理盐水将 0.5mL 来自受体菌对照管中的液体依次稀释至 10^{-6}；从 10^{-5} 和 10^{-6} 稀释菌液中各吸取 0.1mL，分别涂在葡萄糖-色氨酸培养基平板上（各两个平板），在 37℃条件下培养 24h。统计平板上生长的菌落数目，结果填入表 35-3 中。分别根据实验结果，求出色氨酸基因和乳糖发酵基因的转导频率（计算不同稀释倍数的裂解液的转导频率）。

（6）共转导基因的定位分析：准备两个 LB 固体平板，分别涂以 0.1mL 噬菌体裂解液。裂解液被吸收后，用灭菌牙签在乳糖、色氨酸培养基上挑取 200 个单菌落，分别点种在这两个平板上（每皿 100 个），并在 37℃条件下培养（24h）。统计平板上生长出的菌落（$lac^+ T_6^r$ + 共转导菌落）数目，填入表 35-4 中。求共转频率，并根据公式 $F=(1-d/L)^3$ 计算 lac^+ 基因和 T_6^r 基因的遗传距离。

【实验结果】

按照实验要求，将获得的各种实验结果数据填入表 35-1～表 35-4 中。由于实验时间过程较长，实验步骤比较多，稍有不慎就会出现一些非预期的结果，注意观察和分析。

表 35-1　噬菌体裂解液效价测定

裂解液稀释倍数	每皿噬菌斑数/（个/0.1mL）	效价（每毫升裂解液的噬菌斑数目）

表 35-2　转导结果分析

<table>
<tr><th rowspan="2">培养基</th><th rowspan="2">转导基因</th><th rowspan="2">裂解液稀释倍数</th><th colspan="3">每皿转导子菌落数/（个/0.1mL）</th></tr>
<tr><th>1</th><th>2</th><th>3</th></tr>
<tr><td rowspan="3">葡萄糖
培养基</td><td rowspan="3">trp⁺</td><td></td><td></td><td></td><td></td></tr>
<tr><td></td><td></td><td></td><td></td></tr>
<tr><td></td><td></td><td></td><td></td></tr>
<tr><td rowspan="3">乳糖、色氨酸培
养基</td><td rowspan="3">lac⁺</td><td></td><td></td><td></td><td></td></tr>
<tr><td></td><td></td><td></td><td></td></tr>
<tr><td></td><td></td><td></td><td></td></tr>
</table>

表 35-3　受体菌统计数据

培养基	稀释倍数	每皿菌落数/（个/0.1mL）		细菌浓度（每毫升菌液中细菌的个数）
		1	2	
葡萄糖、色氨酸培养基	10^{-5}			
葡萄糖、色氨酸培养基	10^{-6}			

表 35-4　共转导频率的测定结果

培养基	lac^{+}、T_6^r 共转导菌落		共转导频率
	1	2	
LB 固体+噬菌体 T_6			

$$\text{转导频率}=\frac{\text{转导子数目}}{\text{噬菌体裂解液效价}}\times 100\%$$

$$lac^{+}\text{基因与}T_6^r\text{基因的图距（min）}=2-2\times\sqrt{\frac{lac^{+}\text{与}T_6^r\text{共转导菌落数}}{\text{点种的}lac^{+}\text{转导子菌落数}}}$$

【实验作业】

1. 简述普遍性转导及基因定位的原理和机制。
2. 分析总结实验结果，对表中的数据进行计算。
3. 计算 lac^{+}基因与 T_6^r 基因间的距离。

实验 36

大肠杆菌λ噬菌体局限性转导分析

【实验目的】

1. 学习理解局限性转导的基本原理和机制。
2. 掌握λ噬菌体局限性转导操作方法和技术。

【实验原理】

转导指以噬菌体作媒介将某一供体细菌的 DNA 片段导入另一受体细胞的过程。转导可以分为普遍性转导和局限性转导。普遍性转导指噬菌体能转导供体细菌的任何基因，如鼠伤寒沙门氏菌的 P_{22} 噬菌体、大肠杆菌的 P_1 噬菌体、枯草杆菌的 PBSl、PBS2、SPlO 噬菌体等都为普遍性转导噬菌体，其机制在于这些噬菌体可以整合在供体菌染色体 DNA 的任何位置上。局限性转导指噬菌体只能转导供体菌染色体 DNA 上的某些特定基因。如λ噬菌体只能转导 *E.coli* K12 染色体 DNA 上的半乳糖基因（*gal*）和生物素基因（*bio*）。Φ80 噬菌体只能转导大肠杆菌的色氨酸基因（*trp*）、胸腺嘧啶激酶基因（*tk*）等少数基因。其机制在于这些噬菌体仅能整合在供体菌染色体 DNA 的特定位置上。

转导实验中常用的是λ噬菌体。它能整合在大肠杆菌染色体 DNA 上的半乳糖基因（*gal* 位于 17min 处）与生物素基因（*bio* 位于 18min 处）之间，因此，它既能转导 *gal* 基因又能转导 *bio* 基因。选用溶原性的 *E.coli* K12（λ）gal^+为供体菌。由于在此供体菌中λ噬菌体与 gal^+ 基因紧密连锁，因此，当此供体菌受紫外线照射后产生裂解反应，噬菌体被诱发释放，以一定的比例形成带有 gal^-基因的转导噬菌体。当让这种转导噬菌体与受体菌 *E.coli* K12 S gal^- 混合接触时，带有供体菌 gal^+基因的转导噬菌体能以一定的频率整合到受体菌的染色体 DNA 上，从而使不能利用半乳糖的 gal^-受体菌转变成能利用半乳糖的 gal^+细菌。

【实验材料】

供体菌：*E.coli* K12（λ）gal^+。
受体菌：*E.coli* K12 S gal^-。

【实验器具】

培养皿（9cm）、试管、离心管、三角烧瓶（100～150mL）、涂布棒、离心机、吸管（0.1mL、1.0mL、5.0mL）、水浴锅、紫外线照射箱、温箱、接种环、酒精灯等。

【实验试剂】

肉汤液体培养基、肉汤固体培养基、2E 肉汤液体培养基、肉汤半固体琼脂培养基、半乳糖 EMB 培养基、pH7.0～7.2 磷酸缓冲液、氯仿等。

【实验步骤】

1. 获取转导噬菌体

1）供体菌活化

取一环供体菌接种于盛有 5mL 肉汤液体培养基的三角烧瓶中，37℃培养 16h 使供体菌活化。

2）供体菌培养

用吸管吸取 0.5mL 经活化后的菌液接种于盛有 4.5mL 肉汤液体培养基的三角烧瓶中，37℃培养 4～6h。

3）制备菌悬液

将 37℃培养 4～6h 后的菌液倒入离心管中，以 3500r/min 离心 10min，慢慢弃去上清液后再用吸管加入 4mL 磷酸缓冲液，用吸管把沉淀吹打均匀，以 3500r/min 离心 10min。反复三次以洗净菌体。最后制成菌悬液。

4）诱导裂解

用吸管吸取 3mL 菌悬液于培养皿中，然后把加有盖子的培养皿移到 15W 的紫外灯下（培养皿距紫外灯垂直距离为 40cm）照射 30s，用手轻轻摇动一下培养皿，打开培养皿盖子继续照射 10～20s 以诱导噬菌体裂解供体菌。

5）避光培养

经紫外线诱导后在培养皿中加入 3mL 2E 肉汤液体培养基，为了防止光复活，把培养皿用黑纸包好，然后放在 37℃无光条件下培养 2～3h。

6）制备裂解液

用吸管吸取培养物于离心管中，以 3500r/min 离心 10min，吸取上清液于另一支离心管中（沉淀物弃去），在此离心管中加入 0.2mL 氯仿（4～5 滴）。把离心管放在振荡器上剧烈振荡 30s，再静置 5min 后把上清液吸入到另一试管中，在此试管中的上清液就是噬菌体（λ）gal^{+}的裂解液。

2. 噬菌体效价测定

1）受体菌活化

用接种环挑取一环受体菌接种于盛有 5mL 肉汤液体培养基的三角烧瓶中，37℃培养 16h。

2）受体菌培养

从活化后的受体菌培养液中吸取 0.5mL，放入盛有 4.5mL 肉汤液体培养基的三角烧瓶中，37℃培养 4～6h 以作指示菌用。剩余的 4.5mL 活化后的受体菌培养液放入 4℃冰箱中供后面涂布转导时用。

3）受体菌接种

取试管 4 支，每支中加入 3mL 已经熔化并于 45℃保温的肉汤半固体琼脂培养基，每支试管中再加入指示菌液 0.5mL。

4）稀释噬菌体裂解液

吸取 λ 噬菌体裂解液 0.5mL 加入到含有 4.5mL 肉汤液体培养基的试管中，依次稀释到 10^{-7}。

5）效价测定

从稀释成 10^{-6}、10^{-7} 的试管中分别吸取 0.5mL 噬菌体裂解液加入到含有指示菌液的肉汤半固体琼脂培养基的试管中，每个稀释度两支试管，摇匀后分别倒入盛有已凝固的肉汤固体培养基的培养皿中，摇匀待凝固后，37℃培养过夜，第二天观察每个培养皿中出现的噬菌斑数，同时计算噬菌体裂解液的效价。噬菌体裂解液的效价等于每毫升中 λ 噬菌体的总数。

效价（噬菌斑数/mL）=两皿平均斑数 × 稀释倍数 × 取样量折算数

3. 转导试验（点滴法）

1）培养皿底部绘图

取盛有半乳糖 EMB 培养基的培养皿两只，用红色或蓝色玻璃铅笔在培养皿底背面画两条宽带和上下两个圆圈，并在每条宽带中画两个方格，如图 36-1 所示。

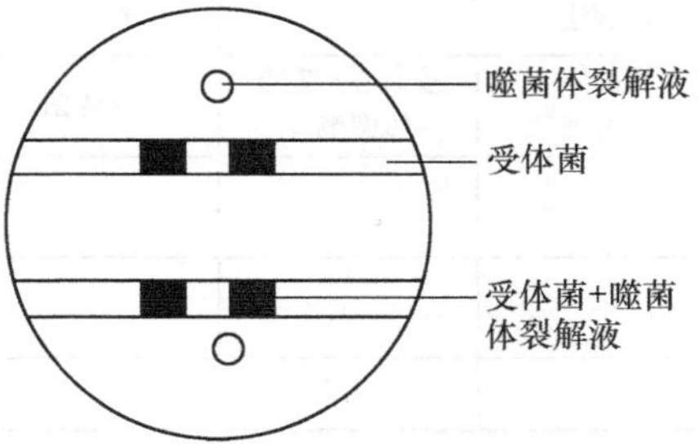

图 36-1 点滴转导涂皿方法

2）受体菌活化

将噬菌体效价测定第二步中保存于 4℃冰箱中的受体菌菌液转放到 37℃培养箱中，培养 16h。

3）受体菌接种

用接种环挑取一满环受体菌，在培养皿中已画好的两条宽带内涂出两条菌条，37℃培养 1.5h。

4）滴加噬菌体

从培养箱中取出培养皿，在培养皿底部画两个圆圈、4 个方格的地方各加一环噬菌体裂解液，先滴加两个圆圈处作为 λ 噬菌体对照，后滴加 4 个方格处作为转导试验。宽带中四个方格以外的菌条作为受体菌对照，37℃培养 48h。

5）观察

培养 48h 后观察 4 个方格以外的受体菌的菌落生长情况和菌落的色泽，同时也观察 4 个方格中及两个圆圈中菌落生长情况和菌落色泽。也可以用涂布法进行转导试验，其步骤是先取倒好半乳糖 EMB 培养基的培养皿 6 套，将其分别编号为 1、2、3、4、5、6，1 号、2 号皿中仅滴加 0.1mL 噬菌体裂解液作为对照，3 号、4 号皿仅滴加 0.1mL 受体菌菌液作为对照，5 号、6 号皿中滴加噬菌体裂解液 0.05mL 和 0.05mL 受体菌菌液。用玻璃涂棒将 6 只培养皿中的滴加物均匀涂开（每两只相同的皿用同一支涂棒），37℃培养 48h 后观察结果。

【实验结果】

若实验操作正常，滴加法使在涂的两个宽带菌条中菌落呈粉红色。在 4 个方格中菌落呈紫褐色且具金属光泽，在两个圆圈中没有菌落出现。将噬菌体效价测定结果、细菌转导实验结果填入表 36-1 和表 36-2 中。

表 36-1　噬菌体效价测定结果

噬菌体来源	裂解液稀释度	取样量/mL	噬菌斑数/皿	噬菌体数/mL
噬菌体（λ）裂解液	10^{-6}	0.5		
	10^{-7}	0.5		

表 36-2　细菌转导试验结果

转导试验	点滴法			涂布法		
	受体菌	噬菌体裂解液	受体菌+噬菌体裂解液	受体菌	噬菌体裂解液	受体菌+噬菌体裂解液
菌落生长情况						
菌落色泽						

【实验作业】

1. 根据公式，计算噬菌体的效价。
2. 分析总结实验结果，解释实验过程中出现的各种现象。

实验37

大肠杆菌紫外诱变及营养缺陷型菌株筛选

【实验目的】

1. 学习理解物理诱变的原理和机制。
2. 掌握大肠杆菌营养缺陷型菌株筛选的基本技术和方法。
3. 掌握物理诱变的基本操作技术。

【实验原理】

1927年，美国遗传学家H.J.Muller用X射线处理果蝇，获得各种各样的突变体，使人们对基因的变异有了新的认识和理解，开创了人工物理诱变的新领域，谱写了遗传学新的一章，并于1946年获得诺贝尔生理学或医学奖。物理诱变剂包括电离辐射和非电离辐射。最为常见的非电离辐射是紫外线。适量的紫外线照射可引起微生物的核酸物质DNA结构发生变化，培育具有新性状的菌种。因此，紫外线常常作为诱变剂用于育种工作中。用紫外线处理微生物，可使其基因发生突变，丧失合成氨基酸、维生素、核苷酸等物质的能力，不能在基本培养基上生长，然而，在基本培养基中补充相应物质后，诱变的微生物能够生长，这样的菌株称为营养缺陷型菌株。营养缺陷型菌株筛选的基本步骤是：诱变→淘汰野生型→检出缺陷型→鉴定缺陷型。用紫外灯诱变处理后的大肠杆菌，必须经过对野生型细胞进行淘汰，提高营养缺陷型细胞的比例，才能达到浓缩缺陷型的目的，进而获得所要的稳定突变型。对于细菌，常用青霉素法进行浓缩。青霉素（penicillin）杀死生长的细胞，而对不生长的细胞无致死效应，因而野生型因能生长而被杀死，缺陷型因不能生长而得以浓缩保存。用于诱变处理的微生物一般要求是呈单核的单细胞或单孢子的悬浮液，分布均匀，可以避免出现不纯的菌落；处于对数生长期，对诱变剂的反应最为敏感。

营养缺陷型菌株的检测方法有逐个测定法、夹层培养、限量补给法和影印培养法等。逐个测定法的基本流程是：把浓缩过的缺陷型菌液接种于完全培养基，然后将所产生的每一菌落分别接种在基本培养基和完全培养基上，使营养缺陷型因只能在完全培养基上生长、不能在基本培养基上生长而被检出。利用生长谱法可以鉴定营养缺陷型。一种缺陷型对多种化合物的需要情况在同一培养皿上就能够测定。在夹层培养法中，先在培养皿底倒一层无菌基本培养基，冷凝后再铺上一层含菌基本培养基，再次冷凝后加上无菌基本培养基（第三层）。

培养出现菌落后，用记号笔在培养皿底标记出菌落。然后，再加上完全培养基（第 4 层）。这样，继续培养后出现的菌落多数都是营养缺陷型的。在影印培养法中，先在完全培养基表面涂上经处理后的细菌；菌落出现后，用灭菌丝绒将菌落影印接种至基本培养基表面。对两个培养皿上长出的菌落进行比较，凡出现于完全培养基上而在基本培养基的同一位置不出现的菌落，可以初步确定为营养缺陷型菌落。

【实验材料】

大肠杆菌 JM109 菌株。

【实验器具】

离心机、接种环、超净工作台、灭菌锅、锥形瓶（150mL）、培养皿（9cm）、吸管（1.5mL）、离心管等。

【实验试剂】

肉汤培养基：牛肉膏 5g/L、蛋白胨 10g/L、NaCl 5mol/L、蒸馏水 1L，pH7.2，98kPa 高压灭菌 15min。

液体基本培养基：Vogel 50 × 2mL、葡萄糖 2g、蒸馏水 98mL，pH7.0，58.8kPa 高压灭菌 30min。

固体基本培养基：琼脂 2g、液体基本培养基 100mL，pH 7.0，58.8kPa 高压灭菌 30min。

肉汤培养基（ZE）：牛肉膏 10g/L、蛋白胨 20g/L、NaCl 10g/L、蒸馏水 1L，pH7.2，98kPa 高压灭菌 30min。

无 N 液体基本培养基：K_2HPO_4 0.7g 或 $K_2HPO_4 \cdot 3H_2O$ 0.92g、KH_2PO_4 0.3g、柠檬酸钠 · $3H_2O$ 0.5g、$MgSO_4 \cdot 7H_2O$ 0.01g、葡萄糖 2g、蒸馏水 100mL，pH7.0，58.8kPa 高压灭菌 30min。

2N 液体基本培养基：$K_2HPO_4$0.7g 或 $K_2HPO_4 \cdot 3H_2O$ 0.92g、$KH_2PO_4$0.3g、柠檬酸钠 · $3H_2O$ 0.5g、$MgSO_4 \cdot 7H_2O$ 0.01g、$(NH_4)_2SO_4$0.2g、葡萄糖 2g、蒸馏水 100mL，pH7.0，58.8kPa 高压灭菌 30min（在高渗青霉素法中，2N 基本培养基中添加 20%的蔗糖和 0.2%的 $MgSO_4 \cdot 7H_2O$）。

表 37-1　混合氨基酸分组

组别	组成					
Ⅰ	赖氨酸	精氨酸	甲硫氨酸	半胱氨酸	胱氨酸	嘌呤
Ⅱ	组氨酸	精氨酸	苏氨酸	羟脯氨酸	甘氨酸	嘧啶
Ⅲ	丙氨酸	甲硫氨酸	苏氨酸	羟脯氨酸	甘氨酸	丝氨酸
Ⅳ	亮氨酸	半胱氨酸	谷氨酸	羟脯氨酸	异亮氨酸	缬氨酸
Ⅴ	苯丙氨酸	胱氨酸	天冬氨酸	甘氨酸	异亮氨酸	酪氨酸
Ⅵ	色氨酸	嘌呤氨酸	嘧啶氨酸	丝氨酸	缬氨酸	酪氨酸
Ⅶ	脯氨酸					

混合氨基酸/混合维生素/核苷酸：氨基酸（包括核苷酸）分Ⅰ～Ⅶ组，其中Ⅰ～Ⅵ每组有 6 种氨基酸（包括核苷酸），每种氨基酸（包括核苷酸）等量研细后充分混合在一起，第

Ⅶ组是脯氨酸（表37-1）；将维生素B_1、维生素B_2、维生素B_6、生物素、对氨基苯甲酸（BAPA）、泛酸及烟碱酸等量研细后充分混匀，即配成混合维生素。

生理盐水：0.85% NaCl高压灭菌（98kPa、15min）。

【实验步骤】

1. 菌液制备

用接种环挑取少量的大肠杆菌接种到有5mL肉汤培养液的锥形瓶内，37℃培养过夜。次日，添加新鲜肉汤培养液5mL，充分混匀，分装在两只锥形瓶之中，37℃继续进行培养5h。把两份菌液分别倒入离心管中，3500r/min离心10min。弃上清液，收集沉淀，并将沉淀抽打均匀，一管加入5mL生理盐水后与另一管合并成为一管。

2. 诱变处理

把3mL上面的菌液移到培养皿内，打开15W紫外灯，稳定30min，然后将加盖子的培养皿放在紫外灯下28.5cm处照射1min（灭菌）；再移开盖子照射1min（照射完毕，先盖上培养皿盖子，再关闭紫外灯的电源）。将3mL加倍肉汤培养液加入照射后的培养皿中，进行37℃避光培养（>12h）。

3. 青霉素法淘汰野生型细菌

取5mL诱变过的菌液，放入一支灭菌的离心管中，以3500r/min离心10min。弃上清液，并将沉淀抽打均匀，用生理盐水离心洗涤三次，并补加生理盐水至原体积。将离心、洗涤过的菌液0.1mL转移到5mL的无N基本培养液中，进行37℃连续培养12h。培养满时间后，按1∶1的比例加入2N基本培养液5mL，并溶入青霉素钠盐，使青霉素终浓度约为1.000U/mL，继续进行37℃温箱培养。培养时间达12h、16h、24h时，各取0.1mL菌液倒入两个灭菌培养皿，再分别倒入经融化、冷却至40～50℃的基本培养基和完全培养基，摇动混匀、放平，待凝固以后，在培养皿上注明取样时间，进行37℃温箱培养36～48h。

4. 营养缺陷型菌株的检出

对以上平板进行菌落计数。选取完全培养基上产生的菌落数远远超过基本培养基的一组，用接种针挑取完全培养基上的菌落80个，依次点种到基本培养基平板、完全培养基平板上，放到37℃温箱内进行恒温培养12h。培养后，选取在完全培养基上进行生长而在基本培养基上不生长的细菌，在基本培养基的平板上划线，37℃培养24h。不能生长的细菌就是营养缺陷型候选菌株，见图37-1。

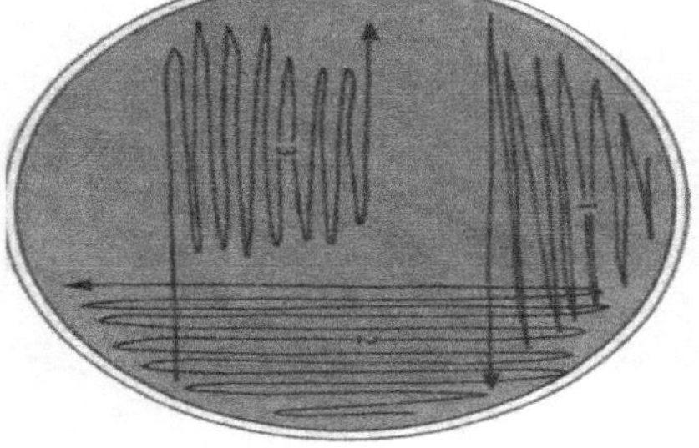

a

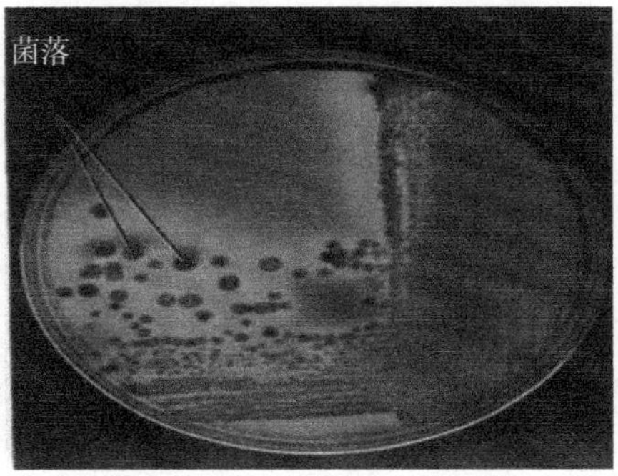

b

图37-1　划线培养（a）和单菌落（b）

5. 营养缺陷型菌株的生长谱鉴定

把选出来的营养缺陷型候选菌菌落接种于盛有 5mL 肉汤培养液的离心管内，37℃恒温培养 14～16h。将培养后的菌液以 3500r/min 离心 10min，弃去上清液，并将沉淀抽打均匀，然后进行离心洗涤（3 次），补加生理盐水至原体积。两次吸取 1mL 经离心洗涤的菌液，分别放到两个灭菌培养皿内，然后向其中倒入融化、冷却至 40～50℃的基本培养基，摇动混匀、放平，静置凝固后，将两培养皿的皿底等分为 8 个格，依次放入混合氨基酸（包括核苷酸）、混合维生素和脯氨酸（为不使细菌的生长受到抑制，加量要很少），然后放进 37℃温箱内培养 24～48h，观察生长圈，确定营养缺陷型。

【实验结果】

诱变大肠杆菌在基本培养基上不生长，而在补加某种成分的完全培养基上生长的菌株就是该成分的营养缺陷型菌株。

【实验作业】

1. 简述紫外线对大肠杆菌诱变的原理和机制。
2. 简述营养缺陷型菌株筛选的原理。
3. 分析总结实验结果，对出现的各种现象进行解释。

实验 38

大肠杆菌质粒 DNA 的转化

【实验目的】

1. 学习理解细菌转化的原理和机制。
2. 掌握质粒 DNA 转化实验的基本操作方法。

【实验原理】

1928 年英国医生 F.Griffith 的肺炎球菌的感染实验，以及 1944 年美国生物学家 O.Avery 证明 DNA 是遗传物质的实验发现了细菌遗传物质转移的另一途径——转化(transformation)。转化是指 A 生物由于特异性吸收了 B 生物的遗传物质，并将吸收的遗传物质整合到自身的基因组内，从而获得了 B 生物的某些遗传性状或者发生某些遗传性状改变的一种现象。通过转化获得的转化细胞称为转化子。目前转化技术已经成为为分子遗传学、分子生物学研究的重要基本技术。

转化是一个自然存在的过程，它是双链 DNA 片段与受体菌的细胞表面特定位点结合后，以 DNA 双链形式进入受体菌细胞中，进入受体菌细胞后成为单链，DNA 单链与受体菌细胞染色体上的同源区段配对，受体菌细胞染色体相应单链片段被切除并被外来的单链 DNA 所交换和取代，形成杂种 DNA 区段。受体菌细胞复制分裂成两个细胞，一个仍为受体菌类型，另一个为转化子，见图 38-1。

一般情况下，细菌细胞不能够随便吸收外来的 DNA 片段，只能在处于特别时期时才能吸收外源 DNA 片段，这个时期就称作“感受态细胞”(competent recipient cell)，处于感受态、非感受态的细菌细胞都可以吸附 DNA 片段，但仅有处于感受态的细菌细胞所吸附的 DNA 片段比较稳定，不容易被洗脱掉。细菌的感受态可以在实验室用理化方法人工诱导，这个诱导操作过程称为致敏过程。转化技术的关键是致敏过程是否成功。将对数生长早中期的大肠杆菌细胞用低温和低渗的 $CaCl_2$ 溶液进行处理，再经过短时间的热休克处理，就会使大肠杆菌细胞处于非常容易吸收外源 DNA 的生理状态——感受态。质粒 pUC18 的 DNA 分子上带有氨苄西林和四环素的抗性基因，因此，该质粒对大肠杆菌（该大肠杆菌带有对氨苄西林和四环素的敏感基因）进行转化后，在培养基中加入氨苄西林和四环素便可以检测出转化子。

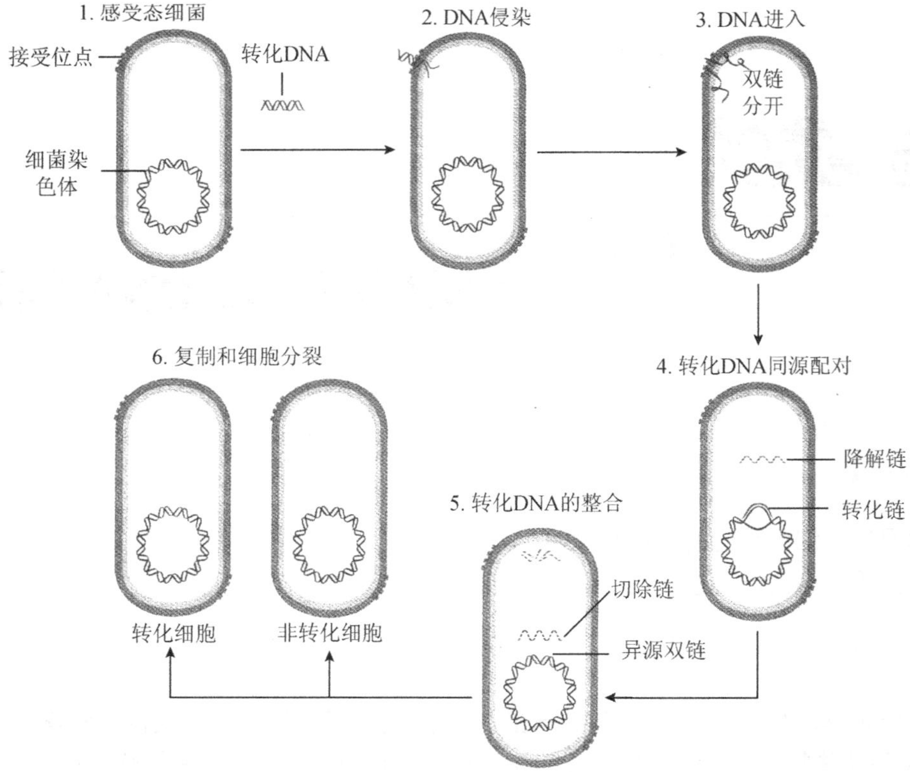

图 38-1　转化过程示意图

【实验材料】

供体菌：*E.coli* C600/pUC18。
受体菌：*E.coli* DH5α。
质粒 DNA：pUC18。

【实验器具】

恒温水浴锅、分光光度计、冷冻离心机、移液管、微量移液器、培养皿、离心管（Eppendorf 管）、试管等。

【实验试剂】

LB 培养基：酵母提取物 5g、胰蛋白胨 10g、NaCl 10g、加水至 1000 mL，pH7.0。

SOC 培养基：SOB+葡萄糖（终浓度 20mmol/L）。

SOB 培养基：酵母提取物 5g、胰蛋白胨 20g、NaCl 0.5g、KCl（250mmol/L）10mL，加水至 1000mL，pH7.0。

氨苄西林：100mg/mL，过滤灭菌。

$CaCl_2$ 溶液：60mmol/L $CaCl_2$，15%甘油，10mmol/L PIPES，pH7.0。

TFB：10mmol/L MES（pH6.3）、45mmol/L $MnCl_2$、10mmol/L $CaCl_2$、10mmol/L KCl。400mL

FSB：1mol/L 乙酸钾（pH7.5）4mL、3.57g $MnCl_2 \cdot 4H_2O$、0.44g 无水 $CaCl_2$、2.98g KCl、40mL 甘油，加双蒸水到 400mL。

【实验步骤】

1. 制备感受态细胞

（1）从受体菌平板上挑取 4 或 5 个菌落转移到 1mL SOB 培养基（含 20mmol/L $MgSO_4$）中，然后中速振荡，使细胞分散均匀后按 1：100 的比例转入 10mL SOB 培养基（含 20mmol/L $MgSO_4$）中，37℃振荡培养 2.5～3h。

（2）测定光密度值，当 OD_{600} 为 0.3～0.5 时，受体菌处于对数生长期早期或对数生长期。将此时期的培养物转入到一个无菌的、预冷的离心管中，冰水中静置 10min。

（3）冷却的培养液经 4℃，3000r/min，离心 10min。

（4）弃去上清液，把离心管倒置 2～3min，使离心管内残留的培养液被除尽。

（5）用 2mL 预冷的转化缓冲液（TFB 或 FSB）将沉淀物制成菌悬液，冰浴 10min。

（6）4℃，3000r/min 离心 10min。

（7）弃去上清液，把离心管倒置 2min，使离心管内残留的培养液被除尽。

（8）取 1.25mL 预冷 TFB 或 FSB 轻轻振荡，制成菌悬液。

（9）将制备好的感受态细胞分装在 1.5mL 的无菌 Eppendorf 管中，每个 Eppendorf 管中分装 50～200μL。当时就要使用的感受态细胞，可以放置在冰水中待用。若不马上使用的，可以存放在 4℃冰箱中，24h 内使用。剩余的菌悬液加入终浓度为 10%～15%的无菌甘油，迅速降温后，置–70℃低温冰箱保存备用。感受态可维持半年时间。

2. 转化

（1）从供体菌 *E.coli* C600/pUC18 提取 pUC18 质粒（提取方法见实验 40DNA 的提取），制备成待转化 DNA 样品备用。

（2）将待转化 DNA 样品小心吸取适量加入感受态细胞的样品管中（50μL 感受态细胞需 25ng DNA，体积不宜超过感受态细胞的 5%），轻轻混合。对照管中只有感受态细胞而不加待转化 DNA 样品。同时冰浴 30min。

（3）将冰浴中的样品管、对照管放在 42℃水浴锅中静置 90s（准确计时），然后迅速转入冰水中静置 1～2min。

（4）每只样品管、对照管中加入 800μL SOC 培养液，混匀后将所有样品小心转入无菌试管中，置 37℃振荡 45min。对照管也做同样处理。

（5）将上述转化细菌（直径为 9cm 的培养皿加 200μL）涂布在含有相应抗生素和 $MgSO_4$（20mmol）的 SOB 平板上，同时涂布不含抗生素的 SOB 平板作为对照，置 37℃培养，培养时间不超过 20h。对照管也进行同样处理、观察培养后的情况。

（6）观察转化和对照平板上菌落生长情况，统计菌落数并计算转化频率。

【实验结果】

将试验结果填入表 38-1 中，计算转化频率、转化子总数。

表 38-1　大肠杆菌质粒 DNA 转化结果

实验组别	稀释度	菌落数/皿		每毫升感受细胞		转化频率
		含抗生素	不含抗生素	转化子数	DNA 量/μg	
转化组						
对照组						

转化频率=转化子总数/μg DNA

转化子总数=转化菌落数×稀释倍数×转化反应液体积

【实验作业】

1. 分析总结实验结果，解释实验过程中出现的各种现象。
2. 计算转化频率和转化子总数，分析实验是否成功，若不理想，分析原因。
3. 转化过程中需要注意哪些问题?

实验 39

大肠杆菌基因的功能等位性测验——互补测验

【实验目的】

1. 学习理解互补测验的原理和机制。
2. 掌握互补测验的技术和方法。

【实验原理】

1955 年，美国分子生物学 S. Benzer 利用互补测验的方法对大肠杆菌噬菌体 T_4 的 rⅡ区基因的深入研究，揭示了基因的精细结构，证明基因是 DNA 分子上的一个特定区段，在这一区段内存在许多突变位点、重组位点，认为基因不再是一个突变单位、重组单位。改变了人们对基因的认识，极大地促进了分子遗传学的发展。对微生物某一代谢途径进行研究时，将两个突变型进行杂交，经过重组可以形成互补，产生出野生型。但是，重组既可以发生于基因间，又可以发生于基因内。所以要判断这两个突变位点是属于同一功能基因还是属于不同的功能基因，需要进行基因的功能等位性测验-互补测验（complementation test），也称为顺反测验。具有不同的突变位点的两种突变型杂交，当基因的排列为顺式时形成互补，后代为野生型，反式时也能互补，后代也是野生型，则两个位点属于两个不同的基因；当基因的排列为顺式时能互补，后代为野生型，反式时不能互补，后代是突变型，则两个位点属于同一个基因的两个不同的位点。

需要注意的是，互补作用发生在不同基因的产物之间，而重组发生在 DNA 分子之间，虽然都能导致野生型的出现，但本质上不同。为此，在互补测验中，必须排除重组的发生，措施之一是选用重组缺陷型 *recA*⁻作为受体菌。另外，由于互补可发生在每一杂基因子的细胞中，而重组的频率却很低，它只发生在少数杂基因子的细胞中，因此实验中的另一个措施是降低互补菌液的浓度以尽量避免重组。互补测验的基本要求是：需在一个二倍体（或局部二倍体）的反式结构而且不发生重组的细胞内进行。

原核生物大肠杆菌具有乳糖代谢操纵子，受调节基因 *lacI* 所控制，由操纵子 O、启动子 P 和三个结构基因 *lacZ*、*lacY*、*lacA* 所组成。三个结构基因产生在乳糖利用中所必需的酶。*lacZ*⁻、*lacY*⁻、*lacA*⁻的表型效应都是 *lac*⁻突变。

本次互补实验所选用的供、受体菌均为 *lac*⁻突变型，供体菌是 CSH14（F′-*lacZ*⁻）、CSH40

（F′-*lacZ*$^-$）；受体菌是 FD1007（*lacZ*$^-$）、FD1008（*lacY*$^-$）。F′菌株是具有携带了一段细菌染色体的 F 因子的菌株。携带一段含有 *lac* 基因片段的 F 因子，就记作 F′*lac*。

【实验材料】

大肠杆菌的乳糖发酵突变型。

供体菌：*E.coli* CSH14 F′-*lacZ*$^-$ *proA*$^+$ *B*$^+$/Δ（*lac pro*）*thi supE*

E.coli CSH40 F′-*lacY*$^-$*proA*$^+$ *B*$^+$/Δ（*lac pro*）*thi*

受体菌：*E.coli* FD1007 *lacZ*$^-$*trp thi strA*^{r}*recA*

E.coli FD1008 *lacY*$^-$*thi strA*^{r} *recA*

【实验器具】

恒温水浴振荡器、离心机、接种环、酒精灯、三角瓶（50～150mL）、无菌培养皿（9cm）、试管（15mm×150mm）、各种规格的无菌移液管、量筒、烧杯、5mL 离心管、吸管、玻璃涂菌器、称量瓶等。

【实验试剂】

LB 液体培养基（加乳糖）：酵母浸出液 5g、蛋白胨 10g、NaCl 10g、蒸馏水 100mL，pH7.5，98kPa 高压灭菌 15min。

含乳糖、色氨酸和链霉素的基本培养基：10×A 缓冲液 100mL、20%乳糖 20mL、1mg/mL 维生素 B_1 4mL、0.25mol/L $MgSO_4·7H_2O$ 4mL、蒸馏水适量，加 10mg/mL 色氨酸 4mL、50mg/mL 链霉素 4mL。以蒸馏水定容至 1000mL。糖、维生素以 58.8kPa 灭菌 15min，其他以 98kPa 灭菌 20min。抗生素在用前以无菌水配制。其中 10×A 缓冲液的配方：K_2HPO_4 105g、$(NH_4)_2SO_4$ 10g、KH_2PO_4 45g、$Na_3C_6H_5O_7·2H_2O$ 5g，加蒸馏水至 1L，pH7.0。

乳糖-伊红亚甲蓝（eosin methylene blue，EMB）培养基：乳糖 1g、蛋白胨 0.8g、NaCl 0.5g、K_2HPO_4 0.2g、伊红 0.04g、亚甲蓝 0.0065g、琼脂 2g、蒸馏水 100mL，pH7.2，58.8kPa 灭菌 20min。

1×A 缓冲液、0.85%生理盐水、甲苯、4mg/mL 邻硝基-*β*-D-半乳糖苷（*o*-nitrophenyl-*β*-D-galactoside，*β*-ONPG）等。

【实验步骤】

1. 菌种活化

第 1 天（傍晚）：将两种供体和两种受体菌分别接种于 5mL LB 液中，37℃培养过夜（活化）。

2. 供体菌与受体菌混合

第 2 天（8：00）：吸取经活化的两种供体和两种受体菌各 1mL，分别加入 5mL 的新鲜 LB 液（扩菌）。3h 后，按表 39-1 所示的 4 种组合各取供、受体菌液 1mL 混合，在 37℃水浴振荡器中轻摇 30min。然后，将各组合混合菌液以无菌生理盐水稀释到 10^{-4}、10^{-5}；从 10^{-4}、10^{-5} 稀释菌液中各吸取 0.1mL 分别涂在 2～4 个含乳糖、色氨酸和链霉素的基本培养基平板上，同时将供、受体的 4 种菌也稀释到 10^{-4}，并各吸取 0.1mL 分别涂在两个含乳糖、色氨酸和链霉素的基本培养基平板上（对照）。完成操作后，将以上所有平板于 37℃条件下培养 48h。

表 39-1　供体菌与受体菌的混合

受体＼供体	CSH40	CSH14
FD1007		
FD1008		

3. 划线分离培养

第 3 天，观察菌落生长情况，从实验组（4 种组合）平板上任选两个较大的菌落，在乳糖 EMB 平板上划线分离培养。

4. 观察互补情况

第 5 天：观察 EMB 平板上菌落生长情况。紫红色菌落中夹杂少量白色菌落表明基因间有互补；白色菌落表明基因内无互补。为进一步验证，可将紫红色菌落和白色菌落分别接种到含乳糖的 LB 液中，并在 30℃条件下培养（过夜）。

5. 进一步鉴定

鉴定第 7 天，将菌液进行离心，再用 1×A 缓冲液洗涤两次，然后用 1×A 缓冲液悬浮菌体细胞。从各种菌液中吸取 1mL 置于试管中，并加 1 滴甲苯（破坏细胞膜使酶得以释放），立刻将混合液振荡 l0s，再在 37℃恒温水浴摇床上轻摇孵育 40min（让甲苯挥发）。随即，取 0.2mL β-ONPG 加入经甲苯处理过的菌液之中，在 37℃恒温水浴摇床上再轻摇孵育 5min，观察菌液的颜色改变情况。能够互补的菌落的表型是 lac^{+}，可利用乳糖（有 β-半乳糖苷酶的参与）。β-半乳糖苷酶可被 β-ONPG 分解，产生黄色对硝基苯酚，因此根据菌液是否变黄可判断 β-半乳糖苷酶的存在，作为确定供、受体互补情况的依据。

【实验结果】

供、受体菌以 4 种组合杂交，F 因子转导进入受体菌后，形成 4 种局部二倍体，其中 F'$lacZ^{-}$ 均可互补 $lacY^{-}$（CStH14×FDl008 的杂交结果）产生能利用乳糖的野生型，在乳糖 EMB 平板上生长出紫红色菌落；F'$lacZ^{-}$/$lacZ^{-}$（CSIH14×FDl007 的杂交结果）和 F'$lacY^{-}$/$lacY^{-}$（CStH140×FDl008 的杂交结果）两种细胞不能互补（仍表现突变性状），在同样的平板上生长出白色菌落。

根据实验结果，*lacZ* 和 *lacY* 是乳糖操纵子中两个不同的结构基因，而不同的 $lacY^{-}$突变型间、不同的 $lacZ^{-}$突变型间不能互补，表明它们都同属于一个结构基因。

根据实验结果填写表 39-2。

表 39-2　互补测验结果

供体 受体	CSH40		CSH14	
	互补情况	与 *β*-ONPG 的颜色反应	互补情况	与 *β*-ONPG 的颜色反应
FD1007				
FD1008				

【实验作业】

1. 进行互补测验的基本条件是什么？如何满足这些基本条件？
2. 能互补的菌落在 EMB 平板上划线，为何出现分离？
3. 本实验中哪两个菌株能够互补，哪两个菌株不能互补？判断依据是什么？

实验 40

化学诱变剂的 Ames 检测

【实验目的】

1. 学习理解检测化学诱变剂的原理和机制。
2. 掌握 Ames 法检测化学诱变剂的操作方法。

【实验原理】

随着人类社会的发展，人们合成了无数种自然界中不曾存在过的化合物。人们十分关心这些物质是否会对人类的遗传物质造成危害。对各种化学物质的致癌和在胚胎发育过程中的致畸效应的检测，早期的方法是用待测的化学物质饲喂、注射动物或涂布在动物皮肤上，然后观察动物是否因此而患瘤或出现畸胎等。这种方法往往要用几种动物并重复试验才能得出可靠的结论，而且费用大、时间长。

1973 年，美国加利福尼亚大学的教授 Bruce Ames 等用鼠伤寒沙门氏菌的组氨酸营养缺陷型突变株建立了化学诱变剂的检测系统，称为 Ames 法。组氨酸营养缺陷型突变菌株在不含组氨酸和生物素的基本培养基中是不能生存的。当把待测的化学物质加入培养基中，组氨酸营养缺陷型菌株发生了回复突变，才能在基本培养基上生长出菌落。当诱发回复突变的菌落数超过自发回复突变菌落数的一倍以上时为阳性反应，待测的化学物质被定为化学诱变剂。Ames 试验法快速、简便、敏感、经济，且适用于测试混合物，反映多种污染物的综合效应。目前，已经成为国际上公认的化学诱变剂检测的常规技术。

许多化学物质在体外检测时是阴性反应，但经过体内肝脏某些酶的作用可以转变为诱变剂。所以在检测过程中，加入大鼠肝脏提取液（S-9）就能大大提高检测的准确性。这种鼠伤寒沙门氏菌-微粒系统已成为国际上公认的化学诱变剂检测的常规方法。鼠伤寒沙门氏菌对化学致癌物来说，不是决定性的实验。但是，目前各地资料表明，Ames 试验阳性和致癌之间有十分明显的相关性。根据 Ames 对 300 余种化学品进行的微生物诱变试验及动物诱癌实验对比，发现二者之间存在着非常明显的一致性。Ames 试验检出率高，经实验有 90%的化学致癌物都可获得阳性结果。缺点是微生物的 DNA 修复系统比哺乳动物简单，基因数目没有哺乳动物多，不能完全代表哺乳动物的实际情况。尽管如此，由于存在着上述的优势，故目前 Ames 试验在致突变试验中仍然是被首选的实验方法。Ames 试验的操作流程见图 40-1。

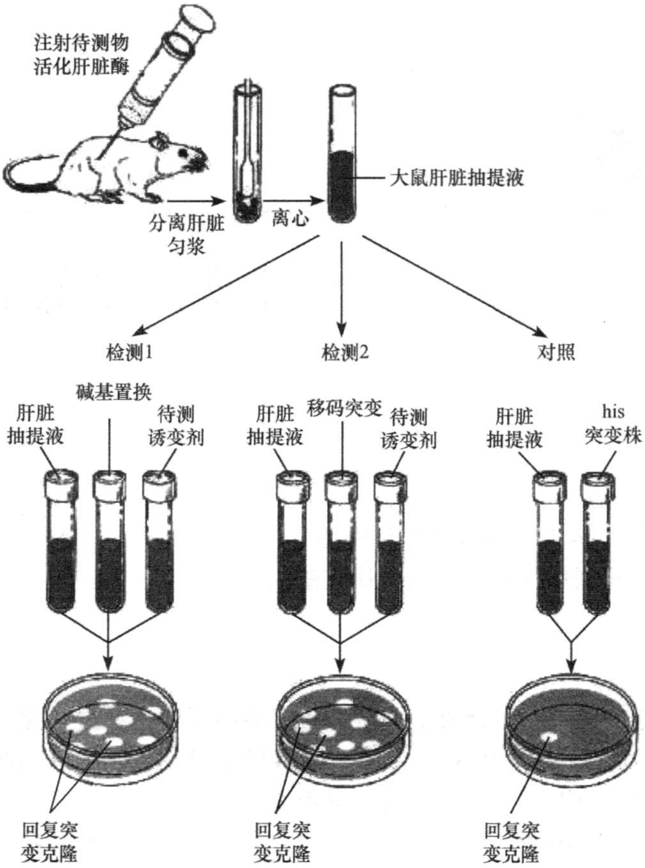

图 40-1　Ames 试验的操作流程

【实验材料】

鼠伤寒沙门氏菌组氨酸和生物素缺陷的突变株（*his*⁻*bio*⁻UvrBrfa）TA1535、TA1537、TA1538、TA98 和 TA100。其中 TA100 和 TA1535 是用来检测诱发碱基置换突变诱变剂的菌株，其余 3 个菌株是用来检测引起移码突变诱变剂的菌株。

【实验器具】

恒温培养箱、高压灭菌锅、普通离心机、匀浆机、解剖工具、注射器、培养皿、接种环等。

【实验试剂】

斜面培养基：牛肉膏 0.5g、蛋白胨 1g、NaCl 0.5g、琼脂 2g、蒸馏水 100mL，pH 调至 7.2。高压灭菌。

液体完全培养基：成分同上，不加琼脂分装，每管 5mL，高压灭菌。

底层基本培养基：Vogel 50 × 2mL、葡萄糖 2g、琼脂 1.5g、蒸馏水 98mL。高压灭菌。

上层半固体培养基：每 100mL 培养基中加入琼脂 0.7g、NaCl 0.5g、0.5mmol/L 组氨酸盐和 D-生物素混合液 10mL。

制备S-9时所用的各种溶液包括：①0.2mol/L pH7.4的磷酸缓冲液；②盐溶液（$MgCl_2$ 8.1g，KCl 12.3g，加水至100mL高压灭菌）；③辅酶Ⅱ和葡萄糖-6-磷酸钠工作液（辅酶Ⅱ297mg，葡萄糖-6-磷酸钠152mg，0.2mol/L pH7.4磷酸缓冲液50mL）；④盐溶液2mL，加水至100mL，过滤除菌，分装，-20℃保存。

【实验步骤】

1. 制备S-9

选取成年雄性大鼠3只（每只150～200g），按2.5mL/kg体重的量腹腔注射多氯联苯油溶液（玉米油配制，浓度为200mg/mL）。注射后第4天起大鼠禁食12h，然后断头、放血、取肝。肝脏混合称重，用0.15mol/L KCl 制成匀浆，9000*g*离心10min，取上清分装在小试管中，每管1～2mL，冻存在液氮里或液氮速冻后贮存在-20℃备用。注意在取肝以后的各步操作所需的器具药品都要保持无菌，在0～4℃条件下操作。

2. 菌种鉴定

在实验前需先鉴定测试菌种的一些突变性状是否继续存在。如菌液中已有部分菌体丧失突变性状，则需做单菌落分离，挑选出保持突变性状的细菌作为测试菌种。需鉴定的突变型如下。

1）组氨酸缺陷突变型（his^-）

在不含组氨酸的培养基上不能生长。

2）细菌荚膜脂多糖屏障缺陷突变型（rfa^-）

在接种了细菌的完全培养基上放直径为0.6cm的圆形滤纸，滴上10μL结晶紫溶液（1mg/mL）。37℃培养12～24h，在滤纸周围产生一道透亮的抑菌圈，表明rfa^-存在，因为这种突变允许结晶紫这样的大分子进入菌体内，并抑制其生长。野生型细菌的生长不受抑制。

3）DNA损伤切除修复系统缺陷突变（*UvrB*）

在完全培养基上划线接种野生型菌种和测试用突变菌，培养皿的半侧用黑纸遮盖置15W紫外灯下33cm处照射6s（TA98和TA100照射8s），37℃培养12～24h后突变菌应只在避光处生长，照光处不生长；野生型菌则在照光和避光处都生长。

4）抗氨苄西林因子（Amp^r）

TA100和TA98都带有pKM101质粒，上面有抗氨苄西林因子。先在完全培养基上划一道氨苄西林溶液（8mg/mL 0.02mol/L NaOH），待干后，分别划线接种TA98、TA100和野生型细菌，其方向正好同氨苄西林的划线方向垂直。37℃培养12～24h。在氨苄西林扩散范围之内野生型细菌不能生长，而含有抗性因子的TA98和TA100能生长。

5）测定菌种的自发回复突变菌落数

每一测试菌株的自发回复突变菌落数应保持相对稳定。根据国内外一些实验室的报道，各个测试菌株的自发回复突变菌落数的变动范围如下：TA98（14～75）；TA100（60～220）；TA1535（5～30）；TA1537（3～25），TA1538（5～40）。这些数是指每皿接种10^7～10^8个细菌时的回复突变数。

6）诱变阳性指示剂

一般可用*N*-甲基-*N'*-硝基-*N*-亚硝基胍（MNNG）（用于TA100和TA1535）、9-氨基吖啶

（9-AA）（用于 TA1537）、2-亚硝基芴（2-NF）（用于 TA98 和 TA1538）等试剂作为实验室的诱变阳性指示剂。另外，加 S-9 实验时，黄曲霉毒素 B1 需经 S-9 代谢活化后才能出现诱变作用，可用于 S-9 活性的鉴定。

3. 细菌培养

从培养在斜面培养基上的测试菌种中挑取少量菌种，接种在 5mL 完全培养基里，37℃培养 16h 左右，供诱变试验用。此时细菌数目为 10^8～10^9 个/mL。

4. 纸片点样检测

取直径为 9cm 的培养皿，每个培养皿中加底层培养基 15mL，冷却后凝固。取上层培养基 3mL，菌液 0.1mL，混匀。倒入培养皿中，铺在底层培养基之上。用灭菌的滤纸圆片（直径 6mm）蘸待检物溶液后，置于上层培养基上。每皿可放 1～5 张纸片，37℃培养 48h（注意：如果待检物是脂溶性的，可用二甲基亚砜、乙醇、丙酮等作为溶剂）。

5. 培养皿掺入检测

每培养皿加底层培养基 15mL，待凝固后，取 3mL 上层培养基加 0.1mL 菌液，再加待检物 0.1mL，充分摇匀后倒在底层培养基上，37℃培养 48h。

6. 加 S-9 检测法

操作方法与上述第四、五两步相同。只是在每培养皿的上层培养基中还需加入 S-9 混合液 0.2mL。混合液的配制方法是把低温贮存的 S-9 置室温下融化，每 2mL 中加入 10mL 的辅酶Ⅱ和葡萄糖-6-磷酸钠工作液。

7. 阳性对照和 S-9 活性鉴定

每次实验都需做阳性对照（用阳性指示剂代替待检物，以鉴定测试菌株的有效性）和空白对照（包括不加待检物的对照和不加待检物只加 S-9 的对照）。

【实验结果】

1. 诱变性的定性鉴定

用纸片点样检测时，凡在点样纸片周围长出一圈密集的回复突变菌落，则该待检物为诱变阳性物质；如果只出现散在的回复突变菌落，其数目与对照相近，则为诱变阴性物质。培养皿掺入检测法是直接查点培养基上长出的回复突变菌落数，凡在背景生长的菌苔上长出的回复突变菌落数，比对照组的自发回复突变数增加一倍以上的，记为阳性反应。

2. 诱变性的定量鉴定

用培养皿掺入法检测时，计算不同浓度的待检物所诱发的回复突变菌落数。在一定范围内，阳性诱变物的浓度同回复突变菌落数一般有线性关系，浓度高到某一程度时，往往出现抑制细菌生长的现象，从而使回复突变菌落数下降。因而，可以用这些数据来确定最有效的诱变浓度、抑菌生长的浓度，以及不致诱发突变的所谓“允许浓度”或“完全浓度”。

3. 数据记录和分析

培养皿检测实验时，每一待测物浓度一般至少做三个培养皿，计算每只培养皿上的菌落数，求出平均数，并求出标准误差。

$$\text{标准误差 } Sx=\sqrt{\frac{\sum_x^2-\frac{\left(\sum x\right)^2}{n}}{n(n-1)}}$$

式中，x 为每个培养皿中的回复突变菌落数；n 为所做的培养皿的皿数。所得的数据填于表40-1中。

表 40-1　鼠伤寒沙门氏菌回复突变的化学诱变

菌株 / S-9 / 浓度/（μg/皿）	TA98		TA100		TA1535	
	不加	加	不加	加	不加	加
0 每皿平均回变菌落数 10 每皿平均回变菌落数 100 每皿平均回变菌落数						

【实验作业】

1. 正式检测之前，为什么要花那么大的精力、时间去检测测试菌株的各种性状？
2. 根据实验操作过程和实验结果，你认为在整个检测过程中应注意哪些问题？
3. 为什么可以用细菌检测致癌物质？
4. 对致癌物质的检测为什么选用回复突变基因作标记？

【注意事项】

1. 鼠伤寒沙门氏菌是条件致病菌，所以用过的器皿应放入石炭酸中或进行煮沸灭菌，培养基也应经煮沸后倒弃。

2. 肝匀浆的提取应重视无菌操作，并应做无菌测定，如无低温条件时，提取过程尽可能用冰浴保持低温。S-9 混合液要在使用时随时配制。

3. 倒底层培养基时，待融化好的培养基冷却到 45～50℃时倒皿，尽可能减少平板表面的水膜，防止上层“滑坡”，能预先在 37℃过夜则更好。

第五章　分子遗传学实验

1869 年，F. Miescher 从脓细胞核中分离出了 DNA，使人们第一次看到了遗传物质；1944 年，O.Avery 的肺炎球菌转化实验使 DNA 是遗传物质的观念得到了普遍认可；1953 年，J.Watson 和 F.Crick 等人发现 DNA 双螺旋结构模型，开创了分子遗传学的新纪元；H. M. Temin 发现反转录现象，完善了中心法则；H. O. Smith 发现Ⅱ型限制性内切酶，P. Berg 发明 DNA 体外重组技术等，标志着基因工程的诞生；K. Müllis 发明的 DNA 体外快速扩增技术，极大地加速了遗传学研究的步伐。这些成果都先后获得诺贝尔生理学或医学奖和诺贝尔化学奖。目前，分子遗传学许多新的原理不断被发现，新的技术不断被发明。从 DNA 的提取到 DNA 的体外重组、转移及转移到寄主细胞中的表达检测等这一整套技术已经成为分子遗传学的基本技术，也是生命科学的基本技术。作为生命科学专业的本科生、研究生都应该在 DNA 分子水平的操作方面得到系统的训练，了解和掌握这套基本技术。因此，设计了 DNA 的提取及纯化、PCR 扩增技术和琼脂糖凝胶电泳、质粒的双酶切和目的基因片段回收、重组质粒的构建转化和筛选、外源基因在大肠杆菌中的表达与检测、总 RNA 提取及反转录扩增 cDNA(RT-PCR)、随机扩增多态性 DNA（RAPD）分析、Southern 印迹、Western 印迹、Northern 印迹等 10 个实验。旨在强化训练学生的专业技能，培养学生的创新能力，提高学生的核心竞争力。

Howard Martin Temin
(1934～1994 美国遗传学家家)

Hamilton Othanel Smith
(1931～ 美国微生物学家)

Paul Berg
(1926～ 美国生化学家)

Kary Müllis
(1944～ 美国生化学家)

实验 41

DNA 的提取及纯化

【实验目的】

1. 学习和了解用苯酚法、盐溶液法及碱裂解法提取 DNA 的原理。
2. 掌握动植物 DNA、质粒 DNA 提取纯化的基本方法。

【实验原理】

1869 年，瑞士生理学家 Friedrich Miescher 从脓细胞核中分离出了 DNA，使人们第一次直接接触到了遗传物质。后经不断探索，形成了今天比较完善的 DNA 提取及纯化技术。DNA 是最重要的信息分子，是分子遗传学研究的主要对象，因而 DNA 分子的提取和纯化是遗传学研究的一项最基本的技术。由于 DNA 的特殊结构，其在较剧烈的物理、化学因素及酶的作用下很容易降解，在制备 DNA 时应防止过酸、过碱及其他能引起核酸降解因素的作用。在提取过程中为了防止组织中广泛存在的核酸降解酶的作用，全部过程应在低温下（0℃左右）操作。必要时还需要加入抑制剂以抑制酶的作用。柠檬酸盐、氟化物、砷酸盐、乙二胺四乙酸钠、皂土均可抑制 DNA 酶的活性。如果采用十二烷基磺酸钠或苯酚作蛋白质变性剂来分离 DNA，它们同时也可以破坏核酸降解酶，因而常获得较好的效果。

动植物的 DNA 核蛋白能溶于水及高浓度的盐溶液，但在 0.14mol/L 盐溶液中溶解度很低；而 RNA 核蛋白则溶于 0.14mol/L 盐溶液中。利用这个特性即可把 RNA 核蛋白与 DNA 核蛋白分开。当核蛋白在氯仿中透析或与氯仿一起振荡时，蛋白质变性并与 DNA 分开，而 DNA 则仍留于水相中。当向含有核酸的水相中加入乙醇时，核酸即呈纤维状析出。也可用苯酚法提取 DNA。先用特定 pH 的苯酚溶液处理。然后离心分层，DNA 或溶于上层水相中，或存在于中间残留物中，蛋白质变性后停留在苯酚层内。由于苯酚能使蛋白质迅速变性，因而抑制了核酸酶的活性。操作过程比较缓和，可以得到较好的 DNA 制品，所以现在一般都用苯酚法提取 DNA。

质粒（plasmid）是在细菌和酵母细胞质中发现的，独立于核基因组 DNA 的自主复制的遗传成分，它是一种共价闭合环状的 DNA，其大小为 1～200kb。质粒 DNA 的提取与纯化技术是根据共价闭合环状的质粒 DNA 与线性染色体 DNA 片段之间在拓扑学上的差异发展起来的。从细菌中提取质粒 DNA 的方法很多，如碱裂解法、煮沸法等。碱裂解法原理是：首先是抽提出细胞总 DNA，即分别加入溶液 Ⅰ 和溶液 Ⅱ 处理后，将细菌悬浮液暴露于高 pH 的强阴离子洗涤剂中，用 SDS 和 NaOH 使细菌细胞壁、细胞膜等裂解，释放出其蛋白质、DNA、

RNA 等成分。此时，溶液 pH12～12.5，线性 DNA 和蛋白质会完全变性，而共价闭合环状的 DNA 只是氢键断裂，尽管碱性溶剂使碱基配对完全破坏，闭环的质粒 DNA 双链仍然不会彼此分离，因为它们在拓扑学上是相互缠绕的。当加入溶液Ⅲ（pH4.8 的乙酸钾高盐缓冲液）酸中和后，共价闭合环状的 DNA 迅速准确地复性，而变性的染色体 DNA 则与变性的蛋白质、破裂的细胞壁相互缠绕成大型网状复合物，离心时从溶液中一起沉淀下来，质粒 DNA 和 RNA 则释放到上清液中。然后用无水冷乙醇将上清液中的质粒 DNA 和 RNA 沉淀出来，弃上清，加入含有一定量 RNA 酶的 TE 缓冲液或去离子水溶解沉淀，即可得到纯的质粒 DNA。

【实验材料】

小麦叶片（或其他物种植物叶片）、动物新鲜组织、含质粒的大肠杆菌。

【实验器具】

高速冷冻离心机、恒温水浴锅、手提式高压灭菌器、电泳仪、普通离心机、移液器、研钵、离心管等。

【实验试剂】

1. 植物 DNA 提取试剂

5mg/mL 蛋白酶 K、1mol/LTris、裂解缓冲液（500mmol/LTris-HCl、10mmol/L EDTA、5mmol/L β-巯基乙醇，pH8.0）、0.5%SDS、10mol/L LiCl、饱和酚、氯仿-异戊醇（氯仿：异戊醇=24：1）、无水乙醇、TE 缓冲液等。

2. 动物 DNA 提取试剂

20mg/mL 蛋白酶 K、1mol/L Tris、裂解液（10mmol/L Tris-HCl pH8.0，0.5%SDS，0.1mol/L EDTA，20μg/mL RNaseA）、10%SDS、乙醚、酚：氯仿：异戊醇（25：24：1）、无水乙醇、70%乙醇、5mol/L NaCl、3mol/L NaAc、TE 缓冲液。

3. 质粒 DNA 提取试剂

溶液Ⅰ：50mmol/L 葡萄糖、25mmol/L Tris-Cl（pH8.0）、10mmol/L EDTA（pH8.0）。在 98kPa 高压下蒸汽灭菌 15min，贮存于 4℃。

溶液Ⅱ（现用现配）：0.2mol/L NaOH，1%（*m*/*V*）SDS。

溶液Ⅲ：60mL 5mol/L 乙酸钾、11.5mL 冰醋酸，28.5mL 水。

LB 培养基：10g 胰蛋白胨、5g 酵母提取液、10g NaCl。溶于 800mL 水中，用 NaOH 调 pH 至 7.5 后，用水定容至 1000mL。高压灭菌。

TE 缓冲液：10mmol/L Tris（pH8.0），1mmol/L EDTA。

2.5mol/L 乙酸钠（pH5.2）。

【实验步骤】

1. 植物 DNA 的提取和纯化

（1）取新鲜幼叶 5g，于液氮中速冻后立即在液氮中研磨成粉末，做到尽可能研碎。将粉末放入小烧杯中。

（2）待液氮蒸发后，向烧杯中加入 20mL 预冷的裂解缓冲液，轻轻搅匀，用 1mol/L Tris 调 pH 至 8.0。加 2mL 5mg/mL 蛋白酶 K，于 60℃水浴中放置 5min；再移到 37℃水浴中放置过夜。

（3）将上述裂解液移入离心管中，于 4℃条件下，1000r/min 离心 10min。用粗头吸管将黏稠的上清液移入三角瓶中。

（4）加等体积饱和酚于三角瓶中，轻轻旋转，使水相与酚充分混合，室温下缓缓摇动 30min。

（5）将混合液移入离心管中，于 4℃条件下，1000r/min 离心 20min。用大滴管将上层水相小心吸出，注意不要吸出中间的蛋白质层。

（6）先用饱和酚/氯仿/异戊醇，再用氯仿/异戊醇按（4）、（5）两步各重复提取一次。最后在室温下 4000r/min 离心 20min。如果中间层仍有白色，则再重复抽提一次。

（7）取出水相，加入 LiCl 使终浓度为 2mol/L。0℃放置 1h 后于 4℃，1000r/min 离心 10min，以除去高分子质量 RNA 沉淀。

（8）将上清液转入新的离心管中，加入 2 倍体积的冷无水乙醇，0℃下放置 1h。4000r/min 离心 5min。得到的沉淀用 70%乙醇洗涤两次，离心收回沉淀，并将管底少量的乙醇于室温下挥发干净，但应注意不可使 DNA 沉淀干燥，否则沉淀不易溶解。

（9）将沉淀溶于 TE 缓冲液中，保存于 4℃下。

（10）取 15～20μL DNA 溶液（如有条件，可取同样量的 DNA 溶液做 *Hind* Ⅲ或 *Eco*R Ⅰ酶切）做 0.7%的琼脂糖凝胶电泳，以 λ DNA 和用 HindⅢ酶切的 λ DNA 做分子质量标准，检查 DNA 的大小和质量。

2. 动物 DNA 的提取和纯化

（1）切取组织 5g 左右，剔除结缔组织，吸水纸吸干血液，于液氮中速冻后立即研磨成粉末，加 10mL 裂解液。

（2）加 1mL 10% SDS，混匀，此时样品变得很黏稠。

（3）加 1mg 蛋白酶 K，37℃保温 1～2h，直到组织完全解体。

（4）加 1mL 5mol/L NaCl，混匀，5000r/min 离心数秒。

（5）取上清液于新离心管，用等体积酚/氯仿/异戊醇（25∶24∶1）抽提。待分层后，3000r/min 离心 5min。

（6）取上层水相至干净离心管，加 2 倍体积乙醚抽提（在通风情况下操作）。

（7）移去上层乙醚，保留下层水相。

（8）加 1/10 体积 3mol/L NaAc 及 2 倍体积无水乙醇颠倒混合沉淀 DNA。室温下静止 10～20min，DNA 沉淀形成白色絮状物。

（9）用枪头挑出 DNA 沉淀，70%乙醇中漂洗后，在吸水纸上吸干，溶解于 1mL TE 中，–20℃保存。

（10）取 15～20μL DNA 溶液（如有条件，可取同样量的 DNA 溶液做 *Hind* Ⅲ或 *Eco*R Ⅰ酶切，然后 0.7%的琼脂糖凝胶电泳，以 λ DNA 和用 *Hind* Ⅲ酶切的 λ DNA 作分子质量标准，检查 DNA 的大小和质量。

（11）若 DNA 溶液中有不溶解颗粒，可 5000r/min 短暂离心，取上清；如要除去其中的

RNA，可加 5μL RNaseA（10μg/μL），37℃保温 30min，用酚抽提后，按上两步重沉淀 DNA。

（12）对纯化后 DNA 样品进行紫外吸收测定，计算 DNA 浓度和纯度，用坐标纸绘出 DNA 吸收曲线。DNA 纯度、浓度鉴定公式如下：

$$A_{260}/A_{230} \geqslant 1.8$$

$$A_{260}/A_{280} \geqslant 1.8$$

$$\text{DNA 浓度}（\mu g/mL）= A_{260} \times 50（\text{稀释倍数}）$$

3. 质粒 DNA 提取和纯化

（1）在 5mL 含相应抗生素的 LB 培养基中接种一单菌落，于 37℃剧烈振荡培养过夜。

（2）将 1.5mL 培养物倒入 Eppendorf 管中，用微量离心机于 4℃、12 000r/min 离心 30s。

（3）离心结束后，弃上清，并尽可能吸干培养液。

（4）将细菌沉淀重悬于 100μL 用冰预冷的溶液Ⅰ中，剧烈振荡，置冰上 10min。必须使细菌沉淀在溶液Ⅰ中完全分散，将两个微量离心管的管底部互相接触，按图 41-1 所示方法同时进行涡旋振荡，可使沉淀迅速分散。

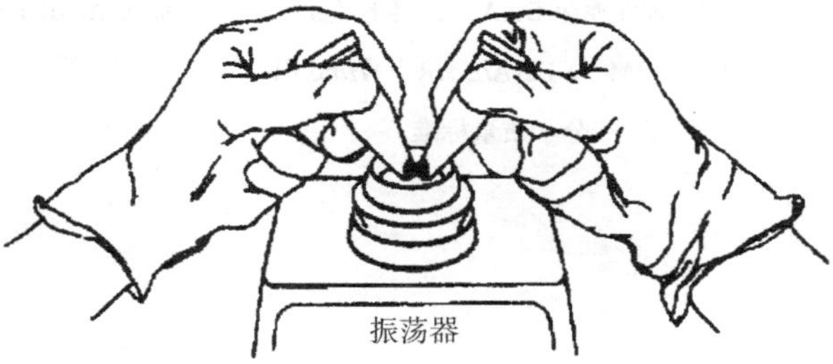

图 41-1 分散菌体沉淀的振荡方法

（5）加 200μL 新配制的溶液Ⅱ，盖紧管口，快速颠倒离心管 5 次，以混合内容物，切勿振荡。将离心管放置于冰上 5～10min。

（6）加 150μL 用冰预冷的溶液Ⅲ，盖紧管口，温和振荡 10s，使溶液Ⅲ在黏稠的细菌裂解物中分散均匀，然后将管置于冰上 3～5min。

（7）4℃、12 000r/min 离心 5min，将上清转移到一新离心管中。

（8）加等体积酚∶氯仿，振荡混匀，4℃、12 000r/min 离心 2min，将上清转移到另一离心管中。（根据具体情况，本步骤可省略。）

（9）用 2 倍体积的无水冷乙醇沉淀双链 DNA，温和振荡混匀，室温放置 2min。

（10）用微量离心机于 4℃、12 000r/min 离心 5min，弃尽上清。

（11）用 1mL70%乙醇于 4℃洗涤沉淀，4℃、12 000r/min 离心 5min，弃尽上清，空气干燥 10min。

（12）用 20μL 含 RNase 的 TE 溶液或灭菌双蒸水溶解沉淀，温和振荡几秒。样品可以贮存于–20℃，保存数月。

（13）琼脂糖凝胶电泳检测。

【实验结果】

应用以上方法所得的 DNA，大于 50kb，可用于酶切和 Southern 分析。

如果操作正确顺利，植物 DNA 的提取可得到图 41-2 的结果。动物 DNA 的提取可得到

图 41-3 的结果。质粒 DNA 的提取结果可得到图 41-4 的结果。

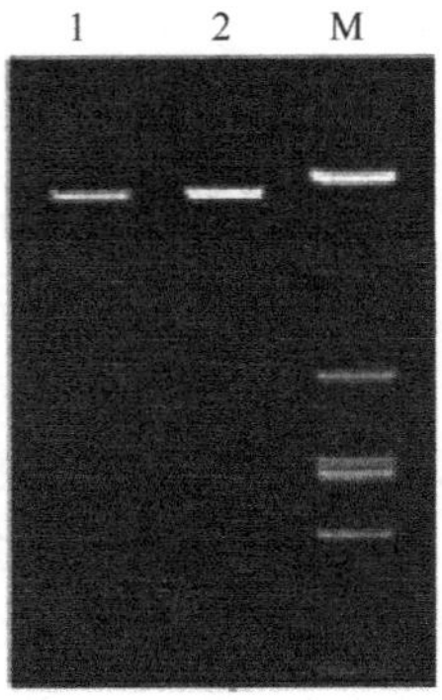

图 41-2　植物基因组 DNA 琼脂糖凝胶电泳

1、2. 植物基因组 DNA；M. 分子质量标准

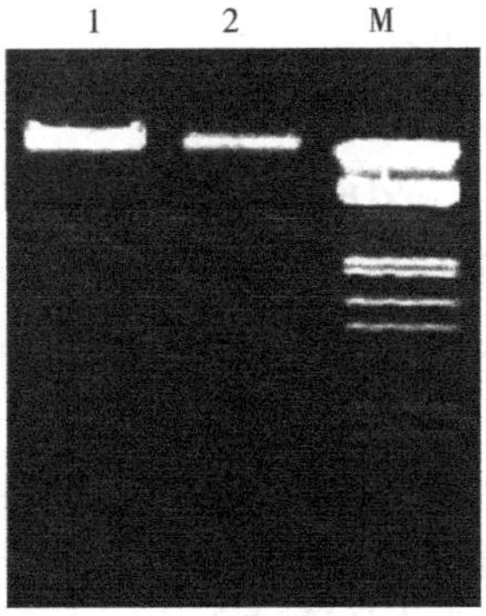

图 41-3　雌雄泥鳅基因组 DNA 琼脂糖凝胶电泳

1. 雌性泥鳅 DNA；2. 雄性泥鳅 DNA；M. λ DNA/*Eco*R Ⅰ +*Hin*d Ⅲ 分子质量标准

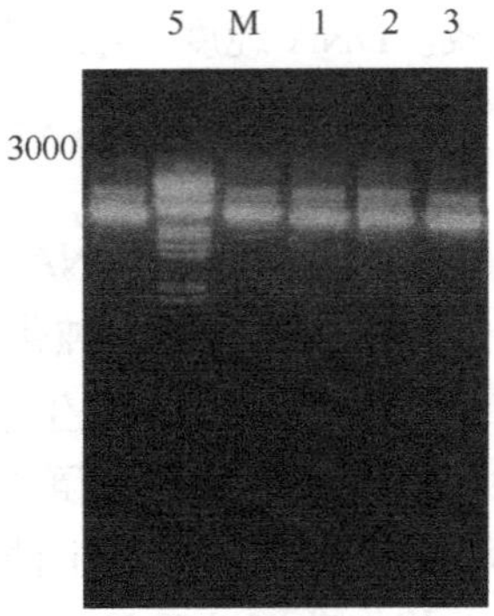

图 41-4　质粒 DNA 琼脂糖凝胶电泳

1～5. 质粒 DNA；M. λ/ *Eco*R Ⅰ +*Hin*d Ⅲ分子质量标准

【实验作业】

1. 根据电泳图片检查所提取的基因组 DNA，是否达到了实验要求？
2. 测定 DNA 的含量和纯度。
3. 为保证 DNA 的完整性，应注意哪些操作？

实验 42

PCR 扩增技术及扩增产物的检测——琼脂糖凝胶电泳

【实验目的】

1. 学习理解 PCR 反应和琼脂糖凝胶电泳的原理。
2. 掌握 PCR 和琼脂糖凝胶电泳操作技术。

【实验原理】

1985 年，美国生化学家 K.B.Mullis 发明了聚合酶链反应（polymerase chain reaction，PCR）技术，极大地促进了分子遗传学的研究。PCR 技术是一种在体外利用两种分别与基因两端不同链互补的引物，经聚合酶合成特异 DNA 片段在短时间内使其扩增数百万倍的方法。由于其快速、灵敏、操作简便等优点，使其在短短的数年时间内即被广泛地应用于目的基因扩增与分离、医疗诊断、基因突变与检测等众多领域，并已普及到各个实验室。PCR 技术的本质是体外酶促合成（扩增）特定 DNA 片段的一种方法，其扩增基因的过程类似于体内细胞分裂中的半保留复制过程。因此，PCR 技术的原理是将欲扩增的 DNA 作模板，以和模板正链和负链互补的两种寡聚核苷酸作引物，经过模板 DNA 的变性、模板与引物结合复性及在 DNA 聚合酶作用下发生引物链延伸反应的三步循环来扩增两引物间的 DNA 片段（图 42-1）。每一循环的 DNA 产物经变性后又成为下一个循环的模板 DNA。重复上述变性-复性-引物延伸的过程就可以获得更多的“半保留复制链”，并且新链又可成为下次循环的模板。这样，目的 DNA 的数量将以 2^n 指数形式累积，经过 25～

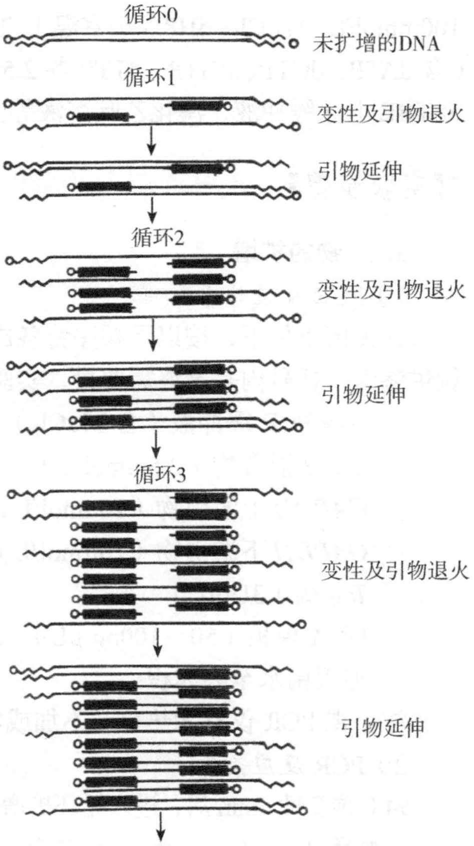

图 42-1　PCR 技术基本原理

30 个周期之后，DNA 的扩增倍数为（$1+x$）^{n}，这里 x 是扩增效率，n 为 PCR 循环次数。每完成一次循环周期需要 2～3min，1～2h 就能将所需基因放大几百万倍。

在体外通过 PCR 反应完成了对目的基因的扩增以后，需要对扩增产物进行分离和鉴定。琼脂糖凝胶电泳是分离和鉴定 PCR 的扩增产物的有效方法。该技术操作简便，可以分辨不同分子质量大小、不同构型的 DNA 分子。琼脂糖是从琼脂中提取的一种多糖，它不带电荷，且具有亲水性的基团，是一种很好的电泳支持物。DNA 分子在碱性条件下带负电荷，在电场作用下通过琼脂糖凝胶作为支持物向正极移动，不同的 DNA 片段由于电荷、分子大小及构型不同，它们在电场中所受的力不同（小分子及构型紧密的分子泳动较快，大分子则较慢，大小相同的分子形成一条带），因此它们在电场中的泳动速率不同，最终达到分离不同 DNA 分子的目的。此外，溴化乙啶（EB）可嵌入 DNA 分子碱基对间形成荧光络合物，经紫外线照射后，可分出不同的区带，达到分离、鉴定分子质量、筛选重组子的目的。

【实验器具】

基因扩增仪、琼脂糖凝胶电泳系统、紫外照相装置、无菌操作台、微量移液取样器、电泳仪、电泳槽、紫外透射反射仪、微波炉等。

【实验试剂】

DNA 模板、持家基因（*GAPDH*）上下游特异引物、10×PCR 缓冲液[含 500mmol/L KCl，100mmol/L Tris-Cl（pH8.3 于室温），15mmol/L MgCl，0.1%明胶]、2.5mmol/L dNTP 混合物（含 dATP、dCTP、dGTP、dTTP 各 2.5mmol/L）、*Taq* DNA 聚合酶、琼脂糖、6×上样缓冲液、5×TBE 电泳缓冲液、溴化乙啶溶液等。

【实验步骤】

1. 产物的扩增

1）PCR 反应体系

在无菌条件下，按以下顺序将各成分加入一无菌 0.2mL 或 0.5mL 离心管中。（以下加样量供参考，括号内是最终需要量，实验时需参照 *Taq* 酶说明书计算。）

10×PCR 缓冲液（含 $MgCl_2$）	5μL
dNTP 混合物（2.5mmol/L）	4μL（每种 dNTP 终浓度 0.2mmol/L）
GAPDH 上游引物（10μmol/L）	4μL（12.5～25pmol）
GAPDH 下游引物（10μmol/L）	4μL（12.5～25pmol）
Taq 酶（3U/μL）	1μL
DNA 模板（50～100ng/μL）	1μL
加灭菌水至终体积	50μL

注：视 PCR 仪有无热盖，不加或添加 20μL 石蜡油。

2）PCR 反应条件

94℃预变性 5min 后，进入循环扩增阶段：变性→退火→延伸（如 94℃ 40s→58℃ 30s→72℃ 60s），循环 25～35 次，最后在 72℃，保温 7～10min。然后将上述混合液稍加离心，立即置

PCR 仪上，执行扩增。反应结束后，PCR 产物放置于 4℃待电泳检测或−20℃长期保存。

2. PCR 产物的电泳检测

1）胶液的制备

称取 1g 琼脂糖，置于 200mL 锥形瓶中，加入 100mL 0.5×TBE 电泳缓冲液，放入微波炉里（或沸水浴中）加热至琼脂糖完全溶化，取出摇匀，此为 1.0%琼脂糖凝胶液（加热过程中要不时摇动，使附于瓶壁上的琼脂糖颗粒进入溶液）。

2）安装电泳槽

将有机玻璃的电泳凝胶床洗净，晾干，放在水平的工作台上，插上样品梳，注意观察梳子齿下缘应与胶槽底面保持 0.5～1mm 的间隙。

3）灌胶

向冷却至 50～60℃的琼脂糖胶液中加入溴化乙啶（EB）溶液使其终浓度为 0.5μg/mL，充分混匀。将琼脂糖凝胶液小心地倒入胶槽内，使胶液形成均匀的胶层，凝胶的厚度为 3～5mm。待胶完全凝固后（于室温放置 30～40min），拔去梳子，将凝胶放入电泳槽内，然后向槽内加入 0.5×TBE 电泳缓冲液至液面恰好没过胶板上表面约 1mm 深度。

4）加样

取 5～10μLPCR 产物与上样缓冲液按 5∶1 混匀，用微量移液器小心将混合液加到样品槽中，每槽加 10～20μL，记录样品的点样次序和加样量。（每加完一个样品要更换吸管头，以防止互相污染，注意上样时要小心操作，避免损坏凝胶或将样品槽底部凝胶刺穿。）

5）电泳

加完样后，盖上电泳槽盖，安装好电极导线，点样孔一端接负极（黑线电极），另一端接正极（红线电极），打开电源，调电压至 3～5V/cm。观察当溴酚蓝移至距凝胶前沿 1～2cm 时，停止电泳。

6）观察和拍照

在波长为 254nm 的长波长紫外灯下观察电泳胶板并拍照。DNA 存在处显示出肉眼可辨的荧光条带。（溴化乙啶是致癌剂，操作时要小心，必须戴手套。）

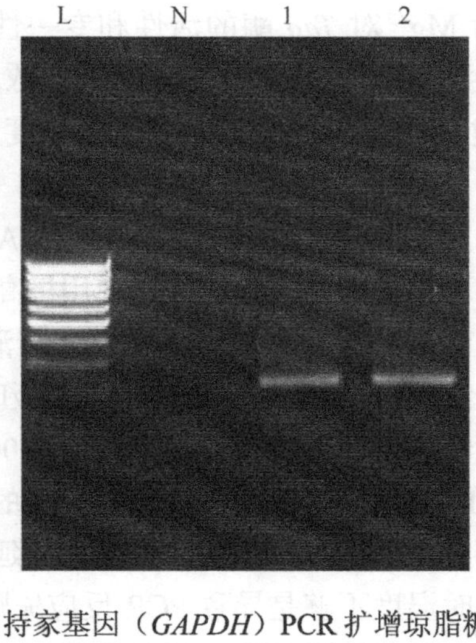

图 42-2 持家基因（*GAPDH*）PCR 扩增琼脂糖电泳结果

L. ladder；N.阴性对照；1. 泥鳅；2. 大鳞副泥鳅

【实验结果】

实验操作正确顺利，可以得到类似图 42-2 的结果。但 PCR 反应受许多因素制约，在操作过程中要对各种条件进行优化，才能得到满意的结果。

PCR 是 DNA 体外合成的反复循环的指数扩增过程，由于反应时间长，温度高，许多因素不可避免地影响 PCR 结果，因此，在具体的实验中，还要依据 PCR 标准反应条件对其反应条件进行必要的优化。

（1）用于 PCR 扩增的 *Taq* DNA 聚合酶：PCR 中通常使用的 DNA 聚合酶是耐高温的 *Taq* DNA 聚合酶，它是从嗜热水生菌（*Thermus aquaticus*，能在 70～75℃下生长）YT 菌株中提纯的天然酶，具有依赖于聚合作用的 5′→3′的外切核酸酶活性，但缺乏 3′→5′的外切核酸酶活性，因此在聚合反应中，一旦发生错配，*Taq* DNA 聚合酶是不能识别的。*Taq* DNA 聚合酶的合成速率取决于温度、Mg^{2+}浓度、去污剂、模板的二级结构、dNTP 浓度等。

（2）用于 PCR 扩增的引物：引物是与模板 DNA 的某个区域具有互补碱基特异性的短的单链 DNA 片段。引物的优劣直接关系到 PCR 的特异性和成功与否。PCR 引物一般长达 20～27 个核苷酸，这样短的寡核苷酸，在聚合反应温度（通常是 72℃）下，不会形成稳定的杂合体。引物浓度通常是 1μmol/L，这一浓度足以完成 30 个循环的扩增反应，更高的浓度可能导致异位引导，其结果是出现意外的非靶序列的扩增。反之，如果引物浓度不足，则 PCR 的效率极低。引物与扩增产物之间的关系可归纳为：扩增产物浓度越高，所需引物浓度越高；扩增产物片段越长，所需引物浓度越低。

（3）用于 PCR 扩增的 dNTP：dNTP 有 4 种即 dATP、dGTP、dCTP、dTTP，这 4 种脱氧核苷三磷酸（dNTP）的浓度通常每种都是 50～200μmol/L。过高的浓度会导致聚合酶将其错误掺入，降低 *Taq* DNA 聚合酶的忠实性。最适 dNTP 浓度与以下因素有关：扩增产物的长度、镁离子的浓度、引物浓度、反应强度（即产物的产量）。由于 dNTP 可定量地与 Mg^{2+}结合，因此反应中的 dNTP 的含量又影响了游离 Mg^{2+}的浓度。在标准反应中，4 种脱氧核苷三磷酸的最终浓度为 0.8mmol/L，因此在原来的 1.5mmol/L $MgCl_2$ 中剩下 0.7mmol/L 未与 dNTP 结合。所以如果 dNTP 的浓度有很大改变，$MgCl_2$ 的浓度也必须相应改变。

（4）用于 PCR 的缓冲液：用于 PCR 的标准缓冲液含：50mmol/L KCl、10mmol/L Tris-HCl（pH8.3 于室温）、1.5mmol/L $MgCl_2$。其中，$MgCl_2$ 的浓度对扩增专一性和扩增量具有重大影响，Mg^{2+}能增强酶蛋白的稳定性而且是维持酶活性的重要辅因子；能增加 dsDNA 的 T_m 值，提高了融合温度；能与游离的 dNTP 形成可溶性复合物，有利于 dNTP 的掺入。Mg^{2+}浓度过高，通常会导致非特异性扩增产物的累积，而浓度过低时则会降低扩增量。这主要是因为 Mg^{2+}对 *Taq* 酶的活性和专一性的影响所致。Mg^{2+}浓度高则 *Taq* 酶的活性加强，而专一性则降低。通常镁离子的最佳浓度为 1.5mmol/L 左右，但有时需采用不同的 Mg^{2+}浓度。建议设置一组反应，镁离子浓度从 0.5～5mmol/L 进行梯度实验，找到最佳的镁离子浓度。

（5）DNA 样品：含有靶序列的 DNA 可以单链或双链形式加入 PCR 混合液。虽然 DNA 的大小并不是关键的因素，但当使用极高分子质量的 DNA（如基因组 DNA）时，如用切点罕见的限制酶（如 *Sal* Ⅰ或 *Not* Ⅰ）先行消化，则扩增效果更好。闭环靶序列 DNA 的扩增效率略低于线状 DNA，因此用质粒作模板时最好先将其线状化。模板的纯度将影响 PCR 的效率。一般情况下，DNA 的标准用量为 100～500ng。

（6）PCR 反应的温度和时间：PCR 的进行是在三种温度下保温样品。这三种温度对应于一次循环中的三个步骤：变性、退火和延伸。如图 42-3 所示。

变性时温度不够是导致 PCR 反应失败的一个常见原因。使反应达到链完全分离时的温度非常重要。在多数情况下 94℃已经足够。温度一旦达到就应冷却至退火温度。退火时的温度取决于引物的长度和 GC 含量。对 GC 含量约 50%，长 20 个碱基的寡核苷酸引物来说，55℃是一个很好的起点温度。可以在此基础上进行调整。

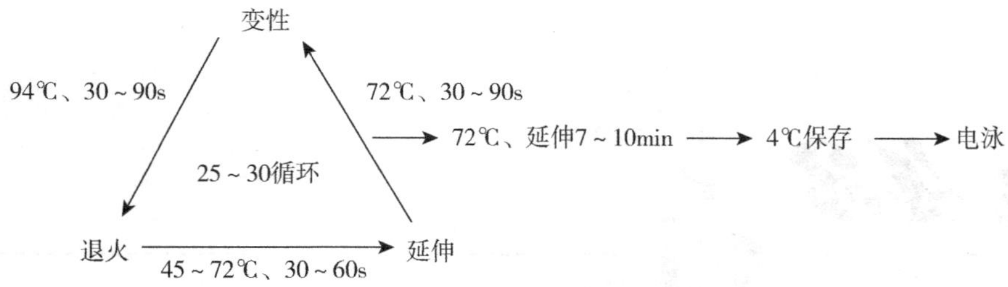

图 42-3　PCR 反应的温度和时间

在电泳也要注意以下事项。

（1）溶解的凝胶应及时倒入板中，避免倒入前凝固结块。倒入板中的凝胶应避免出现气泡，影响电泳结果。

（2）加样量的多少依据加样孔的大小及 DNA 中片段的数量和大小而定，过多的量会造成加样孔超载，从而导致拖尾和弥散，对于较大的 DNA 此现象更明显。

（3）溴化乙啶是强致癌剂，操作时务必小心，必须戴手套，更不要乱弃凝胶、乱弃手套污染环境。实验结束后要用肥皂反复洗手，冲洗干净。

（4）在紫外灯下，戴上塑料安全眼镜可防止紫外光对眼睛的伤害。

（5）配制多大浓度的琼脂糖凝胶，要根据被检的 DNA 分子大小来确定，见表 42-1。

表 42-1　琼脂糖凝胶浓度与线性 DNA 分辨范围

凝胶浓度/%	线性 DNA 长度/bp
0.5	1 000～30 000
0.7	800～12 000
1.0	500～10 000
1.2	400～7 000
1.5	200～3 000
2.0	50～2 000

【实验作业】

1. 用自己的语言简述 PCR 扩增的原理。
2. PCR 的特异性表现在哪几方面?影响 PCR 反应特异性的因素有哪些?
3. 凝胶电泳为什么能分离不同构型或分子大小的 DNA?
4. 对实验结果进行分析。

实验 43

质粒的双酶切和目的基因片段回收

【实验目的】

1. 了解限制性内切核酸酶的功能。
2. 掌握从凝胶中回收目的 DNA 片段的方法。

【实验原理】

限制性内切核酸酶（restriction endonuclease，RE），简称限制酶，是一类能够识别双链 DNA 分子中的某种特定核苷酸序列，并切割 DNA 双链的核酸内切酶。该类酶主要是从原核生物中分离纯化出来的，在基因工程研究中具有重要的功能。到目前为止，已从 350 种不同微生物中发现了 2000 余种限制酶，所有这些酶都以双链 DNA 作底物，需要镁离子作辅因子，有特异的识别序列。限制性内切酶可以分为三大类：Ⅰ型、Ⅱ型和Ⅲ型限制酶。其中绝大多数为Ⅱ型限制酶，它由两种酶组成：一种为限制性内切核酸酶（限制酶），它切割某一特异的核苷酸序列；另一种为独立的甲基化酶，它修饰同一识别序列。也就是说，Ⅱ型限制酶中，限制酶和修饰酶是分开的，作为独立的酶分子存在。而Ⅰ型和Ⅲ型酶实际上应称为修饰-限制酶，因为它们的修饰活性和限制酶活性是集于一个酶分子的不同亚基中。即，Ⅰ型和Ⅲ型酶在同一蛋白质分子中兼有切割和修饰（甲基化）作用且依赖于 ATP 的存在。Ⅰ型酶结合于识别位点并随机切割识别位点不远处的 DNA，而Ⅲ型酶在识别位点上切割 DNA 分子，然后从底物上解离。在以上三类酶中，Ⅱ型限制酶在分子克隆中得到了广泛应用，目前，在基因工程、生化分析中所常用的限制性的切酶均为Ⅱ型限制酶，它们是重组 DNA 的基础。绝大多数Ⅱ型限制酶识别长度为 4～6 个核苷酸的回文对称特异核苷酸序列，有少数酶识别更长的序列或简并序列。Ⅱ型限制酶的切割位点就在识别位点之内或附近。由于两条链上切口的相同或不同，可以有黏性末端（sticky end，cohesive end）和平末端（blunt end）。黏性末端又可以分为 5′黏性末端和 3′黏性末端。若切割位点在对称轴处切割，产生平末端的 DNA 片段，如 *Sma* Ⅰ：5′-CCC↓GGG-3′；若切割位点在对称轴一侧，产生带有单链突出末端的 DNA 片段称黏性末端，如 *Eco*R Ⅰ切割识别序列后产生两个互补的黏性末端。许多限制酶的裂解位点已确定。例如，*Eco*R Ⅰ需要下述特异次序的 6 个碱基对。

$$
\begin{array}{c}
\quad\downarrow \\
5'\cdots\cdots GAATTC\cdots\cdots 3' \\
3'\cdots\cdots CTTAAG\cdots\cdots 5' \\
\qquad\quad\uparrow
\end{array}
$$

*Eco*R Ⅰ以独特的方式识别并裂解这个序列，形成两个 5′ 突出末端，这为目的基因和质粒 DNA 的连接反应奠定了基础。另外，每种限制酶都需要特定的缓冲液，以使酶解反应在最适条件下进行。

【实验材料】

含目的基因的质粒 DNA。

【实验器具】

水平式电泳装置、台式高速离心机、恒温水浴锅、微量移液器、微波炉或电炉、紫外透射仪等。

【实验试剂】

5×TBE（或 50×TAE）电泳缓冲液、6×电泳载样缓冲液（0.25%溴酚蓝，40%（*m*/*V*）蔗糖水溶液，贮存于 4℃）、酶切缓冲液、溴化乙啶（EB）（EB 溶液母液：将 EB 配制成 10mg/mL，用铝箔或黑纸包裹容器，贮存于室温即可）、Glassmilk kit（裂解缓冲液，漂洗液）、酚-氯仿，无水乙醇，70%乙醇、TE 或灭菌 ddH_2O、1.0%低熔点琼脂糖等。

【实验步骤】

1. 质粒 DNA 的单酶切反应

将清洁干燥并经灭菌的 Eppendorf 管编号，用微量移液器按以下体系分别加入到微量离心管中并用微量离心机瞬时离心，使溶液集中在管底。

小量单酶切反应体系：

质粒 DNA	<1μg
10×缓冲液	2μL
限制酶	1μL
ddH_2O	补足体积 20μL

按顺序加入 ddH_2O、质粒 DNA、缓冲液，最后加入酶。加入酶液后应尽量保持低温，以保证酶的活性。稍离心，混合。混匀反应体系后，37℃水浴保温 2～3h。

2. 质粒 DNA 的双酶切反应

当两个酶反应条件相同时，可参照小量单酶切反应进行，把两种酶同时加到反应管中。当反应条件不同时，需分别进行酶解反应。按照从低温到高温、低盐到高盐的顺序进行。如果所用的两种酶对温度的要求不同，那么要求低温的酶先消化，反应结束后加入第二个酶，升高温度继续进行消化反应。如果所用的两种酶对盐的浓度要求不同，在低盐缓冲液中加入第一种酶，反应结束后，补加 1/10 体积的高盐缓冲液，加入第二种酶再消化。或者在低盐消化结束后，抽提 DNA，再用高盐缓冲液消化。

3. 琼脂糖凝胶电泳分析鉴定是否酶解

1）琼脂糖凝胶的制备

取 5×TBE 缓冲液 20mL 加水至 200mL，配制成 0.5×TBE 稀释缓冲液，待用。

2）胶液的制备

称取 0.5g 琼脂糖，置于 200mL 锥形瓶中，加入 50mL 0.5×TBE 稀释缓冲液，放入微波炉里（或电炉上）加热至琼脂糖全部熔化，取出摇匀，此为 1.0%琼脂糖凝胶液。加热过程中要不时摇动，使附于瓶壁上的琼脂糖颗粒进入溶液。加热时应盖上封口膜，以减少水分蒸发。

3）胶板的制备

将有机玻璃胶槽两端分别用高压灭菌指示纸带紧密封住，形成一个胶膜。将封好的胶槽置于水平支持物上，插上样品梳子，注意观察梳子齿下缘应与胶槽底面保持 0.5～1mm 的间隙。向冷却至 50～60℃的琼脂糖胶液中加入溴化乙啶（EB）溶液使其终浓度为 0. 5μg/mL，充分混匀。用移液器吸取少量融化的琼脂糖凝胶封橡皮膏内侧，待琼脂糖溶液凝固后，将剩余的琼脂糖凝胶液小心地倒入胶槽内，使胶液形成均匀的胶层，凝胶的厚度为 3～5mm。待胶液完全凝固后（于室温放置 30～40min），小心移去梳子和高压灭菌纸，将凝胶放入电泳槽内，然后向槽内加入 0.5×TBE 稀释缓冲液，至液面恰好没过胶板上表面约 1mm 深度。

4）加样

取 10μL 酶解液与 2μL 6×载样缓冲液混匀，用微量移液器小心加入样品槽中。若 DNA 含量偏低，则可依上述比例增加上样量，但总体积不可超过样品槽容量。每加完一个样品要更换吸管头，以防止互相污染，注意上样时要小心操作，避免损坏凝胶或将样品槽底部凝胶刺穿。

5）电泳

加完样后，合上电泳槽盖，立即接通电源，使 DNA 向阳极（红线电极）移动。采用电压 1～5V/cm 的电压降（按两极间距离计算）。当溴酚蓝条带移动到距凝胶前沿约 2cm 时，停止电泳。

6）观察和拍照

在波长为 254nm 的长波长紫外灯下观察电泳胶板并拍照。DNA 存在处显示出肉眼可辨的橘红色荧光条带。

4. 目的基因片段的回收

目的基因片段的回收有多种方法，常用的有：冻溶法、玻璃奶法、透析袋洗脱法、低熔点琼脂糖法、DEAE-纤维素膜法。每种方法各有利弊，如 DEAE-纤维素膜法适用于 0.5～5kb 的 DNA 片段，操作起来相对简便，回收 DNA 的纯度比较高；透析袋洗脱法对于大于 5kb 的片段最为有效，但操作起来不方便；低熔点琼脂糖法的优点在于酶促反应可直接在溶化的凝胶中进行，但这种方法重复性比较差。在实验中可根据实际需要选择其中的一或两种方法进行操作。此外可选用试剂盒回收 DNA，具体方法参照试剂盒使用说明书。玻璃奶法从凝胶中回收 DNA 的操作方法如下。

（1）将 PCR 或酶切产物在 0.8%琼脂糖凝胶中电泳到适当位置。

（2）紫外灯下迅速切下目的条带，放人 Eppendorf 管中。

（3）加入 3 倍体积的凝胶裂解缓冲液，混匀。60℃水浴 5min，以溶化凝胶。

（4）加入 10μL 玻璃奶混匀，室温静置 5min。

（5）8000r/min 离心 1min，弃上清。

（6）加入 125μL 漂洗液，8000r/min 离心 30s，弃上清。重复两次。

（7）沉淀中加入适量无菌双蒸水混匀后 60℃水浴 5min。

（8）1500r/min 离心 2min，回收上清，取 10μL 电泳检测。检测结果：酶切电泳图谱（图 43-1）。

【实验结果】

重组质粒的双酶切结果见图 43-1。

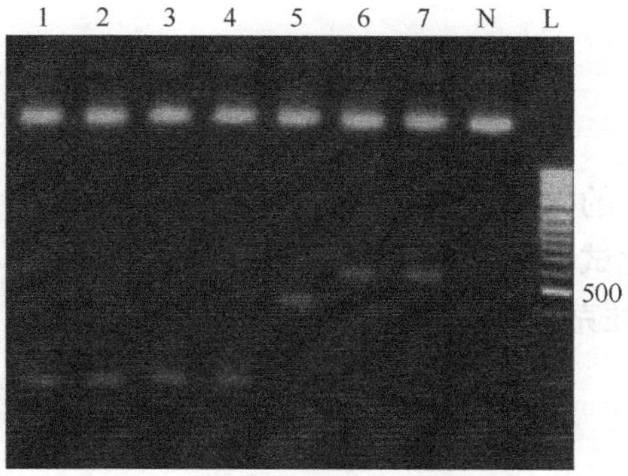

图 43-1　重组质粒的双酶切结果

1～7. 双酶切结果；N. 阴性对照；L. DNA 分子质量标准 Ladder

【实验作业】

1. 酶切反应中，是不是酶用量越多、反应时间越长，酶解越彻底?为什么?
2. 酶切反应混合物的体积是否对酶切效果有影响？为什么?
3. 图示质粒的双酶切电泳照片。

实验 44

重组质粒构建、转化和筛选

【实验目的】

1. 掌握重组质粒 DNA 的构建方法。
2. 掌握质粒 DNA 转化试验的基本操作方法。
3. 掌握蓝白斑筛选阳性克隆的方法。

【实验原理】

1972 年美国生化学家 P.Berg 首次把两个来源不同的 DNA 片段连在一起，并发挥了应有的生物学功能，为基因工程的诞生奠定了基础。外源 DNA 与质粒载体分子的连接过程就是重组质粒 DNA 的构建，既 DNA 的体外重组过程，这样重新组合的 DNA 称为重组体或重组子。重组的 DNA 分子是在 DNA 连接酶的作用下，有 Mg^{2+}、ATP 存在的连接缓冲系统中，将分别经酶切的载体分子与外源 DNA 分子进行连接。DNA 重组的方法主要有黏端连接法和平端连接法。常用的 DNA 连接酶有两种：T_4 噬菌体 DNA 连接酶和大肠杆菌 DNA 连接酶。两种 DNA 连接酶都有将两个带有相同黏性末端的 DNA 分子连在一起的功能，而且 T_4 噬菌体 DNA 连接酶还有一种大肠杆菌连接酶没有的特性，即能使两个平末端的双链 DNA 分子连接起来。但这种连接的效率比黏性末端的连接效率低，一般可通过提高 T_4 噬菌体 DNA 连接酶浓度或增加 DNA 浓度来提高平末端的连接效率。以 T_4 噬菌体 DNA 连接酶为例，其催化 DNA 连接反应的过程为：①T_4 DNA 连接酶与辅助因子 ATP 形成酶-AMP 复合物；②酶-AMP 复合物再结合到具有 5′磷酸基和 3′羟基切口的 DNA 上，使 DNA 腺苷化；③产生一个新的磷酸二酯键，把切口封起来。另外，连接反应的温度在 37℃时连接酶的活性最高，但是在这个温度下，黏性末端的氢键结合是不稳定的。因此人们找到了一个折中温度，即 12～16℃，连接 12～16h（过夜），这样既可最大限度地发挥连接酶的活性，又兼顾到短暂配对结构的稳定。

感受态细胞的制备：细菌处于容易吸收外源 DNA 的状态，称为感受态。受体细胞经过一些特殊方法（如 $CaCl_2$、RuCl 等化学试剂法）的处理后，细胞膜的通透性发生变化，就成为能容许多有外源 DNA 的载体分子通过的感受态细胞（competent cell）。

重组质粒 DNA 的转化：转化是指质粒 DNA 或以它为载体构建的重组子导入受体细菌的过程。其原理是细菌处于 0℃，$CaCl_2$ 低渗溶液中，细菌细胞膨胀成球形。待转化的外源 DNA 形成抗 DNA 酶的羟基-钙磷酸复合物黏附于细胞表面，经 42℃短时间热激处理，促进细胞吸收 DNA 复合物。将细菌放置在非选择性培养基中保温一段时间，促使在转化过程中获得的新的表型（如 Amp^r 等）得到表达，然后将此细菌培养物涂在一定的选择性培养基（如含有氨苄西林的选择性培养基）上进行培养，从而获得转化子。在不能进行接合和转导的细菌中，转化作用提供了一种进行遗传分析的有效手段。

阳性克隆的筛选：重组质粒转化宿主细胞后，可以用许多方法从大量细胞中筛选出极少的含有重组质粒的细胞，常见的方法有插入失活、蓝白斑筛选（α-互补）、直接筛选、限制酶谱分析、表达筛选和核酸探针筛选等。其中，蓝白斑筛选（α-互补）是最常用的一种鉴定方法。其原理是：现在使用的许多载体（如 pUC 质粒载体）都具有一段大肠杆菌 β-半乳糖苷酶的启动子及其 α 肽链的 DNA 序列，此结构称为 *lacZ'*基因。*lacZ'*基因编码的 α 肽链是 β 半乳糖苷酶的氨基端的短片段(146 个氨基酸)。宿主和质粒编码的片段各自都不具有酶活性，但它们可以通过片段互补的机制形成具有功能活性的 β-半乳糖苷酶分子。*lacZ'*基因编码的 α 肽链与失去了正常氨基端的 β-半乳糖苷酶突变体互补，这种现象称为 α 互补。由 α 互补而形成的有功能活性的 β-半乳糖苷酶，可以用 5-溴-4-氯-3-吲哚-β-D-半乳糖苷（X-gal）显色出来，它能将无色的化合物 X-gal 切割成半乳糖和深蓝色的底物 5-溴-4-靛蓝。因此，任何携带着 *lacZ'*基因的质粒载体转化了染色体基因组存在着此种 β-半乳糖苷酶突变的大肠杆菌细胞后，便会产生出有功能活性的 β-半乳糖苷酶，在 IPTG（异丙基硫代 β-D-半乳糖苷）诱导后，在含有 X-gal 的培养基平板上形成蓝色菌落。而当有外源 DNA 片段插入到位于 *lacZ'*中的多克隆位点后，就会破坏 α 肽链的阅读框，从而不能合成与受体菌内突变的 β 半乳糖苷酶相互补的活性 α 肽，而导致不能形成有功能活性的 β-半乳糖苷酶，因此含有重组质粒载体的克隆往往是白色菌落。

【实验材料】

pUCm-T 载体、外源目的基因（PCR 产物）、受体菌 *E.coli* JM109 等。

【实验器具】

721 型分光光度计、恒温摇床、恒温水浴器、恒温培养箱、台式离心机、超净工作台、冰箱、电泳仪、移液管、离心管、玻棒、接种环、试管、培养皿、微量移液器、旋涡振荡器等。

【实验试剂】

LB 液体培养液、LB 固体培养基、氨苄西林液、*Eco*R Ⅰ（15U/μL）及酶切缓冲液、T_4 DNA 连接酶及其缓冲液、牛胰核糖核酸酶液（RNaseA）、3mol/L KAc（pH5.2）、X-gal（将 X-gal 溶于二甲基甲酰胺，配成 20mg/mL，不需过滤灭菌，分装小包装，避光贮存于−20℃）、IPTG（取 2g IPTG 溶于 8mL 双蒸水中，再用双蒸水补至 10mL，用 0.22μm 滤膜过滤除菌，每份 1mL，贮存于−20℃）、10%SDS、氯仿-异戊醇混合液、无水乙醇、电泳缓冲液、1.0%琼脂糖、0.05%溴酚蓝-1.5%蔗糖溶液、$CaCl_2$ 缓冲液等。

【实验步骤】

1. 目的基因片段的回收

PCR 产物经电泳后，常常需要对目的 DNA 电泳片段进行回收和纯化，用于亚克隆、标记探针等。目的基因片段的回收和纯化有多种方法，常用的有：压碎法、低融点琼脂糖法、冻融法等，此外可选用现成的试剂盒供应。由于试剂盒操作方便，目前大部分实验室都选用该方法。

（1）电泳将目的 DNA 片段与其他 DNA 片段尽可能分开，紫外灯下仔细切下含待回收 DNA 的凝胶，置 1.5mL 离心管中，称重。

（2）按 400μL/100mg 琼脂糖凝胶的比例加入 Binding Buffer Ⅱ，置于 50～60℃水浴 10min，使胶彻底融化，加热溶胶时，每 2min 混匀一次。

（3）若回收片段小于 500bp 或大于 4kb，则需加入异丙醇（每 100mg 凝胶加异丙醇 100μL），混匀。

（4）将融化的胶溶液转移到套放在 2mL 收集管内的 UNIQ-10 柱中，室温放置 2min，8000r/min 室温离心 1min。

（5）取下 UNIQ-10 柱，弃去收集管中废液，将柱放入同一收集管中，加入 500μL Wash Solution，8000r/min 室温离心 1min。

（6）重复上一步一次。

（7）取下 UNIQ-10 柱，弃去废液，将柱放入同一收集管中，12 000r/min 室温离心 1min。

（8）室温干燥 10min 或烘箱干燥 5min。

（9）将 UNIQ-10 柱放于一新 1.5mL 离心管中，在柱子膜中心加 30μL Elution Buffer，室温放置 5～10min。

（10）12 000r/min 室温离心 1min，离心管中的液体即为回收的 DNA 片段，可立即使用或者保存于–20℃备用。

（11）取 3μL 回收 DNA 电泳检测回收效率。

2. 重组质粒 DNA 的构建

根据实验目的的不同，目前主要有两种方法来获得重组质粒 DNA 分子：一种是在 T_4 DNA 连接酶的作用下，将纯化的外源目的基因的 PCR 产物与质粒载体（如 pUC18-T 载体）直接连接；另一种是先将纯化的外源目的基因与质粒载体分别用相同的内切酶进行切割，然后再在 T_4 DNA 连接酶的作用下，利用酶切产生的黏性互补末端将外源目的基因与质粒载体连接起来。其步骤如下。

1）PCR 产物与 pUC18-T 载体直接连接

（1）事先将干式恒温仪（或冰盒里的水）温度设定在 14～16℃。

（2）取一个灭菌的 0.2mL 微量离心管，加入：

0.1～0.3pmol	回收 DNA 片段
1μL	pUC18-T 载体
0.5μL	T_4 DNA 连接酶
1μL	连接酶缓冲液
至总体积为 10μL	ddH_2O
总量	10μL

（3）将上述混合液轻旋混匀，短暂离心后置于 14～16℃水中保温过夜。

（4）连接后的产物可以立即用来转化感受态细胞或置 4℃冰箱备用。

2）先酶切、再进行连接反应

（1）在灭菌的 Eppendorf 管中，加入 pUC18 质粒 2μL（2μg/μL），2μL 酶切缓冲液，1μL

*Eco*R Ⅰ酶，无菌双蒸水 15μL，至反应混合物总体积为 20μL。离心混匀，37℃反应 3h（酶及缓冲液应放在冰上）。

（2）在另一无菌 Eppendorf 管中，加外源目的基因 DNA 1.5μg，加入 1μL 酶切反应液，1μL *Eco*R Ⅰ酶，无菌双蒸水补到 10μL，37℃反应 3h。

（3）反应完毕后，各取 2μL 酶解液做电泳分析。

（4）分别将余下的酶解液加入 1/10 体积的 3mol/L KAc（pH5.2）溶液，再加 2 倍体积的无水乙醇，−20℃冰箱，2h（沉淀 DNA）。12 000r/min 4℃ 离心 15min，弃上清，加 70%乙醇洗沉淀物，再离心，去上清，真空干燥后，加 5μL TE 溶液。

（5）将酶切后的两 DNA 片段混合于一管中，加 T_4 DNA 连接酶缓冲液 1μL，T_4 DNA 连接酶 1μL，14℃保温 14h，并做转化实验。

3. 感受态菌的制备

（1）取一支无菌的摇菌试管，在超净工作台中加入 2mL LB（不含抗生素）培养基。

（2）在超净工作台上，从低温保存的大肠杆菌 DH5α平板上挑取一个单菌落接于 2mL LB 液体培养基的试管中，37℃振荡培养过夜。

（3）取 0.5mL 上述菌液转接到含有 50mL LB 液体培养基锥形瓶中，37℃下 250r/min 振荡培养 2～3h，测定 OD_{590} 为 0.375（此时，OD_{600}≤0.4～0.6，细胞数<10^8/mL，此为关键参数，是实验成功的关键！）。以下操作除离心外，都在超净工作台上进行。

（4）将菌液分装到 1.5mL 预冷无菌的聚丙烯离心管中，于冰上放置 10min，然后于 4℃，5000r/min 离心 10min，回收细胞。

（5）将离心管倒置以倒尽上清液，加入 1mL 冰冷的 0.1mol/L $CaCl_2$ 溶液，悬浮沉淀，插入冰中放置 30min。

（6）4℃，5000r/min 离心 10min，弃上清液后，用 1mL 冰冷的 0.1mol/L $CaCl_2$ 溶液重悬，插入冰中放置 30min。

（7）4℃，5000r/min 离心 10min，弃上清液后，用 200μL 冰冷的 0.1mol/L $CaCl_2$ 溶液重悬沉淀，超净工作台上按每管 200μL 分装到 1.5mL 离心管中。此细胞为感受态细胞，可以直接用来进行转化实验，或立即放入−80℃超低温冰柜中保藏（可存放数月）。

4. 转化

（1）在 1.5mL 离心管中加入 10μL 连接反应的产物，再加入 200μL 制备好的感受态细胞，轻旋混匀，冰上放置 30min。

（2）42℃水浴中 90s（不要摇动离心管），进行热休克，然后立即将离心管转入冰中，静置 1～2min 冷却细胞。

（3）在超净工作台上加入 800μL LB 液体培养基（不含任何抗生素），轻旋混匀，然后固定到 37℃摇床 180～190r/min 振荡培养约 1h。

（4）6000r/min 离心 10min，弃去 800μL 上清，留下 200μL 培养基轻轻振荡重悬沉淀。

（5）在超净工作台中取上述转化混合液 200μL，用酒精灯烧过的玻璃涂布棒均匀涂布于预先制好的含有 Amp（60μg/mL）、X-gal（800μg/板）和 IPTG（800μg/板）的固体 LB 培养基皿中（X-gal 和 IPTG 提前 3～4h 涂布于平板上，避光保存）。（注意：玻璃涂布棒上的乙醇熄灭后稍等片刻，待其冷却后再涂。）

（6）在涂好的培养皿上做上标记，先放置在 37℃恒温培养箱中 30～60min 直到表面的液体都渗透到培养基里后，再倒置平皿 37℃培养过夜（12～16h），可观察平板（注：白色菌斑为阳性克隆）。

待克隆长至直径约 0.5mm 时，置于 4℃冰箱中数小时，直至蓝/白克隆区分明显。

【实验结果】

重组质粒的蓝白斑筛选结果如图 44-1 所示。

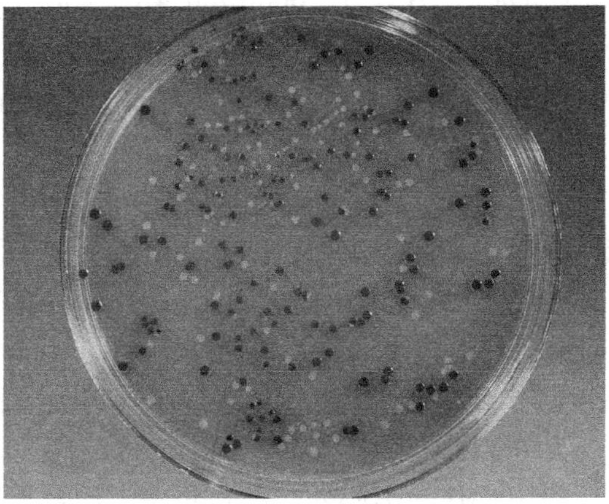

图 44-1　重组质粒的蓝白斑筛选结果

【实验作业】

1. 连接反应的温度选择的依据是什么？
2. 怎样保证 DNA 片段的高回收率和连接的高效率？
3. 制备感受态细胞的原理是什么？
4. 制作感受态菌的过程中，应注意哪些关键步骤？
5. 影响转化效率的因素有哪些？
6. 白色菌落出现的原理是什么？

实验 45

外源基因在大肠杆菌中的表达与检测

【实验目的】

1. 了解外源基因在原核细胞中表达的机制和 SDS-PAGE 的实验原理。
2. 掌握质粒构建和原核诱导表达技术。
3. 掌握 SDS-PAGE 实验方法和测定蛋白质相对分子质量技术。

【实验原理】

外源基因在表达系统中得到正确表达是基因工程的最终目标。常用的表达系统有原核细胞和真核细胞。原核细胞表达系统主要使用大肠杆菌，真核细胞表达系统主要有酵母细胞、哺乳动物细胞和昆虫细胞。大肠杆菌生物学特性和遗传背景清楚，易于生长和控制；容易获得大量的外源蛋白（外源蛋白可占细菌总蛋白 50%左右）；用于细菌培养的材料价格便宜。因此，大肠杆菌是非常适宜的原核表达系统。将外源基因插入合适载体后导入大肠杆菌细胞，外源基因在大肠杆菌中高效表达，表达产物往往在细胞质聚集，形成均一密度的包涵体。包涵体的形成有利于保护表达产物不被胞内的蛋白酶降解，而且可以通过包涵体和胞内其他蛋白质密度不同来纯化包涵体蛋白。

外源基因在大肠杆菌中是否得到表达，表达产物是否符合实验的目的，需要对表达产物进行鉴定。SDS-PAGE 可以根据迁移率大小测定蛋白质亚基的分子质量，是一种经济、快速、而且可重复的分离鉴定蛋白质的方法。当在样品介质和聚丙烯酰胺凝胶系统中加入离子去污剂和强还原剂（十二烷基磺酸钠，SDS）后，则蛋白质分子的电泳迁移率主要取决于它的分子质量大小，其他因素可以忽略不计。SDS 是一种阴离子去污剂，可与蛋白质的疏水部分相结合，与蛋白质结合后加热能把折叠的蛋白质打开（如果这个蛋白质是多亚基的话，如两个亚基，处理后就形成两条多肽链），这样所有的蛋白质都有相似的形状和荷质比，就排除了蛋白质形状和所带电荷造成的影响，只跟蛋白质的分子质量有关。在电场的影响下，带有 SDS 的负电荷蛋白质向正极运动，移动的多肽链受到网状的聚丙烯酰胺的阻碍，小的多肽链移动得快，跑在电泳胶带的最前沿，大的多肽链则在电泳胶带的后面。

【实验材料】

DH5α 大肠杆菌、pMD19-T 克隆载体、pET-32a 表达载体、表达菌株 BL21（DE3）、标准蛋白质纯品等。

【实验器具】

超净工作台、恒温振荡器、台式高速离心机、高速冷冻离心机、低温摇床、高压破碎仪或超声破碎仪、电泳仪、垂直板电泳槽、微量移液器、白瓷盘等。

【实验试剂】

LB 培养基、标准蛋白质纯品、100mmol/L IPTG（异丙基硫代-β-D-半乳糖苷）、30%丙烯酰胺溶液、pH8.8 分离胶缓冲液、pH6.8 浓缩胶缓冲液、100mL 10%（*m/V*）SDS、pH8.3 Tris-甘氨酸电极缓冲液、10%过硫酸铵（AP）、考马斯亮蓝染色液、考马斯亮蓝脱色液、5×样品缓冲液等。

【实验步骤】

1. 获得目的基因的 ORF

设计一对可以扩增热休克蛋白 60 基因开放阅读框的引物，并在两条引物的 5′端分别添加一个酶切位点（上游引物添加 *Eco*R Ⅰ限制性内切酶位点 5′-CCGGAATTCATGCTGCGTTTACCGAGTG-3′，下游引物添加 *Hin*dⅢ限制性内切酶位点 5′-CCCAAGCTTTTAGAAGCCTCCCATGCCTC-3′）。在引物中添加限制性内切酶的时候，首先要根据表达质粒上含有的酶切位点来进行选择，该实验中选择的表达质粒为 PET-32a，该质粒上面含有 *Eco*R Ⅰ和 *Hin*dⅢ限制性内切酶位点；其次还要确保热休克蛋白 60 基因开放阅读框内不含有要用的限制性内切酶的酶切位点，否则限制性内切酶会把要扩增的目的基因破坏。以反转录的 cDNA 为模板进行 PCR 扩增，获得目的片段、胶回收、连接到 pMD19-T 载体上，转化、测序。检验克隆结果是否为目的基因，并确定没有发生移码突变，如果发生移码突变，那么该基因将编码出一个错误的蛋白质。

2. 构建重组表达载体

1）载体双酶切

将含有热休克蛋白 60 基因的 pMD19-T 质粒和表达质粒 pET-32a，用 *Eco*R Ⅰ和 *Hin*dⅢ限制性内切酶（与引物酶切位点相同）进行双酶切，酶切产物琼脂糖凝胶电泳分离，回收切开的目的基因片段和质粒片段。用 T_4 DNA 连接酶将两个片段连接，导入 DH5α 克隆菌株，双酶切验证，并送到公司测序，检测构建的载体正确与否。

2）将重组表达质粒导入 BL21（DE3）表达菌中

从 DH5α 重组菌体中提取重组表达质粒，双酶切验证后，通过转化导入 pET-32a 表达菌中。具体的转化步骤参阅实验 44 重组质粒构建、转化和筛选。

3. 诱导表达

（1）挑取含重组质粒的菌体单斑至 3mL LB（含 Amp100μg/mL）中 37℃过夜培养。

（2）按 1∶50 的比例扩大培养 50mL，37℃ 200r/min 振荡培养至 OD600≌0.4～0.8（最好为 0.6，约 3.5h）。

（3）取 5mL 液体作为未诱导的对照组，向剩余的培养物中加入 IPTG 诱导剂（终浓度为 1mmol/L），37℃ 200r/min 诱导表达，分别于 1h、2h、4h、6h、8h 各取 3mL，8h 后停止培养。

（4）分别取对照及 1h、2h、4h、6h、8h 时间点菌体 1mL，12 000r/min 离心 2min 收获沉淀，用 100μL 1%SDS 重悬沉淀，并加入 100μL 2×上样缓冲液，混匀沸水煮 5min。

（5）12 000r/min 离心 3min，取上清做 SDS-PAGE 分析。

4. 表达蛋白的分析——SDS-PAGE

1）安装模具

安装制胶模具。

2）样品制备

将蛋白质样品与 5×样品缓冲液（20μL+5μL）在一个 Eppendorf 管中混合。放入 100℃加热 5～10min，取上清点样。

3）凝胶的制备

（1）将玻璃板、样品梳、Spacer 用洗涤剂洗净，用 ddH_2O 冲洗数次，再用乙醇擦拭，晾干。

（2）将两块洗净的玻璃板之间加入 Spacer，按照 Bio-Rad Mini Ⅱ/Ⅲ说明书提示装好玻璃板。

（3）按如下体积配制分离胶和浓缩胶。

试剂名称	10%分离胶/mL	4%浓缩胶/mL
ddH_2O	10	3.05
30%丙烯酰胺	10	0.65
分离胶/浓缩胶缓冲液	7.5	1.25
10%SDS	0.3	0.05
TEMED	1 滴	2 滴
10%过硫酸铵	0.1	0.05
总体积	30	5

（4）将分离胶混匀后立即灌注于玻璃板间隙内，上层小心覆盖一层重蒸水。将胶板垂直放于室温下，待分离胶完全聚合（大约 20min）。

注：灌胶时动作要快，要保持小烧杯摇动，防止烧杯内的胶发生聚合，沿胶板一角灌入，防止气泡产生。

（5）将上层重蒸水倾去，滤纸吸干，灌制浓缩胶，插入样品梳。

（6）取样品溶液与等体积的样品缓冲液混合，100℃水浴保温 3～5min。

（7）带浓缩胶聚合完全后，小心移去梳子，将胶板固定于电泳装置上，上下槽各加入电极缓冲液。

（8）上样：用微量移液器每个样品孔上样 20μL，同时加入一个标准品。

（9）电泳：稳压 200V，溴酚蓝到达凝胶底部时，停止电泳，需 45min～1h。

（10）分析电泳结果：从电泳装置上卸下胶板，剥离胶放入染色液中，室温染色 1～2h；移出凝胶放入脱色液，置于 80r/min 脱色摇床上，每 20min 更换一次脱色液，至本底无色为止。

【实验结果】

泥鳅 *HSP60* 诱导蛋白 SDS-PAGE 结果如图 45-1 所示。

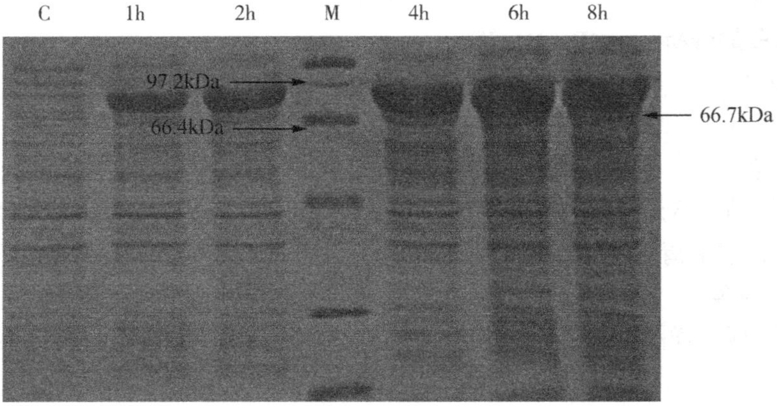

图 45-1　泥鳅 *HSP60* 诱导蛋白 SDS-PAGE 结果

C. 对照；M. 蛋白 Marker

【实验作业】

1. 为什么诱导表达的大肠杆菌要在其 OD_{600} 约为 0.5 时加入 IPTG？
2. 大肠杆菌的诱导表达常受哪些因素的影响？
3. 绘制标准曲线。
4. 根据未知蛋白质样品迁移率，在绘制好的标准曲线上查出其分子量。

【注意事项】

1. 含有外源基因的表达菌株应预培养之后再转接至培养瓶中，最好不要将菌种直接接于培养瓶培养，诱导表达。

2. 融合表达时在选择外源 DNA 同载体分子连接反应时，对转录和转译过程中密码结构的阅读不能发生干扰。

3. 表达菌株生长至 OD_{600} 约为 0.5 时为诱导的最适合条件，避免菌过分生长。

4. 胶配制的质量是实验成败的关键。

5. 样品的变性时间应控制在 5min。

6. 剥胶时不要损坏凝胶。

实验 46

总 RNA 提取及反转录扩增 cDNA（RT-PCR）

【实验目的】

1. 了解 Trizol 法提取总 RNA 及反转录扩增 cDNA 的原理。
2. 掌握 Trizol 法提取总 RNA 及反转录扩增 cDNA 的方法。

【实验原理】

1970 年，美国遗传学家 H.M.Temin 和 D.Baltimore 在致癌的 RNA 病毒中发现了反转录酶，证明反转录的存在并阐明了反转录的机制，进一步完善了中心法则。1975 年，两人双双获得诺贝尔生理学或医学奖。反转录 PCR（reverse transcriptase-PCR，RT-PCR）是一种从 RNA 扩增 cDNA 的方法，在 cDNA 文库的建立、鉴定已转录序列是否发生突变、基因表达的丰度和强度测定等方面发挥了重要作用。

RT-PCR 的基本过程是反转录、PCR、电泳检测。首先使用反转录酶使 RNA 反转录为 cDNA 第一链。一条寡聚脱氧核苷酸引物先与 mRNA 配对，然后由 RNA 依赖的 DNA 聚合酶催化合成相应互补的 cDNA 拷贝，后者能进一步用于 PCR 扩增。扩增缓冲液既适合反转录反应也适合 PCR 反应，从而保证了反转录和 PCR 反应的统一性和连续性。对真核生物来说可用 Oligo（dT）为引物，而原核生物则用特异引物或随机引物进行反转录。

制备某种生物的 cDNA 文库，首先要提取总 RNA。由于 RNA 绝大多数与蛋白质结合成核蛋白体，因此要创造条件，利用酸性酚、SDS 等蛋白质变性剂处理使蛋白质变性而与 RNA 分离开。同时还要尽量抑制内源的 RNA 酶的活性，以避免对 RNA 的降解。还需要特殊处理去除 DNA、糖类、盐类等杂质，最后纯化出 RNA。

【实验材料】

植物叶片。

【实验器具】

PCR 仪、恒温水浴锅、低温高速离心机、电泳仪、低温冰箱、微量移液器、研钵、离心管等。

【实验试剂】

Trizol 试剂（含酚、异硫氰酸胍和溶解剂等）、75%乙醇（用 DEPC 处理水配制 75%乙醇，然后装入高温烘烤的玻璃瓶中，存放于低温冰箱）、RT-PCR 试剂盒、氯仿、异丙醇、AMV 反转录酶等。

【实验步骤】

1. Trizol 法提取总 RNA

（1）将组织在液氮中磨成粉末后，按照每 50～100mg 组织液加入 1mL Trizol 比例加入，注意样品总体积不能超过所用 Trizol 体积的 10%。

（2）研磨液冰上放置 10min，然后以每 1mL Trizol 液加入 0.2mL 的比例加入氯仿，盖紧离心管，用手剧烈振荡离心管 15s。

（3）4℃、12 000r/min 离心 10min，取上层水相于一新的离心管，加入等体积的异丙醇混匀，–20℃沉淀 30min。4℃、12 000r/min 离心 10min 回收 RNA。

（4）弃去上清液，按每 1mL Trizol 液加入至少 1mL 的比例加入 75%乙醇，4℃、12 000r/min 离心 5min。

（5）小心弃去上清液，然后室温或真空干燥 5～10min，注意不要干燥过分，否则会降低 RNA 的溶解度。然后将 RNA 溶于 RNase-free ddH_2O 中，必要时可 55～60℃助溶 10min。RNA 可进行 mRNA 分离或贮存于 70%乙醇中，于 70℃保存。

（6）电泳检测 RNA 的完整性。电泳所用的电泳槽、尺梳、电泳托等用 0.2mol/L NaOH 浸泡 10min。在 100mL 的锥形瓶中准确称量 0.5g 琼脂糖，再加 50mL 1×TAE 缓冲液，在通风橱中加入 50μL DEPC 和适量 EB，摇匀后室温放置 5h，然后微波炉中化胶，常规进行电泳即可。

2. RNA 反转录产生 cDNA

（1）将 1μg（2μL）1.2kb 卡那霉素阳性对照 RNA，poly（A）+mRNA 或总 RNA 加入微量离心管中，并于 70℃温浴 10min，短暂离心后置于冰上。

（2）依照所列顺序加入以下试剂以建立一个 20μL 的反应体系（依据 RNA 的量反应体积可以增减）。

$MgCl_2$ 25mmol/L	4μL
反转录 10×缓冲液	2μL
dNTP 混合物 10mmol/L	2μL
重组的 RNasin 核糖核酸酶抑制剂	0.5μL
AMV 反转录酶（高浓度）	15U
Oligo（dT）引物或随机引物	0.5μg
实验用 RNA	1μg
加入无核酸酶的水至终体积为	20μL

（3）如果使用 Oligo（dT）引物，将反应体系于 42℃温浴 15min；如果使用随机引物，将反应体系于室温 10min，然后于 42℃温育 15min。增加的室温处理有利于引物的伸展，使得当温度升高到 42℃时引物仍处于杂交状态。

（4）将样品于 95℃加热 5min，然后于 0～5℃放置 5min。这一步将使 AMV 反转录酶失活并且阻止其与 DNA 结合。第一链 cDNA 可用于第二链 cDNA 的合成或者琼脂糖凝胶分析，也可将第一链 cDNA 存放在–20℃备用。

3. PCR

（1）取 5μL 反转录产物建立如下反应体系：

反转录产物	5.0μL
10×缓冲液	2.5μL
4×dNTP	2.0μL
上游特异性 PCR 引物	1.0μL（10pmol）
下游特异性 PCR 引物	1.0μL（10pmol）
ddH_2O	13μL

（2）将上述反应体系混匀，沸水浴 5min，冰上 4min。然后再加入：

Taq DNA 聚合酶	0.5μL（2U）
矿物油	25μL

（3）稍离心后，放入已编好程序的 PCR 仪中。其上机的循环条件为：

94℃预变性 5min；94℃变性 1min；50～60℃复性 1min；72℃延伸 0.5～4min；35 循环；最后 72℃充分延伸 10min。

（4）1%琼脂糖凝胶电泳检测，并于–20℃保存。

【实验结果】

1. 总 RNA 提取成功，在琼脂糖凝胶电泳图上可明显地观察到 28S 和 18S 两条带，并且 28S 大约是 18S 的 2 倍宽，见图 46-1。若两条带不明显，则说明 RNA 部分降解，可能的原因是污染了 RNase，或操作过于剧烈造成 RNA 降解了。

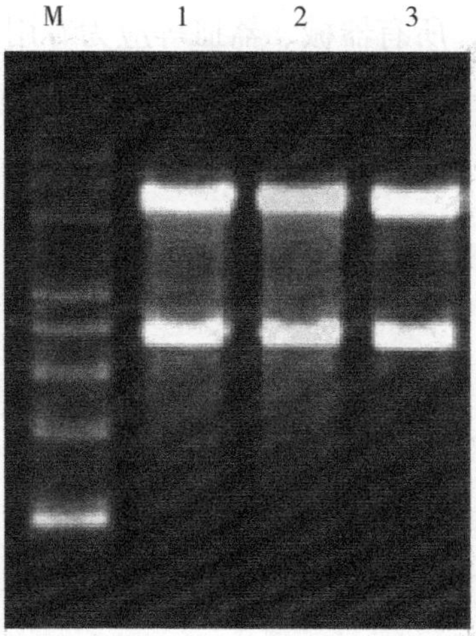

图 46-1　总 RNA 提取电泳结果

2. 定量测定 RNA，在分光光度计上测定 RNA 的紫外吸收值 A_{230}、A_{260} 和 A_{280}。对于纯净的 RNA 样品，A_{260}/A_{280} 的比值应为 1.7～2.0，如果比值太小，说明可能 RNA 样品污染了蛋白质或苯酚。A_{260}/A_{230} 的比值应大于 2.0，否则就可能被异硫氰酸胍等污染了。从紫外吸收值的大小可以比较清楚地推算出 RNA 的量的多少。A_{260} 为 1 时相当于 RNA 的浓度为 37μg/mL 单链 RNA。

3. 反转录 PCR 结果中，在预料的位置应该出现 DNA 条带。若没有出现，可能是因为相应的 mRNA 拷贝数少或者没有，反转录失败，PCR 失败等。

【实验作业】

1. 简述 RT-PCR 原理。
2. 如何提高 RT-PCR 的特异性?
3. 对实验结果进行详细分析，总结成功、失败的原因。

【注意事项】

操作过程中要严格防止内源、外源 RNA 酶污染。

1. 所有的玻璃器皿均应在使用前于 180℃的高温下干烤 6h 或更长时间。

2. 塑料器皿可用 0.1%DEPC 水浸泡或用氯仿冲洗（注意：有机玻璃器具因可以被氯仿腐蚀，故不能使用）。

3. 有机玻璃的电泳槽等，可先用去污剂洗涤，双蒸水冲洗，乙醇干燥，再于室温浸泡至 3%H_2O_2 中 10min，然后用 0.1% DEPC 水冲洗，晾干。

4. 配制的溶液应尽可能地用 0.1%DEPC 在 37℃处理 12h 以上。然后用高压灭菌除去残留的 DEPC。不能高压灭菌的试剂，应当用 DEPC 处理过的无菌双蒸水配制，然后经 0.22μm 滤膜过滤除菌。

5. 操作人员戴一次性口罩、帽子、手套，实验过程中手套要勤换。操作过程尽量在超净台中进行。钢匙、镊子用前要用酒精灯稍微烘烤，在开启 Eppendorf 管时要用镊子夹开，不要用手触碰。

6. 设置 RNA 操作专用实验室，所有器械、器皿等应为专用。

实验 47

随机扩增多态性 DNA（RAPD）分析

【实验目的】

1. 了解 RAPD 的基本原理和用途，以及实验结果的处理方法。
2. 掌握 RAPD 的实验操作技术。

【实验原理】

RAPD 是随机扩增多态性 DNA（random amplification polymorphic DNA）的英文缩写，RAPD 是 1990 年由 Williams 发明的一种分子生物学方法，也是建立在 PCR 技术之上的一种分子标记方法，它是以一系列不同的随机排列的寡聚核苷酸单链为引物，对于所研究的基因组 DNA 进行随机扩增，扩增产物通过聚丙烯酰胺凝胶或者琼脂糖凝胶电泳分析，经 EB 染色来检测扩增产物的多态性，RAPD 所使用的引物各不相同，对于任一特定的引物，它同基因组 DNA 序列有特定的结合位点，这些特定的结合位点在基因组某些区域内的分布符合 PCR 反应的条件，随机引物在模板的两条链上有互补的位置，且引物的 3′端相距在一定的长度范围之内，就可以扩增出来 DNA 片段，如果基因组在这些区域发生 DNA 片段的插入或者缺失，或者碱基突变，就能够导致这些特定结合位点分布发生变化，而使 PCR 产物增加或者减少，发生分子质量的变化，通过对 PCR 产物的检测分析，即可以测出基因组在这些区域的多态性，可以测定两个物种间或两个品系间的遗传距离和遗传相似度。

RAPD 技术继承了 PCR 技术的优点，所以 RAPD 技术可以在对于所研究的物种没有任何分子生物学基础的情况下，对其进行 DNA 的多态性分析，同限制性片段长度多态性（RFLP）、DNA 指纹图谱法等其他 DNA 多态性技术相比，RAPD 具有检测效率高、样品用量少、灵敏度高等特点和优势。目前，RAPD 已经广泛地应用于农作物品种及品系的鉴定、品种和品系的遗传关系的确定、基因的定位和分离、构建基因图谱，以及作物抗性育种等方面。

【实验材料】

泥鳅、大鳞副泥鳅。

【实验器具】

同 PCR 实验相同。

【实验试剂】

同 PCR 实验相同。随机引物为 Operon 公司 I、L 两组共 40 种。

【实验步骤】

1. 基因组 DNA 的制备

取泥鳅、大鳞副泥鳅各 0.1～0.5mL 血液，加入 1/6 体积柠檬酸葡萄糖（ACD）抗凝，3000r/min 离心 10min，以适量 0.85% NaCl 清洗至无红色，加入适量裂解液，摇匀直至出现黏状物；加入 20μL 浓度为 10mg/mL 的 RNase 于 50℃消化 3h；再加入 25μL 浓度为 20mg/mL 的蛋白酶 K，50℃消化过夜。次日以酚-氯仿-异戊醇、氯仿-异戊醇各抽提两次；冷乙醇沉淀，用吸头挑出 DNA 沉淀，70%乙醇洗一次；置 4℃冰箱中使之缓慢干燥。待乙醇挥发后溶于适量 TE 缓冲液中。在紫外分光光度计上测定其纯度，琼脂糖凝胶电泳后鉴定基因组 DNA 的提取效果。

2. 基因组 DNA 的 RAPD 分析

从 Operon 公司 I、L 两组引物中筛选出有效引物。利用有效引物进行基因组 DNA 的随机扩增。反应体系为：引物 1μL，dNTP 100μmol，$MgCl_2$1.5mmol/L，*Taq* DNA 聚合酶 1U，基因组 DNA 200ng。循环参数为：94℃变性 5min，以后为 94℃ 30s，36℃ 40s，72℃ 1min。两个循环后提高复性温度至 39℃，共 45 个循环。扩增产物经 1.2%琼脂糖凝胶电泳检查照相。

【实验结果】

如果从 40 种引物中筛选出 7 种有效引物，则每种引物都需要分别对两种实验材料进行随机扩增。对扩增的产物可以同时在一个凝胶板上进行电泳。图 47-1 中单数代表泥鳅、双数代表大鳞副泥鳅。1、2 是一种引物的扩增结果，3、4 是一种引物的扩增结果，5、6 是一种引物的扩增结果，7、8 是一种引物的扩增结果，9、10 是一种引物的扩增结果，11、12 是一种引物的扩增结果，13、14 是一种引物的扩增结果。

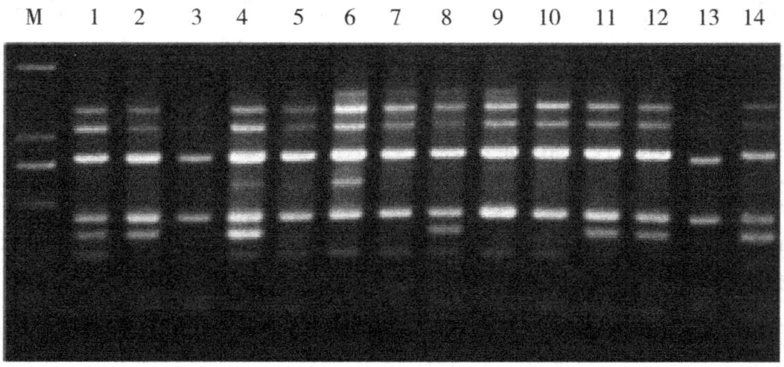

图 47-1　随机引物扩增电泳结果

DNA 大小计算及结果处理：扩增产物与 DNA 长度大小标记一起电泳结束后，测定其各片段的电泳距离，按下述公式估计 DNA 片段的长度：

$$\lg(Y+M)=a+b\lg(X+N)$$

式中，Y 为 DNA 片段大小（kb）；M 为其修正值；X 为电泳迁移率（cm）；N 为其修正值；b 和 a 分别为方程的系数和常数。

种群间的遗传相似度的计算：根据 Lynch 于 1990 年发表的公式计算个体间带纹相似系数：$S_{XY}=2N_{XY}/N_X+N_Y$ 其中 N_{XY} 是个体 X 和 Y 共同拥有的带数，N_X 和 N_Y 分别是个体 X 和 Y 所具有的带数总数。平均带纹相似系数通过对群体内（间）各个体间的相似系数简单平均而求得。

种群间遗传距离系数按如下公式计算。

$$D_{XY}=-\ln[S_{XY}/(S_X\times S_Y)^{1/2}]$$

式中，S_{XY} 为两个群体 X 和 Y 之间的平均带纹相似系数，S_X 和 S_Y 分别为群体 X 和群体 Y 的种群内平均带纹相似系数。

【实验作业】

1. 计算两个泥鳅种群将间的遗传相似度和遗传距离系数。
2. 总结和分析实验结果。

实验 48

Southern 印迹

【实验目的】

1. 学习了解 Southern 印迹的机制和原理。
2. 掌握 DNA 与 DNA 分子杂交技术。

【实验原理】

1975 年英国生化学家 E.Southern 创立了核酸分子杂交技术——Southern 印迹，目前，Southern 印迹被广泛运用于克隆基因的酶切、图谱分析、基因的定位、基因的定性定量分析、基因突变分析、遗传标记的定位等多个方面，成为分子遗传学、分子生物学研究的不可缺少的基本技术。Southern 印迹是将 DNA 分子经限制性内切核酸酶酶切，用琼脂糖凝胶电泳将所得 DNA 片段按分子质量大小分离，然后在强碱性条件下使琼脂糖凝胶中的 DNA 片段变性成为单链；利用毛细管作用原理将单链 DNA 片段吸印到硝酸纤维素膜或其他固相支持物上。固定后，其形状与相对位置均能够保持下来，如此制成的 DNA 印迹可作为 DNA 分子杂交的受体。

核酸分子杂交实质上是以 DNA 的变性与复性为理论基础的。吸附于硝酸纤维素膜上的 DNA 经碱变性后，互补的碱基间的氢键被打开，当硝酸纤维素膜被浸入含有放射性同位素或地高辛等标记的、已变性的 DNA 探针时，在适宜的条件下，两者经过碱基互补进行分子杂交，于是放射性探针被固定在含有特异互补序列的 DNA 片段上，充分洗涤、干燥以后，对硝酸纤维素膜进行放射性自显影或化学显色，便会测出含互补序列 DNA 区带的位置。

【实验材料】

含 23kb、9.5kb 与 6.6kb λ 噬菌体的 DNA 片段区带的琼脂糖凝胶板及其照片。

含 23kb、9.5kb 与 6.6kb λ 噬菌体的 DNA 片段的 DNA 溶液。

【实验器具】

大瓷盘、厚玻璃板、水浴摇床、塑料袋、塑料封口机、温度计、注射器、水浴锅、黑纸、保鲜纸、1L 的锥形瓶、台式高速离心机、低温（–40℃）冰箱、岛津紫外线-120-2 分光光度仪、小离心管、移液管、烧杯、硝酸纤维素滤膜、滤纸、吸水纸或卫生纸等。

【实验试剂】

D-76 显影液、D-72 定影液、T-DNA 溶液、70%（体积比）乙醇、10%甘氨酸、50%

（*m*/*V*）硫酸葡聚糖钠、终止试剂（0.25mol/L EDTA，pH8.0）、4mol/L 乙酸铵（NH_4Ac）、氯仿-异戊醇溶液（氯仿与异戊醇的体积比为 24∶1）、0.1mol/L Tris-HCl 溶液饱和的苯酚（pH8.0）、洗膜液（0.2%SDS、2×SSPE，pH7.4）。

1%的低熔点琼脂糖。

碱变性剂（0.5mol/L NaOH，1.5mol/L NaCl）。

中和试剂（0.5mol/L Tris-HCl，1.5mol/L NaCl，pH7.5）。

20×SSPE（3.4mol/L NaCl、200mmol/L Na_2HPO_4、20mmol/L EDTA-Na_2，pH7.0）。

融胶缓冲液（1mmol/L EDTA、20mmol/L Tris-HCl，pH8.0）。

预杂交液成分：40%去离子甲酰胺，10%硫酸葡聚糖，1×Denhardt's 液，4×SSC，1mg/mL tRNA，1mg/mL 热变性鲑精 DNA。

预杂交液中加入 0. 5μg/mL 已经标记 DNA 探针，沸水煮 10min，然后加入冰 NaCl 骤冷备用。

【实验步骤】

1. 变性

将含有 23kb、9.5kb 与 6.6kb λ 噬菌体 DNA 区带的琼脂糖凝胶板置于大瓷盘中，加入碱变性试剂，以浸没胶面为准，轻轻摇动，室温下变性 15min，倾去变性试剂。加入新的变性剂，重复一次。

2. 漂洗

倾去变性试剂，用蒸馏水轻轻漂洗三次。

3. 中和

向上述盘中加入中和试剂，以浸没胶面为准，轻轻摇。

4. 吸印

如图 48-1 所示，取一个平底瓷盘反扣在另一大瓷盘中，调平。在反扣盘上放一张长滤纸作底桥，再在底桥上放 10 张与凝胶板等大的滤纸，用 20×SSPE 浸透滤纸，叠好，挤出气泡。小心将凝胶板移至滤纸上，排尽气泡。在胶面上放一张与胶板等大的湿硝酸纤维素滤膜，排尽气泡，并在膜上作好记号。取 10 张与凝胶板等大的湿滤纸放于硝酸纤维素滤膜上，排尽气泡，在其上放厚约 6cm 的一叠与胶板等大的干吸水纸。盖上厚玻璃板，压上盛有 500g 水的重物。向大瓷盘中加入适量的 20×SSPE 溶液，以不浸到胶为宜，吸印。

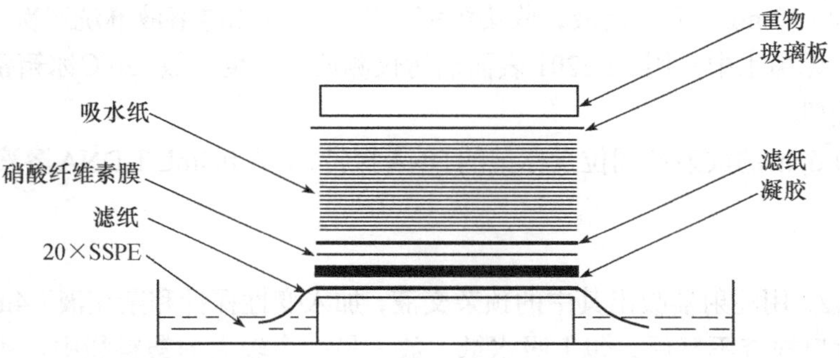

图 48-1　Southern 印迹装置示意图

5. 固定

过夜后，去掉玻璃板与锥形瓶，取出硝酸纤维素滤膜，用 2×SSPE 洗涤 10min，80℃烘干备用。

6. 预杂交

用塑料封口机制备大小适度的塑料袋，小心把含有待测 DNA 印迹的硝酸纤维素膜放入袋中，封口（只留一个小口），按照 100cm^2 硝酸纤维素膜加入 4mL 预杂交液的比例，加入预杂交液，赶尽袋中的气泡，封口，检查不漏气后，置水浴摇床上，42℃预杂交 1h。

7. DNA 的纯化

在 0.6%琼脂糖凝胶板上，沿着垂直于电泳（场）方向切一小槽，向其中加入 1%低熔点琼脂糖，将含 23kb、9.5kb 与 6.6kb 的 λ 噬菌体 DNA 片段的溶液点入梳子齿在琼脂糖凝胶板一端所造成的小孔中。120V、50mA 低温电泳，在 UV 灯下观察到 6.6kb 片段跑入低熔点胶内时，切下 DNA 带，放入无菌瓶中捣碎，加 5 倍体积的融胶缓冲液，65℃融化 5min，以等体积的苯酚抽提胶块，离心收集水相，再以等体积的苯酚、氯仿-异戊醇各抽提一次水相，取被抽提过的水相，用乙醇沉淀 DNA，取 20μL DNA 溶液，加水至 2mL，在分光光度仪上测紫外吸收值以确定 DNA 的含量与纯度。

8. 探针的标记

用缺刻转移法或随机引物法标记 DNA 探针。按照表 48-1 顺序及体积加入成分进行标记。

表 48-1　缺刻转移法标记 DNA 探针

组分	加入顺序	体积/μL
无离子水	1	18
核苷酸混合物	2	15
10×缺刻转移缓冲液	3	5
待标记 DNA 溶液	4	2
^{32}P-dCTP	5	5
酶混合物	6	5
总体积		50

各组分混合后，15℃水浴 50min，加入 4μL 0.25mol/L EDTA（pH8.0）终止反应。

9. 探针的纯化与检测

向上述混合溶液中加入 3 倍体积的异丙醇与 1/2 体积的 4mol/L 乙酸铵，室温静置 10min，16 000r/min 离心 10min，弃上清液，收集沉淀，用 70%的乙醇溶液淋洗三次（每次 1min），沉淀溶于 50μL 无菌水中，用 FJ-2201 表面沾污仪测放射强度，放–20℃冰箱备用。

10. 探针变性

取 10^6～10^7dpm 的放射性同位素标记的 DNA 探针，加入 0.5mL T-DNA 溶液，沸水浴 5min，立即转入冰浴。

11. 杂交

取出塑料袋，用注射器吸出其中的预杂交液，加入变性探针和杂交液（4mL/100cm^2 硝酸纤维素膜）。封口检查不气后，包上吸水纸，放入另一个较大的塑料袋中。用适量水湿润吸水纸，赶出气泡，密封后，置于 42℃水浴摇床杂交过夜（16～20h）。

12. 洗膜

取出内层杂交塑料袋，剪开一小口，吸出杂交液，破袋取硝酸纤维素膜，置于平皿内，加入洗膜液，45℃保温 15min，其间翻动数次，弃去洗液，重加新洗液。如此重复三次。

13. 放射性计数

取出硝酸纤维素膜，吹干，在膜边上用含 ^{32}P-dCTP 的黑水点上记号，再吹干，用保鲜纸包好，用 FJ-2201 仪测硝酸纤维素膜上的放射性，估算出单位面积上的活性 AS（cpm/cm^2，指可能出现杂交带的面积估算）。

14. 放射性自显影

在安全红灯下，将硝酸纤维素膜夹上 X 射线胶片，包上黑纸，置 X 光片曝光夹中，移入 –40℃。冰箱曝光，具体估算时间 T（min）=5 × 10^4（cm^{-2}）/AS（cpm/cm^2）。充分曝光后，取出 X 射线胶片显影，按照两片上放射性记号位置，将 X 射线胶片及与其等大的凝胶照片对照阅读，确定杂交带的位置。

【实验结果】

在放射性自显影后。X 射线胶片上与凝胶板照片上 6.6kb λ 噬菌体的 DNA 片段的区带位置相对应处呈现自显影带。

【实验作业】

1. 被吸印的凝胶板上有 23kb、9.5kb 与 6.6kb 三个 DNA 片段，为何 Southern 印迹后 X 射线胶片上只呈现一个 DNA 杂交带？
2. DNA 分子杂交过程中为何要加入 T-DNA 溶液？
3. 分析总结实验结果，有何体会和感想？

【注意事项】

1. 要取得好的转移和杂交效果，应根据 DNA 分子的大小，适当调整变性时间。对于分子质量较大的 DNA 片段（大于 15kb），可在变性前用 0.2mol/L HCl 预处理 10min 使其脱嘌呤。
2. 转移用的硝酸纤维素膜要预先在双蒸水中浸泡使其湿透，否则会影响转膜效果；不可用手触摸 NC 膜，否则影响 DNA 的转移及与膜的结合。
3. 转移时，凝胶的四周用 Parafilm 蜡膜封严，防止在转移过程中产生短路，影响转移效率，同时注意硝酸纤维素膜与凝胶及滤纸间不能留有气泡，以免影响转移。
4. 尽量缩短凝胶在紫外灯下的暴露时间，因为紫外线照射会降低互补杂交的能力。
5. 注意同位素的安全使用，严格按照实验室的要求进行操作。

实验 49

Western 印迹

【实验目的】

1. 学习和理解 Western 印迹的原理和机制。
2. 掌握 Western 印迹的操作方法。

【实验原理】

1975 年，E.Southern 发明 Southern 印迹技术之后，人们又发现了两个类似的印迹过程，一个印迹的对象是蛋白质，另一个印迹的对象是 RNA，人们分别把前者称为 Western 印迹，把后者称 Northern 印迹。Western 印迹是将蛋白质分子转移到硝酸纤维素滤膜上以测定蛋白质分子的技术。经过聚丙烯酰胺凝胶电泳而在凝胶内形成条带的蛋白质分子带有电荷，在电场中向其所带电荷相反的一极移动。并且当其经过垂直于电场（泳）方向的 NC 膜时，按照其在凝胶内分布的条带形式被吸附在硝酸纤维素膜上，然后，用蛋白质与配基的亲和反应、抗原与抗体的免疫反应或者 DNA 与其特异结合的蛋白质的结合反应可以鉴别吸附于 NC 膜上的蛋白质。一般先用待测蛋白免疫动物 A，获得多克隆或单克隆抗体作为第一抗体与靶蛋白反应，再用另一种动物的抗动物 A 的免疫球蛋白抗体（放射性标记或酶标记）作为第二抗体。通过放射自显影或特异性酶促反应对固相支持物上的靶蛋白进行检测。这样避免了对每种待测蛋白都要制备酶标记抗体的麻烦。利用辣根过氧化物酶（HRP）标记的羊抗人 IgG 抗体直接检测人血清 IgG，无需再用第二抗体。先将人血清上样进行 SDS-聚丙烯酰胺凝胶电泳，通过转移系统将蛋白质从凝胶转移到硝酸纤维素膜上，再用丽春红 S（ponceau S）对硝酸纤维素膜染色并用铅笔标出分子质量标准的条带（该染料只会短暂显色，进行 Western 印迹时可被洗去，且与所有免疫学检测方法兼容），漂洗后再用封闭液（本实验采用牛血清白蛋白）封闭膜上可能结合非相关蛋白的位点以降低非特异性结合的背景，封闭之后滤膜加入酶联抗体温育，漂洗后加入生色底物进行特异性显带。免疫偶联的辣根过氧化物酶最敏感的底物是 3，3 '-二氨基联苯胺，它在过氧化物酶所在部位转变成棕色沉淀。在 Co^{2+}或 Ni^{2+}存在下可以加深沉淀的颜色并提高反应的灵敏度。

IgG 是由两条轻链和两条重链通过二硫键连接起来，变性后轻链和重链分开，且在轻链和重链的恒定区都具有抗原决定簇，因此，在膜上可以显出两条带，一条为轻链（约 21kDa）另一条为重链（约为 57kDa）。

【实验材料】

20 倍稀释的人血清。

【实验器具】

大磁盘、新华 1 号滤纸、塑料袋（一个大、一个小）、塑料封口机、吸收泡沫、大玻璃培养皿、微量移液器、吸管、恒温摇床、垂直式电转移槽、电泳仪、电极、硝酸纤维素膜等。

【实验试剂】

SDS-聚丙烯酰胺凝胶电泳相关试剂。

稀释血清：取新鲜人血清 50uL，加生理盐水 0.95mL，加 2×样品缓冲液，100℃煮沸 3min，冷却。

转移缓冲液：2.9g Gly+5.8g Tris+0.379g SDS+200mL 甲醇，用水稀释至 1L。

丽春红 S 染液。贮存液：2.0g 丽春红 S+3 g 三氯乙酸+30g 磺基水杨酸，加水至 100mL。工作液：使用前取 1 份贮存液加 9 份去离子水，混匀使用后即废弃。

Western 印迹缓冲液 A 液：9g NaCl+12.1g Tris，加水 500mL 溶解，加 0.1mol/L HCl（标定过）403mL，调节 pH 至 7.5，定容至 1000mL。

封闭液：1g 牛血清白蛋白 + 50μL Tween-20，用 A 液定容至 100mL。

稀释抗体：取 20μL HRP-羊抗人 IgG 抗体，加封闭液 16mL，混匀。

漂洗液：400mL A 液 + 1mL Tween-20，混匀。

底物溶液：①30mg 二氨基联苯胺溶于 30mL 水，加 A 液 5mL，过滤定容至 50mL，临用前配，放棕色瓶中。②0.3%$CoCl_2$，称取 $CoCl_2$ 30mg 溶于 10mL 水。临用时取①液 9mL、②液 1mL，加 10μL 30% H_2O_2，混匀。

【实验步骤】

1. 放置凝胶板

首先进行人血清的 SDS-聚丙烯酰胺凝胶电泳。电泳结束后，取聚丙烯酰胺凝胶（电泳）板，按图 49-1 安放。安放前，每层材料均需用转移缓冲液浸透，并且排尽层与层之间的气泡。

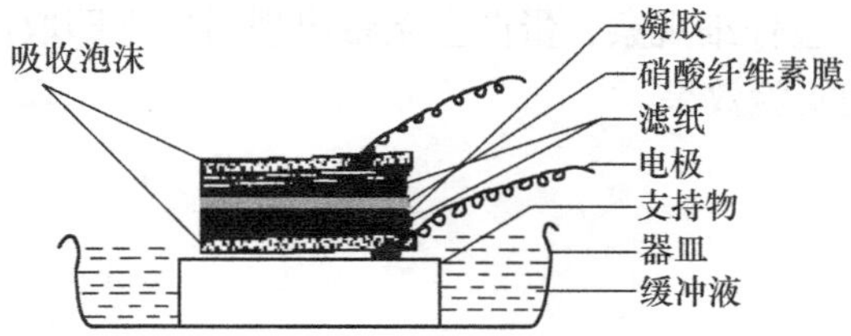

图 49-1　Western 印迹转膜示意图

2. 电转移

放好凝胶板后，整套装置放于大磁盘中。加入适量的电转移缓冲液。接通电源，6～8V/cm，电泳 3～4h。

3. 洗膜

电转移结束后，取出硝酸纤维素膜放于洗膜液中，40℃水浴处理 0.5h，然后，用水淋洗。

4. 杂交

取出硝酸纤维素膜，风干，先放入含 3%BSA 的 TBS 溶液中，轻轻摇动。室温 30min 后，取出硝酸纤维素膜，放入用塑料封口机封口（只留一个小口）的塑料杂交袋中，然后，按每 $14cm^2$ 硝酸纤维素膜加入 1mL 辣根过氧化物酶标记的羊抗人 IgG 稀释液（$1mL/14cm^2$），轻轻摇动，室温 1h。轻轻摇动，室温下杂交 2h。

5. 洗膜

取出硝酸纤维素膜，用漂洗液洗涤 5 次，每次 10min。

6. 显色

将硝酸纤维素膜转入底物溶液中，轻轻摇动，室温下显色。

7. 拍照

显色 30min 后，观察硝酸纤维素膜上的显色情况，待出现明显的红褐色区带时，取出硝酸纤维素膜进行拍照。

【实验结果】

在硝酸纤维素膜上呈现出两条红褐色的区带，两者基本上一致。IgG 是由两条轻链和两条重链通过二硫键连接起来的，变性后轻链和重链分开，且在轻链和重链的恒定区都具有抗原决定簇，因此在膜上可以显出两条带，一条为轻链（约 21kDa）另一条为重链（约为 57kDa）。

【实验作业】

1. 简述 Western 印迹的原理和机制。
2. 写出实验报告，分析总结实验结果。

【注意事项】

1. 电泳时不上样的上样孔要加等体积的样品缓冲液，防止样品扩散。
2. 从裁剪滤纸到安装整个转移装置，都要戴手套操作，防止污染。
3. 滤纸、滤膜应与凝胶大小完全吻合，并要精确对齐，防止短路。
4. 加入底物显色时，应仔细观察，蛋白主条带出现后应立即取出，终止反应，否则非特异性结合背景太高，影响实验效果。

实验50

Northern 印迹

【实验目的】

1. 学习理解 Northern 印迹的基本原理和机制。
2. 熟悉 Northern 印迹的实验操作过程。

【实验原理】

Northern 印迹是与 Southern 印迹相对应的测定 RNA 的一种技术，是一种将 RNA 从琼脂糖凝胶中转印到硝酸纤维素膜或尼龙膜上进行杂交的方法。RNA 经甲醛或乙二醛-二甲基亚砜变性后，在琼脂糖凝胶中进行电泳，能很好地分离和解旋成单链，其电泳迁移率与分子质量的对数呈严格的反比关系，然后将 RNA 从凝胶上转移到硝酸纤维素膜上，此膜具有吸附单链 RNA 的特点，加热将 RNA 固定于硝酸纤维素膜上，并与所需的放射性探针杂交，杂交后充分洗膜，除去未杂交上的放射性探针，然后进行放射自显影，只有与探针具有互补顺序的 RNA 片段才能显示出来，从而可以确定特异的 RNA 片段。目前，Northern 印迹已经成为分子遗传学、分子生物学研究的重要技术，可用于检测样品中是否含有基因的转录产物及其含量，即检测目的基因在组织细胞中有无表达及表达的水平。

【实验材料】

总 RNA 样品或 mRNA 样品，探针模板 DNA（25ng）。

【实验器具】

恒温水浴锅、电泳仪、凝胶成像系统、真空转移仪、尼龙膜、真空泵、UV 交联仪、杂交炉、恒温摇床、漩涡振荡器、分光光度计、微量移液器、微波炉、离心管、烧杯、量筒、三角瓶等。

【实验试剂】

0.5mol/L EDTA、50mmol/L NaAc、5×甲醛凝胶电泳缓冲液、20×SSC、琼脂糖、DEPC、X 射线底片、底片暗盒、α-^{32}P-dCTP、BSA（10mg/mL）、5×Buffer、dNTP 混合物、Klenow 酶、10×Buffer、SDS、灭菌水等。

【实验步骤】

1. 胶的制备

取琼脂糖 0.2g，加入 DEPC H_2O 12.4mL，加热熔化，于保温状态下加入 5 × 甲醛凝胶电泳缓冲液 4.0mL、37%甲醛 3.6mL，混匀、制胶。待胶凝固后，置 1 × 甲醛凝胶电泳缓冲液中预电泳 5min。

2. 样品制备

取总 RNA 4.5μL（20～30μg），加入 5 × 甲醛凝胶电泳缓冲液 4.0μL、37%甲醛 3.6μL、甲酰胺 10μL，65℃温育 15min、冰浴 5min。加入 EB（1μg/μL）1μL、上样缓冲液 2μL。

3. 电泳

上样，100V。电泳结束后将胶块置紫外灯下，观察 RNA 的完整性，记录 18S、28S 条带的位置（离加样孔的距离）。

4. 转膜

（1）按胶块大小剪取膜一张，用 DEPC 水中浸湿后，置于 20 × SSC 中浸泡 1h。剪去膜一角。

（2）将胶块切去一角，并在 20 × SSC 浸泡 15min × 2 次。

（3）用长和宽均大于凝胶的一块有机玻璃板作为平台，将其放入大的干烤皿上，上面放一张 Whatman 3MM 滤纸，倒入 20 × SSC 使液面略低于平台表面，当平台上方的 3MM 滤纸湿透后，用玻棒赶出所有气泡。

（4）将凝胶翻转后置于平台上湿润的 3MM 滤纸中央，3MM 滤纸和凝胶之间不能滞留气泡。

（5）用 Parafilm 膜围绕凝胶四周，以此作为屏障，阻止液体自液池直接流至胶上方的纸巾。

（6）在凝胶上方放置预先已浸湿的尼龙膜，排除膜与凝胶之间的气泡。

（7）将两张已湿润的、与凝胶大小相同的 3MM 滤纸置于膜的上方，排除滤纸与滤膜之间的气泡。

（8）将一叠（5～8cm 厚）略小于 3MM 滤纸的纸巾置于 3MM 滤纸的上方，并在纸巾上方放一块玻璃，然后用一个重约 500g 的重物压在玻璃板上。其目的是使液体自液池经凝胶向膜上流动，以洗脱凝胶中的 RNA 并使其聚集在膜上。使上述 RNA 转移持续进行 15h 左右。在转膜过程中，当纸巾浸湿后，应更换新的纸巾。

5. 洗膜

转移结束后，揭去凝胶上方的纸巾和 3MM 滤纸。将膜在 6 × SSC 中浸泡 5min，以去除膜上残留的凝胶。将凝胶置紫外灯下，观察胶块上有无残留的 RNA。

6. 烤膜

膜置 80℃，真空干烤 1～2h。烤干后的膜用塑料袋密封，4℃保存备用。

7. 探针的制备

（1）取模板 DNA 25ng 于 0.5mL 离心管中，95～100℃变性 5min，冰浴 5min。

（2）dNTPmix 的制备：取 dGTP 1μL、dATP 1μL、dTTP 1μL 混匀。

（3）将下列反应成分混合，加入上述微量离心管中：

dNTP 混合物	2.0μL
BSA（10mg/mL）	2.0μL
5×Buffer	10.0μL
Klenow 酶（5U/μL）	1.0μL
α-^{32}P-dCTP	5.0μL

加入适量 ddH_2O 使反应总体积达 50μL，轻轻混匀。室温下反应 1h。

8. 预杂交

将膜的反面紧贴杂交瓶，加入预杂交液 5mL，42℃预杂交 3h。

9. 杂交

将变性的探针（95～100℃变性 5min，冰浴 5min）加入到预杂交液中，42℃杂交 16h。

10. 洗膜

（1）弃去杂交液。

（2）加入 2×SSC/0.1%SDS 溶液，室温洗 15min。弃去 2×SSC/0.1%SDS 溶液。

（3）加入 0.2×SSC/0.1%SDS 溶液，55℃洗 15min，连续洗两次。

11. 压片

将膜用 ddH_2O 漂洗片刻，用滤纸吸去膜上水分。用薄型塑料纸将膜包好，置于暗盒中，在暗室中压上 X 射线片。暗盒置−70℃放射自显影 3～7d。

【实验结果】

Northern 印迹杂交是检验基因表达的最基本方法，如果基因在某一时期某一组织中表达，经过上述过程，在 X 射线片可以看到一条杂交带。杂交带的深浅代表着基因表达的水平；杂交带的位置代表着基因表达产物的大小。

【实验作业】

1. 分析总结实验结果，对出现的异常现象进行分析和解释。
2. 总结 Northern 印迹和 Southern 印迹的主要区别。

【注意事项】

1. RNA 电泳分离需用变性胶。在 RNA 变性凝胶系统中，甲醛变性胶具有操作简便、分离效果好、能分离较高浓度的 RNA 样品等优点，并且电泳后的 RNA 不须经 NaOH 变性，可以直接转移到膜上。但甲醛有挥发性，对人体有害，制胶及电泳要在通风橱中进行。

2. 在 RNA 被固定在膜上之前的操作要严格防止 Rnase 的污染。RNA 印迹到膜上之后并经固定后对 RNase 不再敏感。

3. 为节约药品，杂交液可再次使用。将使用过的杂交液储存于−20℃（一周内有效），再次使用前于 70℃变性 15min，然后放入冷水中 5min，即可使用。

4. 杂交过的膜想重复使用时，可将 0.1×SSC，0.1%SDS 溶液中煮沸，于室温下洗膜两次，每次 30min，膜洗后不晾干，用保鲜膜封好，于 4℃保存。

5. 转膜时膜和胶之间不能存在气泡，否则会影响实验结果。

6. 操作时必须仔细、小心，严格按同位素操作规程进行，以防止同位素污染。

附　　录

附录 A　常用染色液的配制

A1. 醋酸洋红染液

取 45%的醋酸溶液 100mL，放入锥形瓶，加入洋红 0.5～1g，煮沸约 5min 或加回流煮沸 12min，冷却后进行过滤，再加入 1%～2%铁明矾水溶液数滴，直到此液变为暗红色不发生沉淀为止。也可在煮沸时悬入一小铁钉，过 1min 取出，使染色剂中略具铁质、增进染色性能。滤液放入棕色瓶中遮光密封贮存。

A2. 醋酸地衣红染液

取冰醋酸 45mL，加热到近于沸腾，缓慢加入地衣红。用玻璃棒搅动，微热至染料完全溶解。冷却后加入蒸馏水 55mL。振荡，过滤。

A3. 苯酚（石炭酸）品红染液

母液 A：取 3g 碱性品红，溶解在 100mL 的 70%乙醇里（可长期保存）。

母液 B：取母液 A 10mL，加入 90mL 的 5%苯酚水溶液。

苯酚品红染液：取 45mL 的母液 B，加入 6mL 冰醋酸和 6mL 37%甲醛。

改良苯酚品红染液：取 2～10mL 苯酚品红染液，加入 90～98mL 的 45%冰醋酸和 1.8g 山梨醇（需注意，山梨醇多了，会呈现结晶，影响制片效果）。该染液配成后，可立即使用，但着色能力稍差，一般在配制两周后染色能力显著增加。

A4. 铁明矾媒染液

用蒸馏水配制成 4%的铁明矾水溶液，过滤后备用。因放置一定时间后易发生混浊，故不宜大量配制，以随时使用随时配制为宜。

A5. 苏木精染液

将苏木精 0.5g 放入 95%乙醇 10mL 中令其溶解，再加入蒸馏水 90mL。此液须经 1～2 个月成熟。瓶口盖以纱布数层或塞一棉塞以保持通气。临用时过滤。此液可以直接应用或用蒸馏水稀释一倍后使用，可反复使用数次（每次均需过滤）。若不能预先配成，在配时可加碘酸钠使其氧化成熟。苏木精 0.5g 需加碘酸钠 0.1g，溶解后即可使用。

A6. 锡夫氏染液

取碱性品红 1g，放入 200mL 煮沸的蒸馏水中，用玻璃棒搅拌其充分溶解。冷至 50℃时过滤，然后加入 1mol/L 盐酸 20mL 于溶液内，冷却到 20～25℃，加入偏重亚硫酸钠（钾）$Na_2S_2O_5$（或无水亚硫酸氢钠 $NaHSO_3$）1～2g，闭封瓶口，置于暗处 12～24h，液体应成淡黄色或无色，若颜色过深可加适量活性炭过滤后贮于暗处。

A7. Giemsa 染液

取 0.5g Giemsa 粉末，加 33mL 纯甘油，在研钵中研细，放在 56℃恒温水浴中保温 90min。再加入 33mL 的甲醇，充分搅拌，用滤纸过滤，于棕色细口瓶中保存，作为原液。用时以磷酸缓冲液稀释。

A8. 台盼蓝染液

取台盼蓝 2.0g 置研钵中。加入几滴三蒸水研细，溶于 100mL 三蒸水中，活细胞染色后是圆形白色透明的，死细胞呈深蓝色。

A9. 瑞特氏染液

取 0.1g Wright 染色粉，甲醇 60mL。先在研钵中用少量甲醇研磨，直到染料完全溶解，倒入棕色瓶，在室温保存 7d 后即可使用。新配制染液偏碱性，放置后可呈酸性。保持时间越久染色力越佳。瓶盖塞紧，否则甲醇可氧化而产生甲酸，如果久存染液的染色结果变坏时，首先应考虑是由于甲酸所致。染液中切忌混入水滴，因其会产生沉淀，影响染色作用。

A10. 龙胆紫染液（AGV）

将 30mL 的冰醋酸加热至 40℃，放入龙胆紫 0.75g，溶解后加入蒸馏水 70mL，过滤后备用。

A11. 芥子喹吖因染液

将 35.3mL 0.1mol/L 柠檬酸加到 164.7mL 0.2mol/L 磷酸氢二钠的蒸馏水溶液中，制成总量为 200mL 的缓冲液，调节 pH 至 7.0。将一份芥子喹吖因水溶液加入缓冲液中，使最终浓度为 50μg/mL。

A12. 硫堇染液

硫堇原液：1g 硫堇溶解在 100mL 的 50%乙醇中。

Michaelis 缓冲液：9.7g 乙酸钠（$3H_2O$），14.7g 巴比妥钠溶于 500mL 煮沸后的蒸馏水中。

28mL 的缓冲液和 32mL 的 0.1mol/L 盐酸再加硫堇原液至 100mL，pH5.7 ± 0.2。

A13. 乳酸-乙酸-地衣红染液

用 70%的乳酸稀释醋酸地衣红，比例 1∶1，过滤后使用。

A14. 甲基绿染液

将 0.11g 甲基绿溶解于 25mL 0.1mol/L 磷酸缓冲液中，调至 pH 为 6.8，即为贮存液。取 2mL 贮存液加到 50mL 的磷酸缓冲液（0.1mol/L）中，调至 pH 为 6.8，即为工作液。

A15. 考马斯亮蓝脱色液

100mL 乙醇；800mL 蒸馏水；100mL 冰醋酸。

A16. 考马斯亮蓝染色液

1.0g 考马斯亮蓝 R-250；450mL 乙醇；450mL 蒸馏水；

附录 B　遗传学实验室常用试剂配制

B1. Carnoy's 固定液

无水乙醇 3 份，冰醋酸 1 份，二者混合。也可以无水乙醇 6 份，二氯甲烷 3 份，冰醋酸 1 份，三者混合。

B2. 乙酸甲醇固定液

冰醋酸 1 份，甲醇 3 份，二者混合。

B3. Carnoy-LebrHm's 固定液

冰醋酸 3 份，三氯甲烷 1 份。加二氯化汞至饱和为止。

B4. FAA 固定液

50%乙醇 90mL，冰醋酸 5mL，甲醛 5mL。所有的固定液都应现配现用。

B5. 盐酸离析液（1mol/L 盐酸）

取浓盐酸（相对密度 1.19）82.5mL，用蒸馏水定容至 1000mL。

B6. 盐酸乙醇解离液

95%乙醇 1 份，浓盐酸 1 份，二者混合。

B7. 1%酶液

果胶酶 1g，纤维素酶 1g。蒸馏水或缓冲液 98mL。

B8. 0.1%秋水仙碱溶液

秋水仙碱 0.1g，蒸馏水 100mL，待完全溶解后将棕色瓶再用黑纸包装起来，4℃冰箱中保存备用。

B9. 0.002mol/L 8-羟基喹啉

8-羟基喹啉 0.29g，蒸馏水 100mL。

B10. 漂洗液

10%偏重亚硫酸钠 5mL，1mol/L 盐酸 5mL，蒸馏水 90mL。

B11. 低渗液（0.075mol/L 氯化钾）

氯化钾 5.6g，蒸馏水 1000mL。

B12. 等渗液

柠檬酸钠 2.2g，蒸馏水 100mL。

B13. 0.25%胰蛋白酶溶液

胰蛋白酶 2.5g，用 0.85%氯化钠定容至 1000mL。

B14. 生理盐水

0.85%～0.9%氯化钠，适用于哺乳动物。0.75%氯化钠适用于鸟类和无脊椎动物。0.64%氯化钠适用于两栖类。0.6%～0.8%适用于昆虫类。

B15. 洗液

重铬酸钾 100g，浓硫酸 100mL，水 1000mL。先将重铬酸钾溶于水中，然后慢慢加入浓硫酸，缓慢搅拌以使其不发热，若容器发热，温度很高时，可以停止加浓硫酸，待降温后再继续加入。配好后盛于密闭的玻璃容器中备用。

B16. 100×Denhardt's 溶液

水溶液聚蔗糖（Ficoll）	10g
聚乙烯吡咯烷酮（PVP）	10g
牛血清白蛋白（BSA）	10g

加水定容至 500mL，灭菌后分装，–20℃备用。

B17. 预杂交液（用于原位杂交）

6×SSC	3mL 20×SSC
5×Denhardt's	10mL 50×Denhardt's
T-DNA	1mL 10mg/mL T-DNA 溶液
0.1%SDS	1mL 10%SDS
10mmol/L T ris-HCl	1mL 1mol/L Tris -HCl，pH7.4

加水定容至 100mL。

B18. 杂交液（用于原位杂交）

6 × SSC	3mL 20 × SSC
5 × Denhardt's	1mL 50 × Denhardt's
0.5%SDS	0.05mL 10%SDS
^{32}P 标记探针	50μL

加水定容至 10mL。

B19. 预杂交液（用于 Southern 印迹）

20 × SSPE	2.5mL
100%去离子甲酰胺	5.0mL
100 × Denhardt's	0.5mL
10mg/mL sssDNA	1.0mL
10%甘氨酸	1.0mL

B20. 杂交液（用于 Southern 印迹）

20 × SSPE	2.5mL
100%去离子甲酰胺	5.0mL
100 × Denhardt's	0.2mL
10%SDS	0.3mL
50%硫酸葡聚糖钠	2.0mL

B21. CPW 溶液

$CaCl_2 \cdot 2H_2O$	1480.0mg
KH_2PO_4	27.2mg
KNO_3	101.0mg
$MgSO_4 \cdot 7H_2O$	246.0mg
$CuSO_4 \cdot 5H_2O$	0.025mg
KI	0.16mg

加水定容至 1000mL，pH5.8。

B22. T-DNA 溶液

100mg 小牛胸腺 DNA 溶于 10mL 水中，用带针头的注射器反复抽吸，沸水浴 10min。冰浴速冷，–20℃备用。用前沸水浴 10min。冰浴速冷。

附录 C　几种常用培养基配制

C1. MS 培养基

附表 C1　MS 培养基配方

成分	mg/L	成分	mg/L	成分	mg/L
NH_4NO_3	1650	$MnSO_4 \cdot 4H_2O$	22.3	Na_2-EDTA	27.8
KNO_3	1900	$ZnSO_4 \cdot 7H_2O$	8.6	维生素	

续表

成分	mg/L	成分	mg/L	成分	mg/L
$CaCl_2 \cdot 2H_2O$	440	$Na_2MoO_4 \cdot 2H_2O$	0.25	肌醇	100
$MgSO_4 \cdot 7H_2O$	370	$CuSO_4 \cdot 5H_2O$	0.025	烟酸	0.5
KH_2PO_4	170	$CoCl_2 \cdot 6H_2O$	0.025	盐酸硫胺素	0.1
KI	0.83	铁盐		盐酸吡哆醇	0.5
H_3BO_3	6.1	$Fe_2SO_4 \cdot 7H_2O$	37.3	甘氨酸	2.0

C2. N6 培养基

附表 C2　N6 培养基配方

成分	mg/L	成分	mg/L
$(NH_4)_2SO_4$	463	H_3BO_3	1.6
KNO_3	2830	$MnSO_4 \cdot 4H_2O$	4.4
$CaCl_2 \cdot 2H_2O$	166	$ZnSO_4 \cdot 7H_2O$	1.5
$MgSO_4 \cdot 7H_2O$	185	铁盐	
KH_2PO_4	400	$Fe_2SO_4 \cdot 7H_2O$	37.3
KI	0.8	Na_2-EDTA	27.8

C3. B_5 培养基

附表 C3　B_5 培养基配方

成分	mg/L	成分	mg/L	成分	mg/L
$(NH_4)_2SO_4$	134	$MnSO_4 \cdot 4H_2O$	10.0	Na_2-EDT A	27.8
KNO_3	2500	$ZnSO_4 \cdot 7H_2O$	2.0	维生素	
$CaCl_2 \cdot 2H_2O$	150	$Na_2MoO_4 \cdot 2H_2O$	0.25	肌醇	100. 0
$MgSO_4 \cdot 7H_2O$	250	$CuSO_4 \cdot 5H_2O$	0.025	盐酸硫胺素	10.0
$NaHPO_4 \cdot H_2O$	150	$CoCl_2 \cdot 6H_2O$	0.025	盐酸吡哆醇	1.0
KI	0.75	铁盐		烟酸	1.0
H_3BO_3	3.0	$Fe_2SO_4 \cdot 7H_2O$	37.3		

C4. Kao's 原生质体培养基（pH5.6）

附表 C4　Kao's 原生质体培养基配方（pH5.6）

成分	mg/L	成分	mg/L	成分	mg/L
NH_4NO_3	600	$CuSO_4 \cdot 5H_2O$	0.025	氯化胆碱	1.0
KNO_3	1900	$COCl_2 \cdot 6H_2O$	0.025	维生素 B_2	0.2
$CaCl_2 \cdot 2H_2O$	600	$FeSO_4 \cdot 7H_2O$	28.0	维生素 C	2.0

续表

成分	mg/L	成分	mg/L	成分	mg/L
$MgSO_4 \cdot 7H_2O$	300	肌醇	100.0	维生素 A	0.01
KH_2PO_4	170	菸酰胺	1.0	维生素 D_2	0.01
KCl	300	维生素 B_6	1.0	维生素 B_{12}	0.02
KI	0.75	维生素 B_1	1.0	2, 4-D	0.2
H_3BO_3	3.0	泛酸钙	1.0	玉米素	0.5
$MnSO_4 \cdot H_2O$	10.0	叶酸	0.4	萘乙酸	1.0
$ZnSO_4 \cdot 7H_2O$	2.0	氨基苯甲酸	0.02	蔗糖	250
$NaMoO_4 \cdot 2H_2O$	0.25	生长素	0.01	葡萄糖	68400

C5. MSB 培养基

MS 培养基的无机成分与 B_5 培养基的有机成分的混合物。pH5.8。

C6. 1/2MS 培养基

MS 培养基的大量元素含量减半，其他成分的含量不变。pH5.8。

C7. LB 培养基

蛋白胨 10g、酵母提取物 5g 和 NaCl 10g，置于 1L 烧杯中。加入约 800mL 的去离子水，充分搅拌溶解。滴加 5mol/L 氢氧化钠（约 0.2mL），调节 pH 至 7.0。高温高压灭菌后，4℃保存。

C8. SOB 培养基

蛋白胨 20g、酵母提取物 5.0g 和 NaCl 0.5g，置于 1L 烧杯中。加入约 800mL 的去离子水，充分搅拌溶解。量取 10mL250mmol/L KCl 溶液，加入到烧杯中。滴加 5mol/L 氢氧化钠溶液（约 0.2mL），调节 pH 至 7.0。加入去离子水将培养基定容至 1L。高温高压灭菌后，4℃保存。使用前加入 5mL 灭菌的 2mol/L $MgCl_2$ 溶液。

C9. SOC 培养基

蛋白胨	2%（m/V）
酵母提取物	0.5%（m/V）
NaCl	0.05%（m/V）
KCl	2.5mmol/L
$MgCl_2$	10mmol/L
葡萄糖	20mmol/L

将 18g 葡萄糖溶于 90mL 去离子水中，充分溶解后定容至 100mL，用 0.22μm 滤膜过滤除菌。向 100mL SOB 培养基中加入除菌的 1mol/L 葡萄糖溶液 2mL，均匀混合。4℃保存。

C10. 2×YT 培养基

蛋白胨	6%（m/V）
酵母提取物	1%（m/V）
NaCl	5%（m/V）

称取蛋白胨 16g、酵母提取液 10g、NaCl 5g，置于 1L 烧杯中。加入约 800mL 的去离子

水，充分搅拌溶解。滴加 1mol/L KOH，调节 pH 至 7.0。加水离子水将培养基定容至 1L。高温高压后，4℃保存。

C11. 一般固体培养基

按照液体培养基配方准备好液体培养基，在高温高压灭菌前，加入 15g/L 琼脂。高温高压灭菌后，戴上手套取出培养基，摇动容器使琼脂或琼脂糖充分混匀（此时培养基温度很高，小心烫伤）。待培养基冷却至 50～60℃时，加入热不稳定物质（如抗生素），摇动容器充分混匀。铺制平板（30～35mL 培养基/90mm 培养皿）。

附录 D　果蝇实验常用培养基配制

D1. 香蕉培养基

将熟透的香蕉捣碎，制成香蕉浆（约 50g）。把 1.6g 琼脂加到 48mL 的水中煮沸，溶解后拌入香蕉浆，继续煮沸 3～5min。待稍降温后加入 1mL 丙酸以防止发霉，充分调匀后分装于培养瓶中。使用前在培养瓶中加入适量干酵母粉或 1～2 滴酵母菌液。

若作为临对培养果蝇用的培养基，可以直接剥去已熟透且已腐烂的香蕉的皮或苹果的皮，把剥去皮的香蕉或苹果放入培养瓶中即可。

D2. 玉米粉培养基

将 1.5g 琼脂捣碎放入 38mL 的水中煮溶后，加入 10g 白糖，制成琼脂糖混合物。再将 9g 玉米粉和 37mL 的水加热搅拌成糊状倾入正在煮沸的琼脂-糖混合物中。煮沸 3～5min。待稍降温后加入 1mL 丙酸，或加入溶于 95%乙醇的苯甲酸少许以防腐。搅拌调匀后，将配好的培养基倒入经灭菌的培养瓶中（1～1.5cm 厚），倾倒时应注意勿将培养基粘到瓶口或瓶壁上。用灭菌的纱布棉塞塞好瓶口，冷却待用。暂时不用的培养基应放入 4℃冰箱中，或清洁阴凉处保存。使用前在培养瓶中加入适量干酵母粉或 1～2 滴酵母菌液。

D3. 米粉培养基

将琼脂 2g 加入到 75mL 水中。加热煮沸溶解后再加入白糖 10g，米粉 7g（或麸皮），不断搅拌煮沸数分钟。稍降温后加入丙酸 1mL，调匀后分装到培养瓶中。使用前加少许酵母菌液或适量干酵母粉。以上三种果蝇培养基的配方（100mL）见附表 D1。

附表 D1　三种培养基的配方（100mL）

成分	玉米粉培养基	米粉培养基	香蕉培养基
水/mL	75	75	48
琼脂/g	1.5	2.0	1.6
白糖/g	10	10	—
香蕉浆/g	—	—	50
玉米粉/g	9	—	—
米粉/g	—	7	—
麸皮/g	—	7	—
酵母粉/g	1.4	1.4	1.4
丙酸/mL	—	—	—

附录 E　微生物实验常用培养基及试剂配制

E1. 基本培养基

蔗糖 10g、NH_4NO_3 1g、$MgSO_4 \cdot 7H_2O$ 0.5g、酒石酸铵 5g、$CaCl_2$ 0.1g、生物素 4μg、KH_2PO_4 1g、氯化钠 0.1g、微量元素 1mL、琼脂 20g、蒸馏水 1000mL、pH5.5～6.5，58.8kPa 灭菌 30min。

E2. 微量元素

$Na_2B_4O_7 \cdot 10H_2O$ 88mg、$CuSO_4 \cdot 5H_2O$ 393mg、$Fe_2(SO_4)_3 \cdot 6H_2O$ 910mg、$ZnSO_4 \cdot 7H_2O$ 8807mg、蒸馏水 1000mL。

E3. 补充培养基

在基本培养基上补加一种或多种生长物质，如氨基酸、核酸碱基、维生素等。氨基酸用量一般是 100mL 基本培养基中补加 5～10mg。

E4. 杂交培养基

KH_2PO_4 1g、KNO_3 1g、$MgSO_4 \cdot 7H_2O$ 0.5g、$CaCl_2 \cdot 2H_2O$ 0.13g、生物素 20μg、微量元素 1mL、蔗糖 20g、蒸馏水 1000mL。pH6.5。加 2%琼脂，58.8kPa 灭菌 30min，做成斜面。

也可以用玉米粒制作杂交培养基。做法为先将玉米粒在水中浸软，用刀片切成豌豆粒般大小的块，每支大试管中放 6～8 块，再加入 2%的琼脂，加上棉塞，8 磅灭菌 30min 后做成斜面，待凝固后在斜面中部插入一张经过多次折叠的滤纸。

E5. 肉汤液体培养基

牛肉膏 5g、蛋白胨 10g、氯化钠 5g，加蒸馏水 800mL 溶解上述试剂，用 1mol/L 氢氧化钠调 pH7.0～7.2，补加蒸馏水至 1000mL。98kPa 灭菌 15min。

E6. 肉汤固体培养基

在肉汤液体培养基中加入 2%的琼脂。

E7. 2E 肉汤液体培养基

牛肉膏 0.5g、氯化钠 10.5g、蛋白胨 1g、蒸馏水 50mL、pH7.0～7.2，98kPa 灭菌 15min。

E8. 肉汤半固体琼脂培养基

在肉汤液体培养基中加入 1%的琼脂。

E9. 半乳糖 EMB 培养基

伊红 0.4g、美蓝 0.06g、半乳糖 10g、蛋白胨 10g、K_2HPO_4 2g、琼脂 20g、蒸馏水 1000mL，pH7.0～7.2，58.8kPa 灭菌 25min。

E10. 氨苄西林液

称医用粉剂的氨苄西林 5mg，溶于 1mL 无菌蒸馏水中。临用时配制，也可以保存于 −2℃冰箱中。

E11. 氯霉素液

称取医用粉剂氯霉素 7.5mg，溶于 1mL 75%乙醇中。临用时配制。

E12. 溶菌酶液

首先配制 ST 缓冲液。称取 Tris（三羟甲基氨基甲酸）6.06g，加蒸馏水 800mL。溶解后用 1mol/L 盐酸调 pH 至 8.0，再用蒸馏水定容至 1000mL。取上述母液 75mL，溶解 25g 蔗糖后即为 ST 缓冲液，冰箱保存备用。取 0.3mL ST 缓冲液和 0.7mL 蒸馏水放入同一试管中，再加入溶菌酶 10mg。临用时配制。

E13. 2%SDS 液

十二烷基硫酸钠 1g 溶于 50mL 蒸馏水中。

E14. 1%SDS 液

取 2%SDS 液和 0.4mol/L 氢氧化钠按 1∶1 混匀。临用时配制。

E15. 3mol/L KAc-2mol/L HAc

醋酸钾 29.4g 溶于 80mL 蒸馏水中，加入 11.7mL 冰醋酸，补加蒸馏水至 100mL。pH4.8。

E16. 氯仿-异戊醇混合液

24mL 氯仿与 1mL 异戊醇混合均匀。临用前配制。

E17. 10×SSC 液

柠檬酸三钠（$Na_3C_6H_5O_7 \cdot 2H_2O$）2.2g、氯化钠 4.4g，用蒸馏水定容至 50mL。

E18. 牛胰核糖核酸酶液（RNaseA）

称取乙酸钠（$NaAc \cdot 3H_2O$）1.36g，溶于 90mL 蒸馏水中，用 2mol/L HAc 调 pH5.0 后加蒸馏水至 100mL。再取 RNaseA 2mg 溶于 1mL 0.1mol/L NaAc 溶液中。将 RNaseA 液在 100℃保温 10min。4℃冰箱保存备用。

E19. Voge150×培养基

$MgSO_4 \cdot 7H_2O$ 10g、柠檬酸 100g、$NaNH_4HPO_4 \cdot 4H_2O$ 175g、K_2HPO_4 500g（或用 $K_2HPO_4 \cdot 3H_2O$ 644g）、上述试剂依次序溶解在 1000mL 蒸馏水中，放冰箱保存备用。

E20. 固体基本培养基

Voge150×培养基 2mL、葡萄糖 2g、琼脂 2g、蒸馏水 98mL，调 pH7.0，58.8kPa 灭菌 30min。

E21. 半固体培养基

琼脂 0.7～1g，蒸馏水 100mL，pH7.0，98kPa 灭菌 15min。

附录 F　常用缓冲液的配制

F1. 甘氨酸-盐酸缓冲液（0.05mol/L）

X mL 0.2mol/L 甘氨酸+*Y* mL 0.2mol/L 盐酸，再加水稀释至 20mL。见附表 F1。

附表 F1　甘氨酸-盐酸缓冲液（0.05mol/L）

pH	*X*	*Y*	pH	*X*	*Y*
2.2	50	44.0	3.0	50	11.4
2.4	50	32.4	3.2	50	8.2
2.6	50	24.2	3.4	50	6.4
2.8	50	16.8	3.6	50	5.0

甘氨酸相对分子质量=75.07，0.2mol/L 溶液含甘氨酸为 15.01g/L。

F2. 邻苯二甲酸-盐酸缓冲液（0.05mol/L）

X mL 0.2mol/L 邻苯二甲酸氢钾+*Y* mL 0.2mol//L 盐酸，再加水稀释到 20mL。见附表 F2。

附表 F2　邻苯二甲酸-盐酸缓冲液（0.05mol/L）

pH	*X*	*Y*	pH	*X*	*Y*
2.2	5	4.670	3.2	5	1.470
2.4	5	3.960	3.4	5	0.990
2.6	5	3.295	3.6	5	0.597
2.8	5	2.642	3.8	5	0.263
3.0	5	2.032			

邻苯二甲酸氢钾相对分子质量=204.23，0.2mol/L 溶液含邻苯二甲酸氢钾为 40.85g/L。

F3. 乙酸-乙酸钠缓冲液（0.2mol/L）

附表 F3　乙酸-乙酸钠缓冲液（0.2mol/L）

pH（18℃）	0.2mol/L NaAc	0.2mol/L HaAc	pH（18℃）	0.2mol/L NaAc	0.2mol/L HaAc
3.6	0.75	9.25	4.8	5.90	4.10
3.8	1.20	8.80	5.0	7.00	3.00
4.0	1.80	8.20	5.2	7.90	2.10
4.2	2.65	7.35	5.4	8.60	1.40
4.4	3.70	6.30	5.6	9.10	0.90
4.6	4.90	5.10	5.8	9.40	0.60

NaAc · $3H_2O$ 相对分子质量=136.09，0.2mol/L 溶液含 NaAc · $3H_2O$ 为 27.22g/L。

F4. 磷酸氢二钠-柠檬酸缓冲液（Mallvaine 氏缓冲液）

附表 F4　磷酸氢二钠-柠檬酸缓冲液（Mallvaine 氏缓冲液）

pH	0.2mol/L Na_2HPO_4/mL	0.1mol/L 柠檬酸/mL	pH	0.2mol/L Na_2HPO_4/mL	0.1mol/L 柠檬酸/mL
2.2	0.40	19.60	3.6	6.44	13.56
2.4	1.24	18.76	3.8	7.10	12.90
2.6	2.18	17.82	4.0	7.71	12.29
2.8	3.17	16.83	4.2	8.28	11.72
3.0	4.11	15.89	4.4	8.82	11.18
3.2	4.94	15.06	4.6	9.35	10.65
3.4	5.70	14.30	4.8	9.86	10.14

续表

pH	0.2mol/L Na_2HPO_4/mL	0.1mol/L 柠檬酸/mL	pH	0.2mol/L Na_2HPO_4/mL	0.1mol/L 柠檬酸/mL
5.0	10.30	9.70	6.6	14.55	5.45
5.2	10.72	9.28	6.8	15.45	4.55
5.4	11.15	8.85	7.0	16.47	3.53
5.6	11.60	8.40	7.2	17.39	2.61
5.8	12.09	7.91	7.4	18.17	1.83
6.0	12.63	7.37	7.6	18.73	1.27
6.2	13.22	6.78	7.8	19.15	0.85
6.4	13.85	6.15	8.0	19 .45	0 .55

Na_2HPO_4相对分子质量=141.98，0.2mol/L 溶液含Na_2HPO_4为 28.40g/L。

$Na_2HPO_4 \cdot 2H_2O$相对分子质量=178.05，0.2mol/L 溶液含$Na_2HPO_4 \cdot 2H_2O$为 35.61g/L。

$C_6H_8O_7 \cdot H_2O$相对分子质量=210.14，0.1mol/L 溶液含$C_6H_8O_7 \cdot H_2O$为 21.01g/L。

F5. 柠檬酸-氢氧化钠-盐酸缓冲液

附表 F5　柠檬酸-氢氧化钠-盐酸缓冲液

pH	钠离子浓度/（mol/L）	柠檬酸/g	97%氢氧化钠/g	浓盐酸/mL	最终体积/L
2.2	0.2	210	84	160	10
3.1	0.2	210	83	116	10
3.3	0.2	210	83	106	10
4.3	0.2	210	83	45	10
5.3	0.35	245	144	68	10
5.8	0.45	258	186	105	10
6 .5	0.38	266	156	126	10

使用时可以每升中加入 1g 酚，若最后 pH 有变化，再用少量 50%氢氧化钠溶液或浓盐酸调节，冰箱保存。

F6. 柠檬酸-柠檬酸钠缓冲液（0.1mol/L）

附表 F6　柠檬酸-柠檬酸钠缓冲液（0.1mol/L）

pH	0.1mol/L 柠檬酸/mL	0.1mol/L 柠檬酸钠/mL	pH	0.1mol/L 柠檬酸/mL	0.1mol/L 柠檬酸钠/mL
3.0	18.6	1.4	4.0	13 .1	6.9
3.2	17.2	2.8	4.2	12 .3	7.7
3.4	16.0	4.0	4.4	11 .4	8 .6
3.6	14 .9	5.1	4.6	10 .3	9 .7
3.8	14 .0	6.0	4.8	9 .2	10 .8

续表

pH	0.1mol/L 柠檬酸/mL	0.1mol/L 柠檬酸钠/mL	pH	0.1mol/L 柠檬酸/mL	0.1mol/L 柠檬酸钠/mL
5.0	8.2	11.8	6.0	3.8	16.2
5.2	7.3	12.7	6.2	2.8	17.2
5.4	6.4	13.6	6.4	2.0	18.0
5.6	5.5	14.5	6.6	1.4	18.6
5.8	4.7	15.3	6.8		

柠檬酸 $C_6H_8O_7 \cdot H_2O$ 相对分子质量=210.14，0.1mol/L 溶液含柠檬酸为 21.01g/L。

柠檬酸钠 $Na_3C_6H_5O_7 \cdot 2H_2O$ 相对分子质量=294.12，0.1mol/L 溶液含柠檬酸钠为 29.41g/L。

F7. 磷酸氢二钠-磷酸二氢钠缓冲液（0.2mol/L）

附表 F7　磷酸氢二钠-磷酸二氢钠缓冲液（0.2mol/L）

pH	0.2mol/L Na_2HPO_4/mL	0.2mol/L NaH_2PO_4/mL	pH	0.2mol/L Na_2HPO_4/mL	0.2mol/L NaH_2PO_4/mL
5.8	8.0	92.0	7.0	61.0	39.0
5.9	10.0	90.0	7.1	67.0	33.0
6.0	12.3	87.7	7.2	72.0	28.0
6.1	15.0	85.0	7.3	77.0	23.0
6.2	18.5	81.5	7.4	81.0	19.0
6.3	22.5	77.5	7.5	84.0	16.0
6.4	26.5	73.5	7.6	87.0	13.0
6.5	31.5	68.5	7.7	89.5	10.5
6.6	37.5	62.5	7.8	91.5	8.5
6.7	43.5	56.5	7.9	93.0	7.0
6.8	49.0	51.0	8.0	94.7	5.3
6.9	55.0	45.5			

$Na_2HPO_4 \cdot 2H_2O$ 相对分子质量=178.05，0.2mol/L 溶液含 $Na_2HPO_4 \cdot 2H_2O$ 为 35.61g/L。

$Na_2HPO_4 \cdot 12H_2O$ 相对分子质量=358.22，0.2mol/L 溶液含 $Na_2HPO_4 \cdot 12H_2O$ 为 71.64g/L。

$NaH_2PO_4 \cdot H_2O$ 相对分子质量=138.01，0.2mol/L 溶液含 $NaH_2PO_4 \cdot H_2O$ 为 27.6g/L。

$NaH_2PO_4 \cdot 2H_2O$ 相对分子质量=156.03，0.2mol/L 溶液含 $NaH_2PO_4 \cdot 2H_2O$ 为 31.21g/L。

F8. 磷酸二氢钾-氢氧化钠缓冲液（0.05mol/L）

X mL 0.2mol/L KH_2PO_4+Y mL 0.2mol/L 氢氧化钠加水稀释到 20mL。

附表 F8　磷酸二氢钾-氢氧化钠缓冲液（0.05mol/L）

pH	X/mL	Y/mL	pH	X/mL	Y/mL
5.8	5	0.372	7.0	5	2.963
6.0	5	0.570	7.2	5	3.500
6.2	5	0.860	7.4	5	3.950
6.4	5	1.260	7.6	5	4.280
6.6	5	1.780	7.8	5	4.520
6.8	5	2.365	8.0	5	4.680

F9. 巴比妥钠-盐酸缓冲液（18℃）

附表 F9　巴比妥钠-盐酸缓冲液（18℃）

pH	0.04mol/L 巴比妥钠/mL	0.2mol/L 盐酸/mL	pH	0.04mol/L 巴比妥钠/mL	0.2mol/L 盐酸/mL
6.8	100	18.4	8.4	100	5.21
7.0	100	17.8	8.6	100	3.82
7.2	100	16.7	8.8	100	2.52
7.4	100	15.3	9.0	100	1.65
7.6	100	13.4	9.2	100	1.13
7.8	100	11.47	9.4	100	0.70
8.0	100	9.39	9.6	100	0.35
8.2	100	7.21			

巴比妥钠相对分子质量=206.18，0.04mol/L 溶液含巴比妥钠为 8.25g/L。

F10. 硼酸-硼砂缓冲液

附表 F10　硼酸-硼砂缓冲液

pH	0.5mol/L 硼砂/mL	0.2mol/L 硼酸/mL	pH	0.5mol/L 硼砂/mL	0.2mol/L 硼酸/mL
7.4	1.0	9.0	8.2	3.5	6.5
7.6	1.5	8.5	8.4	4.5	5.5
7.8	2.0	8.0	8.7	6.0	4.0
8 .0	3.0	7.0	9 .0	8.0	2.0

硼砂 $Na_2B_4O_7 \cdot 10H_2O$ 相对分子质量=381.43，0.05mol/L 溶液含硼砂为 19.07g/L。

硼酸 H_3BO_3 相对分子质量=61.84，0.2mol/L 溶液含硼酸为 12.37g/L。

F11. Tris-盐酸缓冲液（25℃）

50mL0.1mol/L Tris 与 *X* mL0.1mol/L 盐酸混合，加水稀释至 100mL。

附表 F11　Tris-盐酸缓冲液（25℃）

pH	0.1mol/L Tris/mL	0.1mol/L 盐酸/mL	pH	0.1mol/L Tris/mL	0.1mol/L 盐酸/mL
7.1	50	45.7	8.1	50	26.2
7.2	50	44.7	8.2	50	22.9
7.3	50	43.4	8.3	50	19.9
7.4	50	42.0	8.4	50	17.2
7.5	50	40.3	8.5	50	14.7
7.6	50	38.5	8.6	50	12.4
7.7	50	36.6	8.7	50	10.3
7.8	50	34.5	8.8	50	8.5
7.9	50	32.0	8.9	50	7.0
8.0	50	29.2			

三羟基甲基氨基甲烷（Tris）相对分子质量=121.14，0.1mol/L 溶液含三羟基甲基氨基甲烷为 12.114g/L。Tris 溶液可以从空气中吸收二氧化碳，使用时应注意将瓶盖严。

F12. 甘氨酸-氢氧化钠缓冲液（0.05mol/L）

X mL0.2mol/L 甘氨酸+*Y* mL0.2mol/L 氢氧化钠加水至 200mL。

附表 F12　甘氨酸-氢氧化钠缓冲液（0.05mol/L）

pH	*X*	*Y*	pH	*X*	*Y*
8.6	50	4.0	9.6	50	22.4
8.8	50	6.0	9.8	50	27.2
9.0	50	8.8	10.0	50	32.0
9.2	50	12.0	10.4	50	38.6
9.4	50	16.8	10.6	50	45.5

甘氨酸相对分子质量=75.07，0.2mol/L 溶液含甘氨酸为 15.01g/L。

F13. 硼砂-氢氧化钠缓冲液（0.05mol/L 硼酸根）

X mL0.05mol/L 硼砂+*Y* mL0.2mol/L 氢氧化钠加水到 200mL。

附表 F13　硼砂-氢氧化钠缓冲液（0.05mol/L 硼酸根）

pH	*X*	*Y*	pH	*X*	*Y*
9.3	50	6.0	9.8	50	34.0
9.4	50	11.0	10.0	50	43.0
9.6	50	23.0	10.1	50	46.0

硼砂 $Na_2B_4O_7 \cdot 10H_2O$ 分子质量=381.43，0.05mol/L 溶液含硼砂 $Na_2B_4O_7 \cdot 10H_2O$ 为 19.07g/L。

F14. 碳酸钠-碳酸氢钠缓冲液（0.1mol/L）

附表 F14　碳酸钠-碳酸氢钠缓冲液（0.1mol/L）

pH		0.1mol/L Na_2CO_3/mL	0.1mol/L $NaHCO_3$/mL
20℃	37℃		
9.16	8.77	1	9
9.40	9.12	2	8
9.51	9.40	3	7
9.78	9.50	4	6
9.90	9.72	5	5
10.14	9.90	6	4
10.28	10.08	7	3
10.53	10.28	8	2
10.83	10.57	9	1

$Na_2CO_3 \cdot 10H_2O$ 相对分子质量=286.2，0.1mol/L 溶液含 $Na_2CO_3 \cdot 10H_2O$ 为 28.62g/L。
$NaHCO_3$ 相对分子质量为 84.0，0.1mol/L 溶液含 $NaHCO_3$ 为 8.4g/L。

F15. 0.1mol/L 磷酸氢二钾缓冲液的配制（25℃）

附表 F15　0.1mol/L 磷酸氢二钾缓冲液的配制（25℃）

pH	1mol/L K_2HPO_4/mL	1mol/L KH_2PO_4/mL	pH	1mol/L K_2HPO_4/mL	1mol/L KH_2PO_4/mL
5.8	8.5	91.5	7.0	61.5	38.5
6.0	13.2	86.8	7.2	71.7	28.3
6.2	19.2	80.8	7.4	80.2	19.8
6.4	27.8	72.2	7.6	86.6	13.4
6.6	38.1	61.9	7.8	90.8	9.2
6.8	49.7	50.3	8.0	94.0	6.2

F16. 0.1mol/L 磷酸氢二钠缓冲液的配制（25℃）

附表 F16　0.1mol/L 磷酸氢二钠缓冲液的配制（25℃）

pH	1mol/L Na_2HPO_4/mL	1mol/L NaH_2PO_4/mL	pH	1mol/L Na_2HPO_4/mL	1mol/L NaH_2PO_4/mL
5.8	7.9	92.1	7.0	57.7	42.3
6.0	12.0	88.0	7.2	68.4	31.6
6.2	17.8	82.2	7.4	77.4	22.6
6.4	25.5	74.5	7.6	84.5	15.5
6.6	35.2	64.8	7.8	89.6	10.4
6.8	46.3	53.7	8.0	93.2	6.8

F17. 磷酸氢二钠-磷酸二氢钾缓冲液（1/15mol/L，25℃）

附表 F17　磷酸氢二钠-磷酸二氢钾缓冲液（1/15mol/L，25℃）

pH	1/15mol/L Na_2HPO_4/mL	1/15mol/L KH_2PO_4/mL	pH	1/15mol/L Na_2HPO_4/mL	1/15mol/L KH_2PO_4/mL
4.92	0.10	9.90	7.17	7.00	3.00
5.29	0.50	9.50	7.38	8.00	2.00
5.91	1.00	9.00	7.73	9.00	1.00
6.24	2.00	8.00	8.04	9.50	0.50
6.47	3.00	7.00	8.34	9.75	0.25
6.64	4.00	6.00	8.67	9.90	0.10
6.81	5.00	5.00	9.18	10.00	0
6.98	6.00	4.00			

$Na_2HPO_4 \cdot 2H_2O$ 相对分子质量=178.05，1/15mol/L 溶液含 $Na_2HPO_4 \cdot 2H_2O$ 为 35.61g/L，

KH_2PO_4 相对分子质量=136.09，1/15mol/L 溶液含 KH_2PO_4 为 9.078g/L。

F18. 各种 pH 的 Tris 缓冲液

附表 F18 各种 pH 的 Tris 缓冲液的配制

所需 pH（25℃）	0.1mol/L HCl 的体积/mL	所需 pH（25℃）	0.1mol/L HCl 的体积/mL
7.1	45.7	8.1	26.2
7.2	44.7	8.2	22.9
7.3	43.4	8.3	19.9
7.4	42.0	8.4	17.2
7.5	40.3	8.5	14.7
7.6	38.5	8.6	12.4
7.7	36.6	8.7	10.3
7.8	34.5	8.8	8.5
7.9	32.0	8.9	7.0
8.0	29.2		

某一特定 pH 的 0.05mol/L Tris 缓冲液的配制：将 50mL0.1mol/L Tris 碱溶液与附表 F18 所示相应体积（单位为 mL）的 0.1mL/L HCl 混合，加水将体积调至 100mL。三羟甲基氨基甲烷（Tris）分子质量=121.140，1mol/L 溶液为 12.114g/L，Tris 溶液可以从空气中吸收二氧化碳，使用时注意将瓶盖严。

F19. 2×HEPES 缓冲盐溶液

用总量为 90mL 的蒸馏水溶解 1.6g NaCl、0.074g KCl、0.027g $Na_2PO_4 \cdot 2H_2O$、0.2g 葡聚糖和 1g HEPES，用 0.5mol/L 氢氧化钠调节 pH 至 7.05，再用蒸馏水定容至 100mL。用 0.22μm 滤器过滤除菌，分装成 5mL 小份，贮存于–20℃。

F20. 微生物实验用特殊缓冲液

（1）氯化钠缓冲液：Tris 0.0325g 溶于 40mL 蒸馏水中，用 1mol/L 盐酸调 pH 至 7.6。再将 0.2925g 氯化钠、0.051g 氯化镁加入，溶解后定容至 50mL。98kPa 无菌 15min，4℃冰箱保存。

（2）$CaCl_2$ 缓冲液：Tris 0.030 25g 溶解于 40mL 蒸馏水中，用 1mol/L 盐酸调 pH 到 7.6。再将 0.73g 氯化钙、0.931g 氯化钾、0.051g $MgCl_2$ 依次加入，使之溶解，补加蒸馏水至 50mL。98kPa 灭菌 15min，40℃冰箱保存。

（3）电极缓冲液 pH8.3：Tris 9.69g、无水乙酸钠 3.2g、EDTA -Na_2 1.49g 溶于 1950mL 蒸馏水中，用浓盐酸调 pH 至 8.3，补充水至 2000mL。

（4）pH8.8 分离胶缓冲液：Tris 36.3g，加 1mol/L HCl 48mL，加重蒸水 80mL 使其溶解，调 pH8.9，定容至 100mL，4℃保存。

（5）pH6.8 浓缩胶缓冲液：Tris 5.98g，加 1mol/L HCl 48mL，加重蒸水 80mL 使其溶解，调 pH6.7，定容至 100mL，4℃保存。

（6）100mL 10%（*m*/*V*）SDS：10g SDS，双蒸水定容至 100mL，完全溶解后室温保存。

（7）pH8.3 Tris-甘氨酸电极缓冲液：称取 Tris 6.0g，甘氨酸 28.8g，加蒸馏水约 900mL，调 pH8.3 后，用蒸馏水定容至 1000mL。置 4℃保存，临用前稀释 10 倍。

（8）10%过硫酸铵（AP），临用前现配。

（9）5×样品缓冲液（10mL）：0.6mL 1mol/L 的 Tris-HCl（pH6.8），5mL 50%甘油，2mL 10%的 SDS，0.5mL 巯基乙醇，1mL 1% 溴酚蓝，0.9mL 蒸馏水。可在 4℃保存数周，或在 –20℃保存数月。

附录 G 常用显影液和定影液的配制

G1. 显影液

附表 G1 显影液的配制

	D-76	D72	D-19	D11	YⅡ-2
52℃温水/mL	750	750	750	750	750
米吐尔/g	2.0	3.1	2.0	2.2	5.0
无水亚硫酸钠/g	100	45.0	75	96	42
对苯二酚/g	5.0	12.0	8.0	8.8	6.0
硼砂/g	2.0				
无水碳酸钠/g		67.5	37.5	48	31
溴化钾/g		1.9	10	5.0	4.0
加冷水至/mL	1000	1000	1000	1000	1000

说明：配制时需按配方排列的顺序，一种药品溶解完毕后，再加第二种。

G2. 定影液

附表 G2 定影液的配制

成分	F-5	F-7	成分	F-5	F-7
52℃温水/mL	600	600	冰醋酸（28%）/mL	48	48
硫代硫酸钠/g	240	360	硼酸/g	7.5	7.5
氯化铵/g		50	硫酸铝钾/g	15	15
无水亚硫酸钠/g	15	15	加水至/mL	1000	1000

附录 H 分子遗传学实验常用试剂配制

H1. 1mol/L Tris-HCl（pH7.4，7.6，8.0）

称量 121.1g Tris 置于 1L 烧杯中。加入约 800mL 的去离子水，充分搅拌溶解。按下表量加入浓盐酸调节所需要的 pH。将其溶解，定容至 1L。高温高压灭菌后，室温保存。

注意：应使溶液冷却至室温后再调定 pH，因为 Tris 溶液的 pH 随温度的变化差很大，温度每升高 1℃，溶液的 pH 大约降低 0.03 个单位。

pH	浓 HCl
7.4	约 70mL
7.6	约 60mL
8.0	约 42mL

H2. 0.5mol/L EDTA（pH8.0）

称量 186.1g $Na_2EDTA \cdot 2H_2O$ 置于 1L 烧杯中，加入约 800mL 的去离子水，充分搅拌。用氢氧化钠调节 pH 至 8.0（约 20g 氢氧化钠）。加去离子水将溶液定容至 1L。适量分成小份后，高温高压灭菌。室温保存。

注意：pH 至 8.0 时，EDTA 才能完全溶解。

H3. 10 × TE Buffer（pH7.4，7.6，8.0）

量取 1mol/L Tris-HCl Buffer（pH7.4，7.6，8.0）100mL、500mmol/L EDTA（pH8.0）20mL 置于 1L 烧杯中。向烧杯中加入约 800mL 的去离子水，均匀混合。将溶液定至 1L 后，高温高压灭菌。室温保存。

H4. 3mol/L 乙酸钠（pH5.2）

量取 40.8g $NaAc \cdot 3H_2O$ 置于 100～200mL 烧杯中，加入约 40mL 的去离子水搅拌溶解。加入冰醋酸调节 pH 至 5.2。加入去离子水，定容至 100mL。高温高压灭菌后，室温保存。

H5. Tris-HCl 平衡苯酚

大多数市售液化苯酚是清亮无色的，无需重蒸馏便可用于分子生物学实验。但有些液化苯酚呈粉红色或黄色，应避免使用。同时也应避免使用结晶苯酚，结晶苯酚必须在 160℃对其进行重蒸馏以除去醌等氧化产物，这些氧化产物可引起磷酸二酯键的断裂或导致 RNA 和 DNA 的交联等。因此，苯酚的质量对 DNA、RNA 的提取极为重要。因为在酸性 pH 条件下 DNA 处于有机相，所以使用苯酚前必须对苯酚进行平衡使其 pH 达到 7.8 以上，苯酚平衡操作方法如下。

液化苯酚应贮存于−20℃，此时的苯酚呈现结晶状态。从冰柜中取出的苯酚首先在室温下放置使其达到室温，然后在 68℃水浴中使苯酚充分溶解。加入羟基喹啉（8-quinolinol）至终浓度 0.1%。该化合物是一种还原剂、RNA 酶的不完全抑制剂及金属离子的弱螯合剂，同时因其呈黄色，有助于方便识别有机相。加入等体积的 1mol/L Tris-HCl（pH8.0），使用磁力搅拌器搅拌 15min，静置使其充分分层后，除去上层水相。重复操作数次。然后加入等体积的 0.1mol/L Tris-HCl（pH8.0），使用磁力搅拌器搅拌 15min，静置使其充分分层后，除去上层水相。重复操作数次。稍微残留部分上层水相。使用 pH 试纸确认有机相的 pH 大于 7.8。将苯酚置于棕色玻璃瓶中 4℃避光保存。

苯酚腐蚀性极强，并可引起严重灼伤，操作时应戴手套及防护镜等。所有操作均应在通风橱中进行，与苯酚接触过的皮肤部位应用大量水清洗，并用肥皂和水洗涤，忌用乙醇。

H6. 苯酚/氯仿/异戊醇

从核酸样品中除去蛋白质时常常使用苯酚/氯仿/异戊醇（25∶24∶1）。氯仿可使蛋白质变性并有助于液相与有机相的分离，而异戊醇则有助于消除抽提过程中出现的气泡。将 Tris-HCl 平衡苯酚与等体积的氯仿/异戊醇（24∶1）均匀混合后，移入棕色玻璃瓶中 4℃保存。

H7. 10%（*m/V*）SDS

称量 10g 高纯度的 SDS 置于 100～200mL 烧杯中，加入约 80mL 的去离子水，68℃加热溶解。滴加数滴浓盐酸调节 pH 至 7.2。将溶液定容至 100mL 后，室温保存。

H8. 2mol/L 氢氧化钠

量取 80mL 去离子水置于 100～200mL 烧杯中。称取 8g 氢氧化钠小心逐渐地加入到烧杯中，边加边搅拌。待氢氧化钠完全溶解后，用去离子水定容至 100mL。室温保存。

H9. Solution Ⅰ

下列溶液，置于 1L 烧杯中。高温高压灭菌后 4℃保存。使用前每 50mL 的 Solution Ⅰ 中加入 2mL 的 RNase A（20mg/mL）。

1mol/L Tris-HCl（pH8.0）	25mL
0.5mol/L EDTA（pH8.0）	20mL
20%葡萄糖（1.11mol/L）	45mL
dH_2O	910mL

H10. Solution Ⅱ

量取 50mL 10% SDS 和 50mL 2mol/L 氢氧化钠溶液置于 500mL 烧杯中。加灭菌水定容至 500mL，充分混匀，室温保存。此溶液保存时间最好不要超过一个月。

注意：SDS 易产生气泡，不要剧烈搅拌。

H11. SolutionⅢ

量取 147g KAc 和冰醋酸 57.5mL 置于 500mL 烧杯中，加入 300mL 去离子水后搅拌溶解。加去离子水定容至 500mL。高温高压灭菌后，4℃保存。

H12. 氨苄西林（100mg/mL）

称量 5g 氨苄西林置于 50mL 离心管中，加入 40mL 灭菌水，充分混合溶解后，定容至 50mL。

用 0.22μm 滤膜过滤除菌。小份分装（1mL/份）后–20℃保存。

H13. IPTG（24mg/mL）

称取 1.2g IPTG 置于 50mL 离心管中。加入 40mL 灭菌水，充分混合溶解后，定容至 50mL。用 0.22μm 滤膜过滤除菌。小份分装（1mL/份）后，–20℃保存。

H14. X-Gal（20mg/mL）

1g X-Gal 置于 50mL 离心管中。加入 40mL 二甲基甲酰胺，充分混合溶解后，定容至 50mL。小份分装（1mL/份）后，–20℃保存。

H15. RNaseA

0.5g RNase A 置于 50mL 塑料离心管中，加入 40mL 灭菌水，充分混合溶解之后，定容至 50mL。100℃煮沸 15min，缓慢冷却至室温，小份分装（1mL/份）后，置于–20℃保存。

H16. DTT

1.54g DTT 置于 15mL 塑料离心管中。加入 8mL 的 10mmol/L NaAc（pH5.2），充分混合溶解后定容至 10mL。用 0.22μm 滤膜过滤除菌，小份分装（1mL/份）后，置于–20℃保存。

H17. 1mol/L $CaCl_2$ 溶液

在 200mL 蒸馏水中溶解 54g $CaCl_2 \cdot 6H_2O$，用 0.22μm 滤器过滤除菌，分装成 10mL 小份贮存于–20℃。制备感受态细胞时，取出一小份解冻并用蒸馏水稀释至 100mL，用 0.45μm

滤膜过滤除菌，然后骤冷至 0℃。

H18. NBT 溶液

把 0.5g 氯化氮蓝四唑溶解于 10mL 70%的二甲基甲酰胺中，保存于 4℃。

H19. 10mmol/L 苯甲基磺酰氟（PMSF）溶液

用异丙醇溶解 PMSF 成 1.74mg/mL（10mmol/L），分装成小份贮存于–20℃。如有必要可配成浓度高达 17.4mg/mL 的贮存液（100mmol/L）。PMSF 严重损害呼吸道黏膜、眼睛及皮肤，吸入、吞进或通过皮肤吸收后有致命危险。一旦眼睛或皮肤接触了 PMSF，应立即用大量水冲洗之。凡被 PMSF 污染的衣物应予丢弃。PMSF 在水溶液中不稳定。应在使用前从贮存液中现用现加于裂解缓冲液中。PMSF 在水溶液中的活性丧失速率随 pH 的升高而加快，且 25℃的失活速率高于 4℃。pH 为 8.0 时，20μmmol/L PMSF 水溶液的半寿期大约为 85min，这表明将 PMSF 溶液调节为碱性（pH＞8.6）并在室温放置数小时后，可安全地予以丢弃。

H20. 5mol/L NaCl 溶液

在 800mL 水中溶解 292.2g NaCl 加水定容至 1L，分装后高压灭菌。

H21. 20×SSC 溶液

在 800mL 水中溶解 175.3g NaCl 和 88.2g 柠檬酸钠，加入数滴 10mol/L 氢氧化钠溶液调节 pH 至 7.0，加水定容至 1L，分装后高压灭菌。

H22. 20×SSPE 溶液

在 800mL 水中溶解 17.5g NaCl、27.6g $NaH_2PO_4 \cdot H_2O$ 和 7.4g EDTA，用氢氧化钠溶液调节 pH 至 7.4（约需 6.5mL 10mol/L 氢氧化钠），加水定容至 1L，分装后高压灭菌。

H23. 脱氧核苷三磷酸（dNTP）溶液

把每一种 dNTP 溶解于水至浓度各为 100mmol/L 左右，用微量移液器吸取 0.05mol/L Tris 碱分别调节每一 dNTP 溶液的 pH7.0（用 pH 试纸检测），把中和后的每种 dNTP 溶液各取一份进行适当稀释，在附表 H1 中给出的波长下读取光密度，计算出每种 dNTP 的实际浓度，然后用水稀释成终浓度为 50mmol/L 的 dNTP，分装成小份，贮存于–70℃。

附表 H1　不同碱基吸收光谱波长及消光系数

碱基	波长/nm	消化系数（ε）/［L/（mol · cm）］	碱基	波长/nm	消化系数（ε）/［L/（mol · cm）］
A	259	1.54 × 104	C	271	9.10 × 103
G	253	1.37 × 104	T	260	7.40 × 103

H24. 100mmol/L IPTG（异丙基硫代-β-D-半乳糖苷）: 2.38g IPTG 溶于 100mL ddH_2O 中，0.22μm 滤膜抽滤，–20℃保存。

H25. 30%丙烯酰胺溶液：30g 丙烯酰胺，0.8g 双丙烯酰胺，双蒸水定容至 100mL。

附录 I　核酸电泳相关试剂及缓冲液

I1 .50×TAE Buffer（pH8.5）

Tris 242.2g 和 $Na_2EDTA \cdot 2H_2O$ 37.2g，置于 1L 烧杯中，加入约 800mL 的去离子水，充

分搅拌溶解，再加入 57.1mL 的乙酸，充分搅匀。加去离子水定容至 1L 后，室温保存。

I2. 10×TBE Buffer（pH8.3）

Tris 108g、$Na_2EDTA \cdot 2H_2O$ 7.44g 和硼酸 55g 置于 1L 烧杯中，加入约 800mL 的去离子水，充分搅拌溶解，加去离子水定容至 1L 后，室温保存。

I3. 10×MOPS Buffer

41.8g MOPS，置于 1L 烧杯中，加入约 800mL DEPC 处理水，搅拌溶解。用 1mol/L 氢氧化钠调节至 pH7.0。再加入 1mol/L NaAc（DEPC 处理）20mL 和 0.5mol/L EDTA（pH8.0）（DEPC 处理）20mL。用 DEPC 处理水将溶液定容至 1L。用 0.45μm 滤膜过滤除杂，室温避光保存。

注意：溶液见光或高温灭菌后会变黄，仍可以使用，但变黑则不能使用。

I4. 溴化乙啶（10mg/mL）

1.0g 溴化乙啶，加入到 200mL 容器中。加入去离子水 100mL，充分搅拌数小时完全溶解溴化乙啶。将溶液转入棕色瓶，室温避光保存。溴化乙啶最终工作浓度为 0.5μg/mL。

I5. 6×DNA Loading Buffer

溴酚蓝 25mg 置于 15mL 塑料离心管中，向离心管中加入 6mL 去离子水，充分搅拌溶解。加入 3mL 甘油混匀，最终用去离子水定容至 10mL，室温保存。

I6. 6×DNA Loading Buffer（双染料）

溴酚蓝 25mg 和二甲苯腈蓝 FF 25mg 置于 15mL 塑料离心管中，向离心管中加入 6mL 去离子水，充分搅拌溶解。加入 3mL 甘油混匀，最终用去离子水定容至 10mL，室温保存。

I7. 10×RNA Loading Buffer（单染料）

溴酚蓝 25mg 置于 15mL 塑料离心管中，向离心管中加入 4mL DEPC 处理水，充分搅拌溶解。加入 0.5mol/L EDTA（pH8.0）200μL、5mL 甘油混匀，用 DEPC 处理水定容至 10mL，室温保存。

I8. pH8.8 分离胶缓冲液：Tris 36.3g，加 1mol/L HCl 48mL，加重蒸水 80mL 使其溶解，调 pH8.9，定容至 100mL，4℃保存。

I9. pH6.8 浓缩胶缓冲液：Tris 5.98g，加 1mol/L HCl 48mL，加重蒸水 80mL 使其溶解，调 pH6.7，定容至 100mL，4℃保存。

I10. 100mL 10%（m/V）SDS：10g SDS，双蒸水定容至 100mL，完全溶解后室温保存。

I11. pH8.3 Tris-甘氨酸电极缓冲液：称取 Tris 6.0g，甘氨酸 28.8g，加蒸馏水约 900mL，调 pH8.3 后，用蒸馏水定容至 1000mL。置 4℃保存，临用前稀释 10 倍。

I12. 10%过硫酸铵（AP），临用前现配。

I13. 5×样品缓冲液（10mL）：0.6mL 1mol/L 的 Tris-HCl（pH6.8），5mL 50%甘油，2mL 10%的 SDS，0.5mL 巯基乙醇，1mL 1% 溴酚蓝，0.9mL 蒸馏水。可在 4℃保存数周，或在−20℃保存数月。

附录 J　实验室常用技术参数资料

J1. 常用核酸蛋白换算数据

质量换算：

$1\mu g=10^{-6}g$，$1pg=10^{-12}g$，$1ng=10^{-9}g$，$1fg=10^{-15}g$

分光光度换算：

$1A_{260}$ 双链 DNA=50μg/mL

$1A_{260}$ 单链 DNA=30μg/mL

$1A_{260}$ 单链 RNA=40μg/mL

DNA 物质的量换算：

1μg 100bp DNA=1.52pmol=3.03pmol

1μg pBR322DNA=0.36pmol

1pmol 1000bp DNA=0.66μg

1pmol pBR 322=2.8μg

1kb 双链 DNA（钠盐）=6.6×10^5Da

1kb 单链 DNA（钠盐）=3.3×10^5Da

1kb 单链 RNA（钠盐）=3.4×10^5Da

蛋白物质的量换算：

100pmol 相对分子质量 100 000 蛋白质=10μg

100pmol 相对分子质量 50 000 蛋白质=5μg

100pmol 相对分子质量 10 000 蛋白质=1μg

氨基酸的平均相对分子质量=126.7Da

蛋白质/DNA 换算：

1kb DNA=333 个氨基酸编码容量=3.7×10^4 MW 蛋白质

10 000MW 蛋白质=270bp DNA

30 000MW 蛋白质=810bp DNA

50 000MW 蛋白质=1.35kb

100 000MW 蛋白质=2.7kb DNA

J2. 常用蛋白质相对分子质量标准参照物

附表 J1　常用蛋白质相对分子质量标准参照物

（1）高相对分子质量标准参照		（2）中相对分子质量标准参照		（3）低相对分子质量标准参照	
肌球蛋白	212 000	磷酸化酶 B	97 400	碳酸酐酶	3 100
β-半乳糖苷酶 B	116 000	牛血清白蛋白	66 200	大豆胰蛋白酶	21 500
磷酸化酶 B	97 400	谷氨酶脱氢酶	55 000	马心肌球蛋白	16 900
牛血清白蛋白	66 200	卵白蛋白	42 700	溶菌酶	14 400
过氧化氢酶	57 000	醛缩酶	40 000	肌球蛋白（F1）	8 100
醛缩酶	40 000	碳酸酐酶	31 000	肌球蛋白（F2）	6 200
		大豆胰蛋白酶	21 500	肌球蛋白（F3）	2 500
		溶菌酶	14 400		

J3. 常用 DNA 相对分子质量标准参照物

附表 J2　常用 DNA 相对分子质量标准参照物

λ DNA/*Hin*d Ⅲ	λ DNA/*Eco*R Ⅰ	λ DNA/*Hin*d Ⅲ+*Eco*R Ⅰ	pBR322/*Hinf* Ⅰ
23 130	21 226	21 227	1 631
9 416	7 421	5 148	517
6 557	5 804	4 973	506
4 361	5 643	4 268	396
2 322	4 843	3 530	344
2 027	3 530	2 027	298
564		1 904	221
125		1 584	220
		1 375	154
		974	75
		831	
		564	
		125	